水务行业安全生产培训教材

天津市水务安全监管实用手册

余　萍　周　莉　主编

黄河水利出版社
·郑州·

内 容 提 要

本书是水务行业安全生产培训教材,结合水务安全生产相关法律、行政规范、部门规章、规范性文件,经过整理、提炼、补充,编制成的一本比较系统、全面、实用的工作手册。全书共分为四部分:第一部分为安全生产法律法规和国务院规范性文件;第二部分为水利安全生产规章和规范性文件;第三部分为国务院有关部门安全生产规章和规范性文件;第四部分为天津市地方法规规章配套文件。

本书可供水利工程及相关专业的工程技术人员、管理人员、工程安全监督人员阅读参考。

图书在版编目(CIP)数据

天津市水务安全监管实用手册/余萍,周莉主编
.—郑州:黄河水利出版社,2021.3
水务行业安全生产培训教材
ISBN 978-7-5509-2956-2

Ⅰ.①天… Ⅱ.①余… ②周… Ⅲ.①水利工程-安全生产-天津-安全培训-教材 Ⅳ.①TV512

中国版本图书馆 CIP 数据核字(2021)第 053055 号

组稿编辑:王路平　电话:0371-66022212　E-mail:hhslwlp@126.com

出 版 社:黄河水利出版社　网址:www.yrcp.com
地址:河南省郑州市顺河路黄委会综合楼 14 层　邮政编码:450003
发行单位:黄河水利出版社
发行部电话:0371-66026940、66020550、66028024、66022620(传真)
E-mail:hhslcbs@126.com
承印单位:河南新华印刷集团有限公司
开本:787 mm×1 092 mm　1/16
印张:20
字数:460 千字
版次:2021 年 3 月第 1 版　印次:2021 年 3 月第 1 次印刷

定价:120.00 元

《天津市水务安全监管工作手册》

编审委员会

审　定　孙书洪

主　编　余　萍　周　莉

副主编　李　妍　王玉飞　王　冰

参　编　王　旭　李绍飞　赵永志

刘　玲　安兴华　杜建海

张　昆　郝雅恭　冯　茹

前　言

朗朗乾坤存正气,法治中国再出发。党的十九届五中全会对"坚持完善中国特色社会主义法制体系,提高党依法治国、依法执政能力"做出顶层设计,从制度上对全面推进依法治国提出了明确要求。建设法治中国,就是要坚持依法治国、依法执政、依法行政共同推进。推进天津市水利行业安全生产工作走向制度化、规范化、程序化,需要加强水利行业安全生产监督管理,全面执行依法治水、管水、用水,防止和减少生产安全事故、保障人民群众和财产安全。

法治政府稳推进,行政机关是执法、监管的主体。天津市水务监管机构始终坚持以预防事故、保障人民生命财产安全为目标,在责任体系、制度体系建设、隐患排查治理和监督检查、工作稽查等方面做了大量工作,通过深入开展安全生产自查和监督检查,加强安全生产监督人员教育培训,强化安全意识,积极治理事故隐患,有效控制了生产安全事故的发生。为促进天津市水务安全生产监督管理工作规范化,建立天津市水利行业安全生产监督管理长效机制,提升安全生产监督管理水平,做到严格监管、有法必依、执法必严、违法必究、规范执法,天津市水务安全监管部门和水利院校组织编写此书。

本书以法律为主干,行政法规、地方性法规为重要组成部分。全书共分四个部分:第一部分,安全生产法律法规和国务院规范性文件;第二部分,水利安全生产规章和规范性文件;第三部分,国务院有关部门安全生产规章和规范性文件;第四部分,天津市地方法规规章配套文件。本书从水利行业安全生产监管实际出发,内容翔实,实用性和操作性较强,对水利行业安全生产监督管理人员开展安全生产监督管理工作,规范安全生产监督管理人员行为,提高水利行业安全生产监督管理水平有积极的作用。

本书由天津农学院余萍、周莉担任主编,余萍负责全书统稿;由天津农学院李妍、王玉飞、王冰担任副主编;天津农学院王旭、李绍飞、赵永志、刘玲以及天津市水务局安兴华、杜建海、张昆、郝雅恭、冯茹参加编写工作。全书由天津农学院孙书洪负责审定。

本书在资料收集、整理、编纂工作中得到了各方大力支持,在此谨向各位领导、各位同仁深表谢意!

由于时间仓促,在编写过程中难免有疏漏之处,恳请各位专家、读者批评指正。

编　者

2020 年 12 月

目　录

第三部分 国务院有关部门安全生产规章和规范性文件

第四部分 天津市地方法规规章配套文件

第一部分 安全生产法律法规和国务院规范性文件

中华人民共和国安全生产法

（本法于2014年第二次修正，修正后施行日期：2014年12月1日）

第一章　总　则

第一条　为了加强安全生产工作，防止和减少生产安全事故，保障人民群众生命和财产安全，促进经济社会持续健康发展，制定本法。

第二条　在中华人民共和国领域内从事生产经营活动的单位（以下统称生产经营单位）的安全生产，适用本法；有关法律、行政法规对消防安全和道路交通安全、铁路交通安全、水上交通安全、民用航空安全以及核与辐射安全、特种设备安全另有规定的，适用其规定。

第三条　安全生产工作应当以人为本，坚持安全发展，坚持安全第一、预防为主、综合治理的方针，强化和落实生产经营单位的主体责任，建立生产经营单位负责、职工参与、政府监管、行业自律和社会监督的机制。

第四条　生产经营单位必须遵守本法和其他有关安全生产的法律、法规，加强安全生产管理，建立、健全安全生产责任制和安全生产规章制度，改善安全生产条件，推进安全生产标准化建设，提高安全生产水平，确保安全生产。

第五条　生产经营单位的主要负责人对本单位的安全生产工作全面负责。

第六条　生产经营单位的从业人员有依法获得安全生产保障的权利，并应当依法履行安全生产方面的义务。

第七条　工会依法对安全生产工作进行监督。

生产经营单位的工会依法组织职工参加本单位安全生产工作的民主管理和民主监督，维护职工在安全生产方面的合法权益。生产经营单位制定或者修改有关安全生产的规章制度，应当听取工会的意见。

第八条　国务院和县级以上地方各级人民政府应当根据国民经济和社会发展规划制

定安全生产规划,并组织实施。安全生产规划应当与城乡规划相衔接。

国务院和县级以上地方各级人民政府应当加强对安全生产工作的领导,支持、督促各有关部门依法履行安全生产监督管理职责,建立健全安全生产工作协调机制,及时协调、解决安全生产监督管理中存在的重大问题。

乡、镇人民政府以及街道办事处、开发区管理机构等地方人民政府的派出机关应当按照职责,加强对本行政区域内生产经营单位安全生产状况的监督检查,协助上级人民政府有关部门依法履行安全生产监督管理职责。

第九条 国务院安全生产监督管理部门依照本法,对全国安全生产工作实施综合监督管理;县级以上地方各级人民政府安全生产监督管理部门依照本法,对本行政区域内安全生产工作实施综合监督管理。

国务院有关部门依照本法和其他有关法律、行政法规的规定,在各自的职责范围内对有关行业、领域的安全生产工作实施监督管理;县级以上地方各级人民政府有关部门依照本法和其他有关法律、法规的规定,在各自的职责范围内对有关行业、领域的安全生产工作实施监督管理。

安全生产监督管理部门和对有关行业、领域的安全生产工作实施监督管理的部门,统称负有安全生产监督管理职责的部门。

第十条 国务院有关部门应当按照保障安全生产的要求,依法及时制定有关的国家标准或者行业标准,并根据科技进步和经济发展适时修订。

生产经营单位必须执行依法制定的保障安全生产的国家标准或者行业标准。

第十一条 各级人民政府及其有关部门应当采取多种形式,加强对有关安全生产的法律、法规和安全生产知识的宣传,增强全社会的安全生产意识。

第十二条 有关协会组织依照法律、行政法规和章程,为生产经营单位提供安全生产方面的信息、培训等服务,发挥自律作用,促进生产经营单位加强安全生产管理。

第十三条 依法设立的为安全生产提供技术、管理服务的机构,依照法律、行政法规和执业准则,接受生产经营单位的委托为其安全生产工作提供技术、管理服务。

生产经营单位委托前款规定的机构提供安全生产技术、管理服务的,保证安全生产的责任仍由本单位负责。

第十四条 国家实行生产安全事故责任追究制度,依照本法和有关法律、法规的规定,追究生产安全事故责任人员的法律责任。

第十五条 国家鼓励和支持安全生产科学技术研究和安全生产先进技术的推广应用,提高安全生产水平。

第十六条 国家对在改善安全生产条件、防止生产安全事故、参加抢险救护等方面取得显著成绩的单位和个人,给予奖励。

第二章 生产经营单位的安全生产保障

第十七条 生产经营单位应当具备本法和有关法律、行政法规和国家标准或者行业标准规定的安全生产条件;不具备安全生产条件的,不得从事生产经营活动。

第十八条 生产经营单位的主要负责人对本单位安全生产工作负有下列职责:

（一）建立、健全本单位安全生产责任制；

（二）组织制定本单位安全生产规章制度和操作规程；

（三）组织制定并实施本单位安全生产教育和培训计划；

（四）保证本单位安全生产投入的有效实施；

（五）督促、检查本单位的安全生产工作，及时消除生产安全事故隐患；

（六）组织制定并实施本单位的生产安全事故应急救援预案；

（七）及时、如实报告生产安全事故。

第十九条　生产经营单位的安全生产责任制应当明确各岗位的责任人员、责任范围和考核标准等内容。

生产经营单位应当建立相应的机制，加强对安全生产责任制落实情况的监督考核，保证安全生产责任制的落实。

第二十条　生产经营单位应当具备的安全生产条件所必需的资金投入，由生产经营单位的决策机构、主要负责人或者个人经营的投资人予以保证，并对由于安全生产所必需的资金投入不足导致的后果承担责任。

有关生产经营单位应当按照规定提取和使用安全生产费用，专门用于改善安全生产条件。安全生产费用在成本中据实列支。安全生产费用提取、使用和监督管理的具体办法由国务院财政部门会同国务院安全生产监督管理部门征求国务院有关部门意见后制定。

第二十一条　矿山、金属冶炼、建筑施工、道路运输单位和危险物品的生产、经营、储存单位，应当设置安全生产管理机构或者配备专职安全生产管理人员。

前款规定以外的其他生产经营单位，从业人员超过一百人的，应当设置安全生产管理机构或者配备专职安全生产管理人员；从业人员在一百人以下的，应当配备专职或者兼职的安全生产管理人员。

第二十二条　生产经营单位的安全生产管理机构以及安全生产管理人员履行下列职责：

（一）组织或者参与拟订本单位安全生产规章制度、操作规程和生产安全事故应急救援预案；

（二）组织或者参与本单位安全生产教育和培训，如实记录安全生产教育和培训情况；

（三）督促落实本单位重大危险源的安全管理措施；

（四）组织或者参与本单位应急救援演练；

（五）检查本单位的安全生产状况，及时排查生产安全事故隐患，提出改进安全生产管理的建议；

（六）制止和纠正违章指挥、强令冒险作业、违反操作规程的行为；

（七）督促落实本单位安全生产整改措施。

第二十三条　生产经营单位的安全生产管理机构以及安全生产管理人员应当恪尽职守，依法履行职责。

生产经营单位作出涉及安全生产的经营决策，应当听取安全生产管理机构以及安全生产管理人员的意见。

生产经营单位不得因安全生产管理人员依法履行职责而降低其工资、福利等待遇或者解除与其订立的劳动合同。

危险物品的生产、储存单位以及矿山、金属冶炼单位的安全生产管理人员的任免，应当告知主管的负有安全生产监督管理职责的部门。

第二十四条 生产经营单位的主要负责人和安全生产管理人员必须具备与本单位所从事的生产经营活动相应的安全生产知识和管理能力。

危险物品的生产、经营、储存单位以及矿山、金属冶炼、建筑施工、道路运输单位的主要负责人和安全生产管理人员，应当由主管的负有安全生产监督管理职责的部门对其安全生产知识和管理能力考核合格。考核不得收费。

危险物品的生产、储存单位以及矿山、金属冶炼单位应当有注册安全工程师从事安全生产管理工作。鼓励其他生产经营单位聘用注册安全工程师从事安全生产管理工作。注册安全工程师按专业分类管理，具体办法由国务院人力资源和社会保障部门、国务院安全生产监督管理部门会同国务院有关部门制定。

第二十五条 生产经营单位应当对从业人员进行安全生产教育和培训，保证从业人员具备必要的安全生产知识，熟悉有关的安全生产规章制度和安全操作规程，掌握本岗位的安全操作技能，了解事故应急处理措施，知悉自身在安全生产方面的权利和义务。未经安全生产教育和培训合格的从业人员，不得上岗作业。

生产经营单位使用被派遣劳动者的，应当将被派遣劳动者纳入本单位从业人员统一管理，对被派遣劳动者进行岗位安全操作规程和安全操作技能的教育和培训。劳务派遣单位应当对被派遣劳动者进行必要的安全生产教育和培训。

生产经营单位接收中等职业学校、高等学校学生实习的，应当对实习学生进行相应的安全生产教育和培训，提供必要的劳动防护用品。学校应当协助生产经营单位对实习学生进行安全生产教育和培训。

生产经营单位应当建立安全生产教育和培训档案，如实记录安全生产教育和培训的时间、内容、参加人员以及考核结果等情况。

第二十六条 生产经营单位采用新工艺、新技术、新材料或者使用新设备，必须了解、掌握其安全技术特性，采取有效的安全防护措施，并对从业人员进行专门的安全生产教育和培训。

第二十七条 生产经营单位的特种作业人员必须按照国家有关规定经专门的安全作业培训，取得相应资格，方可上岗作业。

特种作业人员的范围由国务院安全生产监督管理部门会同国务院有关部门确定。

第二十八条 生产经营单位新建、改建、扩建工程项目（以下统称建设项目）的安全设施，必须与主体工程同时设计、同时施工、同时投入生产和使用。安全设施投资应当纳入建设项目概算。

第二十九条 矿山、金属冶炼建设项目和用于生产、储存、装卸危险物品的建设项目，应当按照国家有关规定进行安全评价。

第三十条 建设项目安全设施的设计人、设计单位应当对安全设施设计负责。

矿山、金属冶炼建设项目和用于生产、储存、装卸危险物品的建设项目的安全设施设计应当按照国家有关规定报经有关部门审查，审查部门及其负责审查的人员对审查结果负责。

第三十一条　矿山、金属冶炼建设项目和用于生产、储存、装卸危险物品的建设项目的施工单位必须按照批准的安全设施设计施工，并对安全设施的工程质量负责。

矿山、金属冶炼建设项目和用于生产、储存危险物品的建设项目竣工投入生产或者使用前，应当由建设单位负责组织对安全设施进行验收；验收合格后，方可投入生产和使用。安全生产监督管理部门应当加强对建设单位验收活动和验收结果的监督核查。

第三十二条　生产经营单位应当在有较大危险因素的生产经营场所和有关设施、设备上，设置明显的安全警示标志。

第三十三条　安全设备的设计、制造、安装、使用、检测、维修、改造和报废，应当符合国家标准或者行业标准。

生产经营单位必须对安全设备进行经常性维护、保养，并定期检测，保证正常运转。维护、保养、检测应当作好记录，并由有关人员签字。

第三十四条　生产经营单位使用的危险物品的容器、运输工具，以及涉及人身安全、危险性较大的海洋石油开采特种设备和矿山井下特种设备，必须按照国家有关规定，由专业生产单位生产，并经具有专业资质的检测、检验机构检测、检验合格，取得安全使用证或者安全标志，方可投入使用。检测、检验机构对检测、检验结果负责。

第三十五条　国家对严重危及生产安全的工艺、设备实行淘汰制度，具体目录由国务院安全生产监督管理部门会同国务院有关部门制定并公布。法律、行政法规对目录的制定另有规定的，适用其规定。

省、自治区、直辖市人民政府可以根据本地区实际情况制定并公布具体目录，对前款规定以外的危及生产安全的工艺、设备予以淘汰。

生产经营单位不得使用应当淘汰的危及生产安全的工艺、设备。

第三十六条　生产、经营、运输、储存、使用危险物品或者处置废弃危险物品的，由有关主管部门依照有关法律、法规的规定和国家标准或者行业标准审批并实施监督管理。

生产经营单位生产、经营、运输、储存、使用危险物品或者处置废弃危险物品，必须执行有关法律、法规和国家标准或者行业标准，建立专门的安全管理制度，采取可靠的安全措施，接受有关主管部门依法实施的监督管理。

第三十七条　生产经营单位对重大危险源应当登记建档，进行定期检测、评估、监控，并制定应急预案，告知从业人员和相关人员在紧急情况下应当采取的应急措施。

生产经营单位应当按照国家有关规定将本单位重大危险源及有关安全措施、应急措施报有关地方人民政府安全生产监督管理部门和有关部门备案。

第三十八条　生产经营单位应当建立健全生产安全事故隐患排查治理制度，采取技术、管理措施，及时发现并消除事故隐患。事故隐患排查治理情况应当如实记录，并向从业人员通报。

县级以上地方各级人民政府负有安全生产监督管理职责的部门应当建立健全重大事故隐患治理督办制度，督促生产经营单位消除重大事故隐患。

第三十九条　生产、经营、储存、使用危险物品的车间、商店、仓库不得与员工宿舍在同一座建筑物内，并应当与员工宿舍保持安全距离。

生产经营场所和员工宿舍应当设有符合紧急疏散要求、标志明显、保持畅通的出口。禁止锁闭、封堵生产经营场所或者员工宿舍的出口。

第四十条　生产经营单位进行爆破、吊装以及国务院安全生产监督管理部门会同国务院有关部门规定的其他危险作业，应当安排专门人员进行现场安全管理，确保操作规程的遵守和安全措施的落实。

第四十一条　生产经营单位应当教育和督促从业人员严格执行本单位的安全生产规章制度和安全操作规程；并向从业人员如实告知作业场所和工作岗位存在的危险因素、防范措施以及事故应急措施。

第四十二条　生产经营单位必须为从业人员提供符合国家标准或者行业标准的劳动防护用品，并监督、教育从业人员按照使用规则佩戴、使用。

第四十三条　生产经营单位的安全生产管理人员应当根据本单位的生产经营特点，对安全生产状况进行经常性检查；对检查中发现的安全问题，应当立即处理；不能处理的，应当及时报告本单位有关负责人，有关负责人应当及时处理。检查及处理情况应当如实记录在案。

生产经营单位的安全生产管理人员在检查中发现重大事故隐患，依照前款规定向本单位有关负责人报告，有关负责人不及时处理的，安全生产管理人员可以向主管的负有安全生产监督管理职责的部门报告，接到报告的部门应当依法及时处理。

第四十四条　生产经营单位应当安排用于配备劳动防护用品、进行安全生产培训的经费。

第四十五条　两个以上生产经营单位在同一作业区域内进行生产经营活动，可能危及对方生产安全的，应当签订安全生产管理协议，明确各自的安全生产管理职责和应当采取的安全措施，并指定专职安全生产管理人员进行安全检查与协调。

第四十六条　生产经营单位不得将生产经营项目、场所、设备发包或者出租给不具备安全生产条件或者相应资质的单位或者个人。

生产经营项目、场所发包或者出租给其他单位的，生产经营单位应当与承包单位、承租单位签订专门的安全生产管理协议，或者在承包合同、租赁合同中约定各自的安全生产管理职责；生产经营单位对承包单位、承租单位的安全生产工作统一协调、管理，定期进行安全检查，发现安全问题的，应当及时督促整改。

第四十七条　生产经营单位发生生产安全事故时，单位的主要负责人应当立即组织抢救，并不得在事故调查处理期间擅离职守。

第四十八条　生产经营单位必须依法参加工伤保险，为从业人员缴纳保险费。

国家鼓励生产经营单位投保安全生产责任保险。

第三章　从业人员的安全生产权利义务

第四十九条　生产经营单位与从业人员订立的劳动合同，应当载明有关保障从业人员劳动安全、防止职业危害的事项，以及依法为从业人员办理工伤保险的事项。

生产经营单位不得以任何形式与从业人员订立协议，免除或者减轻其对从业人员因生产安全事故伤亡依法应承担的责任。

第五十条　生产经营单位的从业人员有权了解其作业场所和工作岗位存在的危险因素、防范措施及事故应急措施，有权对本单位的安全生产工作提出建议。

第五十一条　从业人员有权对本单位安全生产工作中存在的问题提出批评、检举、控告；有权拒绝违章指挥和强令冒险作业。

生产经营单位不得因从业人员对本单位安全生产工作提出批评、检举、控告或者拒绝违章指挥、强令冒险作业而降低其工资、福利等待遇或者解除与其订立的劳动合同。

第五十二条　从业人员发现直接危及人身安全的紧急情况时，有权停止作业或者在采取可能的应急措施后撤离作业场所。

生产经营单位不得因从业人员在前款紧急情况下停止作业或者采取紧急撤离措施而降低其工资、福利等待遇或者解除与其订立的劳动合同。

第五十三条　因生产安全事故受到损害的从业人员，除依法享有工伤保险外，依照有关民事法律尚有获得赔偿的权利的，有权向本单位提出赔偿要求。

第五十四条　从业人员在作业过程中，应当严格遵守本单位的安全生产规章制度和操作规程，服从管理，正确佩戴和使用劳动防护用品。

第五十五条　从业人员应当接受安全生产教育和培训，掌握本职工作所需的安全生产知识，提高安全生产技能，增强事故预防和应急处理能力。

第五十六条　从业人员发现事故隐患或者其他不安全因素，应当立即向现场安全生产管理人员或者本单位负责人报告；接到报告的人员应当及时予以处理。

第五十七条　工会有权对建设项目的安全设施与主体工程同时设计、同时施工、同时投入生产和使用进行监督，提出意见。

工会对生产经营单位违反安全生产法律、法规，侵犯从业人员合法权益的行为，有权要求纠正；发现生产经营单位违章指挥、强令冒险作业或者发现事故隐患时，有权提出解决的建议，生产经营单位应当及时研究答复；发现危及从业人员生命安全的情况时，有权向生产经营单位建议组织从业人员撤离危险场所，生产经营单位必须立即作出处理。

工会有权依法参加事故调查，向有关部门提出处理意见，并要求追究有关人员的责任。

第五十八条　生产经营单位使用被派遣劳动者的，被派遣劳动者享有本法规定的从业人员的权利，并应当履行本法规定的从业人员的义务。

第四章　安全生产的监督管理

第五十九条　县级以上地方各级人民政府应当根据本行政区域内的安全生产状况，组织有关部门按照职责分工，对本行政区域内容易发生重大生产安全事故的生产经营单位进行严格检查。

安全生产监督管理部门应当按照分类分级监督管理的要求，制定安全生产年度监督检查计划，并按照年度监督检查计划进行监督检查，发现事故隐患，应当及时处理。

第六十条　负有安全生产监督管理职责的部门依照有关法律、法规的规定，对涉及安全生产的事项需要审查批准(包括批准、核准、许可、注册、认证、颁发证照等,下同)或者验收的,必须严格依照有关法律、法规和国家标准或者行业标准规定的安全生产条件和程序进行审查;不符合有关法律、法规和国家标准或者行业标准规定的安全生产条件的,不得批准或者验收通过。对未依法取得批准或者验收合格的单位擅自从事有关活动的,负责行政审批的部门发现或者接到举报后应当立即予以取缔,并依法予以处理。对已经依法取得批准的单位,负责行政审批的部门发现其不再具备安全生产条件的,应当撤销原批准。

第六十一条 负有安全生产监督管理职责的部门对涉及安全生产的事项进行审查、验收,不得收取费用;不得要求接受审查、验收的单位购买其指定品牌或者指定生产、销售单位的安全设备、器材或者其他产品。

第六十二条 安全生产监督管理部门和其他负有安全生产监督管理职责的部门依法开展安全生产行政执法工作,对生产经营单位执行有关安全生产的法律、法规和国家标准或者行业标准的情况进行监督检查,行使以下职权:

(一)进入生产经营单位进行检查,调阅有关资料,向有关单位和人员了解情况;

(二)对检查中发现的安全生产违法行为,当场予以纠正或者要求限期改正;对依法应当给予行政处罚的行为,依照本法和其他有关法律、行政法规的规定作出行政处罚决定;

(三)对检查中发现的事故隐患,应当责令立即排除;重大事故隐患排除前或者排除过程中无法保证安全的,应当责令从危险区域内撤出作业人员,责令暂时停产停业或者停止使用相关设施、设备;重大事故隐患排除后,经审查同意,方可恢复生产经营和使用;

(四)对有根据认为不符合保障安全生产的国家标准或者行业标准的设施、设备、器材以及违法生产、储存、使用、经营、运输的危险物品予以查封或者扣押,对违法生产、储存、使用、经营危险物品的作业场所予以查封,并依法作出处理决定。

监督检查不得影响被检查单位的正常生产经营活动。

第六十三条 生产经营单位对负有安全生产监督管理职责的部门的监督检查人员(以下统称安全生产监督检查人员)依法履行监督检查职责,应当予以配合,不得拒绝、阻挠。

第六十四条 安全生产监督检查人员应当忠于职守,坚持原则,秉公执法。

安全生产监督检查人员执行监督检查任务时,必须出示有效的监督执法证件;对涉及被检查单位的技术秘密和业务秘密,应当为其保密。

第六十五条 安全生产监督检查人员应当将检查的时间、地点、内容、发现的问题及其处理情况,作出书面记录,并由检查人员和被检查单位的负责人签字;被检查单位的负责人拒绝签字的,检查人员应当将情况记录在案,并向负有安全生产监督管理职责的部门报告。

第六十六条 负有安全生产监督管理职责的部门在监督检查中,应当互相配合,实行联合检查;确需分别进行检查的,应当互通情况,发现存在的安全问题应当由其他有关部门进行处理的,应当及时移送其他有关部门并形成记录备查,接受移送的部门应当及时进行处理。

第六十七条　负有安全生产监督管理职责的部门依法对存在重大事故隐患的生产经营单位作出停产停业、停止施工、停止使用相关设施或者设备的决定，生产经营单位应当依法执行，及时消除事故隐患。生产经营单位拒不执行，有发生生产安全事故的现实危险的，在保证安全的前提下，经本部门主要负责人批准，负有安全生产监督管理职责的部门可以采取通知有关单位停止供电、停止供应民用爆炸物品等措施，强制生产经营单位履行决定。通知应当采用书面形式，有关单位应当予以配合。

负有安全生产监督管理职责的部门依照前款规定采取停止供电措施，除有危及生产安全的紧急情形外，应当提前二十四小时通知生产经营单位。生产经营单位依法履行行政决定、采取相应措施消除事故隐患的，负有安全生产监督管理职责的部门应当及时解除前款规定的措施。

第六十八条　监察机关依照行政监察法的规定，对负有安全生产监督管理职责的部门及其工作人员履行安全生产监督管理职责实施监察。

第六十九条　承担安全评价、认证、检测、检验的机构应当具备国家规定的资质条件，并对其作出的安全评价、认证、检测、检验的结果负责。

第七十条　负有安全生产监督管理职责的部门应当建立举报制度，公开举报电话、信箱或者电子邮件地址，受理有关安全生产的举报；受理的举报事项经调查核实后，应当形成书面材料；需要落实整改措施的，报经有关负责人签字并督促落实。

第七十一条　任何单位或者个人对事故隐患或者安全生产违法行为，均有权向负有安全生产监督管理职责的部门报告或者举报。

第七十二条　居民委员会、村民委员会发现其所在区域内的生产经营单位存在事故隐患或者安全生产违法行为时，应当向当地人民政府或者有关部门报告。

第七十三条　县级以上各级人民政府及其有关部门对报告重大事故隐患或者举报安全生产违法行为的有功人员，给予奖励。具体奖励办法由国务院安全生产监督管理部门会同国务院财政部门制定。

第七十四条　新闻、出版、广播、电影、电视等单位有进行安全生产公益宣传教育的义务，有对违反安全生产法律、法规的行为进行舆论监督的权利。

第七十五条　负有安全生产监督管理职责的部门应当建立安全生产违法行为信息库，如实记录生产经营单位的安全生产违法行为信息；对违法行为情节严重的生产经营单位，应当向社会公告，并通报行业主管部门、投资主管部门、国土资源主管部门、证券监督管理机构以及有关金融机构。

第五章　生产安全事故的应急救援与调查处理

第七十六条　国家加强生产安全事故应急能力建设，在重点行业、领域建立应急救援基地和应急救援队伍，鼓励生产经营单位和其他社会力量建立应急救援队伍，配备相应的应急救援装备和物资，提高应急救援的专业化水平。

国务院安全生产监督管理部门建立全国统一的生产安全事故应急救援信息系统，国务院有关部门建立健全相关行业、领域的生产安全事故应急救援信息系统。

第七十七条　县级以上地方各级人民政府应当组织有关部门制定本行政区域内生产

安全事故应急救援预案，建立应急救援体系。

第七十八条 生产经营单位应当制定本单位生产安全事故应急救援预案，与所在地县级以上地方人民政府组织制定的生产安全事故应急救援预案相衔接，并定期组织演练。

第七十九条 危险物品的生产、经营、储存单位以及矿山、金属冶炼、城市轨道交通运营、建筑施工单位应当建立应急救援组织；生产经营规模较小的，可以不建立应急救援组织，但应当指定兼职的应急救援人员。

危险物品的生产、经营、储存、运输单位以及矿山、金属冶炼、城市轨道交通运营、建筑施工单位应当配备必要的应急救援器材、设备和物资，并进行经常性维护、保养，保证正常运转。

第八十条 生产经营单位发生生产安全事故后，事故现场有关人员应当立即报告本单位负责人。

单位负责人接到事故报告后，应当迅速采取有效措施，组织抢救，防止事故扩大，减少人员伤亡和财产损失，并按照国家有关规定立即如实报告当地负有安全生产监督管理职责的部门，不得隐瞒不报、谎报或者迟报，不得故意破坏事故现场、毁灭有关证据。

第八十一条 负有安全生产监督管理职责的部门接到事故报告后，应当立即按照国家有关规定上报事故情况。负有安全生产监督管理职责的部门和有关地方人民政府对事故情况不得隐瞒不报、谎报或者迟报。

第八十二条 有关地方人民政府和负有安全生产监督管理职责的部门的负责人接到生产安全事故报告后，应当按照生产安全事故应急救援预案的要求立即赶到事故现场，组织事故抢救。

参与事故抢救的部门和单位应当服从统一指挥，加强协同联动，采取有效的应急救援措施，并根据事故救援的需要采取警戒、疏散等措施，防止事故扩大和次生灾害的发生，减少人员伤亡和财产损失。

事故抢救过程中应当采取必要措施，避免或者减少对环境造成的危害。

任何单位和个人都应当支持、配合事故抢救，并提供一切便利条件。

第八十三条 事故调查处理应当按照科学严谨、依法依规、实事求是、注重实效的原则，及时、准确地查清事故原因，查明事故性质和责任，总结事故教训，提出整改措施，并对事故责任者提出处理意见。事故调查报告应当依法及时向社会公布。事故调查和处理的具体办法由国务院制定。

事故发生单位应当及时全面落实整改措施，负有安全生产监督管理职责的部门应当加强监督检查。

第八十四条 生产经营单位发生生产安全事故，经调查确定为责任事故的，除了应当查明事故单位的责任并依法予以追究外，还应当查明对安全生产的有关事项负有审查批准和监督职责的行政部门的责任，对有失职、渎职行为的，依照本法第八十七条的规定追究法律责任。

第八十五条 任何单位和个人不得阻挠和干涉对事故的依法调查处理。

第八十六条 县级以上地方各级人民政府安全生产监督管理部门应当定期统计分析本行政区域内发生生产安全事故的情况，并定期向社会公布。

第六章　法律责任

第八十七条　负有安全生产监督管理职责的部门的工作人员，有下列行为之一的，给予降级或者撤职的处分；构成犯罪的，依照刑法有关规定追究刑事责任：

（一）对不符合法定安全生产条件的涉及安全生产的事项予以批准或者验收通过的；

（二）发现未依法取得批准、验收的单位擅自从事有关活动或者接到举报后不予取缔或者不依法予以处理的；

（三）对已经依法取得批准的单位不履行监督管理职责，发现其不再具备安全生产条件而不撤销原批准或者发现安全生产违法行为不予查处的；

（四）在监督检查中发现重大事故隐患，不依法及时处理的。

负有安全生产监督管理职责的部门的工作人员有前款规定以外的滥用职权、玩忽职守、徇私舞弊行为的，依法给予处分；构成犯罪的，依照刑法有关规定追究刑事责任。

第八十八条　负有安全生产监督管理职责的部门，要求被审查、验收的单位购买其指定的安全设备、器材或者其他产品的，在对安全生产事项的审查、验收中收取费用的，由其上级机关或者监察机关责令改正，责令退还收取的费用；情节严重的，对直接负责的主管人员和其他直接责任人员依法给予处分。

第八十九条　承担安全评价、认证、检测、检验工作的机构，出具虚假证明的，没收违法所得；违法所得在十万元以上的，并处违法所得二倍以上五倍以下的罚款；没有违法所得或者违法所得不足十万元的，单处或者并处十万元以上二十万元以下的罚款；对其直接负责的主管人员和其他直接责任人员处二万元以上五万元以下的罚款；给他人造成损害的，与生产经营单位承担连带赔偿责任；构成犯罪的，依照刑法有关规定追究刑事责任。

对有前款违法行为的机构，吊销其相应资质。

第九十条　生产经营单位的决策机构、主要负责人或者个人经营的投资人不依照本法规定保证安全生产所必需的资金投入，致使生产经营单位不具备安全生产条件的，责令限期改正，提供必需的资金；逾期未改正的，责令生产经营单位停产停业整顿。

有前款违法行为，导致发生生产安全事故的，对生产经营单位的主要负责人给予撤职处分，对个人经营的投资人处二万元以上二十万元以下的罚款；构成犯罪的，依照刑法有关规定追究刑事责任。

第九十一条　生产经营单位的主要负责人未履行本法规定的安全生产管理职责的，责令限期改正；逾期未改正的，处二万元以上五万元以下的罚款，责令生产经营单位停产停业整顿。

生产经营单位的主要负责人有前款违法行为，导致发生生产安全事故的，给予撤职处分；构成犯罪的，依照刑法有关规定追究刑事责任。

生产经营单位的主要负责人依照前款规定受刑事处罚或者撤职处分的，自刑罚执行完毕或者受处分之日起，五年内不得担任任何生产经营单位的主要负责人；对重大、特别重大生产安全事故负有责任的，终身不得担任本行业生产经营单位的主要负责人。

第九十二条　生产经营单位的主要负责人未履行本法规定的安全生产管理职责，导致发生生产安全事故的，由安全生产监督管理部门依照下列规定处以罚款：

（一）发生一般事故的，处上一年年收入百分之三十的罚款；

（二）发生较大事故的，处上一年年收入百分之四十的罚款；

（三）发生重大事故的，处上一年年收入百分之六十的罚款；

（四）发生特别重大事故的，处上一年年收入百分之八十的罚款。

第九十三条 生产经营单位的安全生产管理人员未履行本法规定的安全生产管理职责的，责令限期改正；导致发生生产安全事故的，暂停或者撤销其与安全生产有关的资格；构成犯罪的，依照刑法有关规定追究刑事责任。

第九十四条 生产经营单位有下列行为之一的，责令限期改正，可以处五万元以下的罚款；逾期未改正的，责令停产停业整顿，并处五万元以上十万元以下的罚款，对其直接负责的主管人员和其他直接责任人员处一万元以上二万元以下的罚款：

（一）未按照规定设置安全生产管理机构或者配备安全生产管理人员的；

（二）危险物品的生产、经营、储存单位以及矿山、金属冶炼、建筑施工、道路运输单位的主要负责人和安全生产管理人员未按照规定经考核合格的；

（三）未按照规定对从业人员、被派遣劳动者、实习学生进行安全生产教育和培训，或者未按照规定如实告知有关的安全生产事项的；

（四）未如实记录安全生产教育和培训情况的；

（五）未将事故隐患排查治理情况如实记录或者未向从业人员通报的；

（六）未按照规定制定生产安全事故应急救援预案或者未定期组织演练的；

（七）特种作业人员未按照规定经专门的安全作业培训并取得相应资格，上岗作业的。

第九十五条 生产经营单位有下列行为之一的，责令停止建设或者停产停业整顿，限期改正；逾期未改正的，处五十万元以上一百万元以下的罚款，对其直接负责的主管人员和其他直接责任人员处二万元以上五万元以下的罚款；构成犯罪的，依照刑法有关规定追究刑事责任：

（一）未按照规定对矿山、金属冶炼建设项目或者用于生产、储存、装卸危险物品的建设项目进行安全评价的；

（二）矿山、金属冶炼建设项目或者用于生产、储存、装卸危险物品的建设项目没有安全设施设计或者安全设施设计未按照规定报经有关部门审查同意的；

（三）矿山、金属冶炼建设项目或者用于生产、储存、装卸危险物品的建设项目的施工单位未按照批准的安全设施设计施工的；

（四）矿山、金属冶炼建设项目或者用于生产、储存危险物品的建设项目竣工投入生产或者使用前，安全设施未经验收合格的。

第九十六条 生产经营单位有下列行为之一的，责令限期改正，可以处五万元以下的罚款；逾期未改正的，处五万元以上二十万元以下的罚款，对其直接负责的主管人员和其他直接责任人员处一万元以上二万元以下的罚款；情节严重的，责令停产停业整顿；构成犯罪的，依照刑法有关规定追究刑事责任：

（一）未在有较大危险因素的生产经营场所和有关设施、设备上设置明显的安全警示标志的；

（二）安全设备的安装、使用、检测、改造和报废不符合国家标准或者行业标准的；

（三）未对安全设备进行经常性维护、保养和定期检测的；

（四）未为从业人员提供符合国家标准或者行业标准的劳动防护用品的；

（五）危险物品的容器、运输工具，以及涉及人身安全、危险性较大的海洋石油开采特种设备和矿山井下特种设备未经具有专业资质的机构检测、检验合格，取得安全使用证或者安全标志，投入使用的；

（六）使用应当淘汰的危及生产安全的工艺、设备的。

第九十七条　未经依法批准，擅自生产、经营、运输、储存、使用危险物品或者处置废弃危险物品的，依照有关危险物品安全管理的法律、行政法规的规定予以处罚；构成犯罪的，依照刑法有关规定追究刑事责任。

第九十八条　生产经营单位有下列行为之一的，责令限期改正，可以处十万元以下的罚款；逾期未改正的，责令停产停业整顿，并处十万元以上二十万元以下的罚款，对其直接负责的主管人员和其他直接责任人员处二万元以上五万元以下的罚款；构成犯罪的，依照刑法有关规定追究刑事责任：

（一）生产、经营、运输、储存、使用危险物品或者处置废弃危险物品，未建立专门安全管理制度、未采取可靠的安全措施的；

（二）对重大危险源未登记建档，或者未进行评估、监控，或者未制定应急预案的；

（三）进行爆破、吊装以及国务院安全生产监督管理部门会同国务院有关部门规定的其他危险作业，未安排专门人员进行现场安全管理的；

（四）未建立事故隐患排查治理制度的。

第九十九条　生产经营单位未采取措施消除事故隐患的，责令立即消除或者限期消除；生产经营单位拒不执行的，责令停产停业整顿，并处十万元以上五十万元以下的罚款，对其直接负责的主管人员和其他直接责任人员处二万元以上五万元以下的罚款。

第一百条　生产经营单位将生产经营项目、场所、设备发包或者出租给不具备安全生产条件或者相应资质的单位或者个人的，责令限期改正，没收违法所得；违法所得十万元以上的，并处违法所得二倍以上五倍以下的罚款；没有违法所得或者违法所得不足十万元的，单处或者并处十万元以上二十万元以下的罚款；对其直接负责的主管人员和其他直接责任人员处一万元以上二万元以下的罚款；导致发生生产安全事故给他人造成损害的，与承包方、承租方承担连带赔偿责任。

生产经营单位未与承包单位、承租单位签订专门的安全生产管理协议或者未在承包合同、租赁合同中明确各自的安全生产管理职责，或者未对承包单位、承租单位的安全生产统一协调、管理的，责令限期改正，可以处五万元以下的罚款，对其直接负责的主管人员和其他直接责任人员可以处一万元以下的罚款；逾期未改正的，责令停产停业整顿。

第一百零一条　两个以上生产经营单位在同一作业区域内进行可能危及对方安全生产的生产经营活动，未签订安全生产管理协议或者未指定专职安全生产管理人员进行安全检查与协调的，责令限期改正，可以处五万元以下的罚款，对其直接负责的主管人员和其他直接责任人员可以处一万元以下的罚款；逾期未改正的，责令停产停业。

第一百零二条　生产经营单位有下列行为之一的，责令限期改正，可以处五万元以下的罚款,对其直接负责的主管人员和其他直接责任人员可以处一万元以下的罚款;逾期未改正的,责令停产停业整顿;构成犯罪的,依照刑法有关规定追究刑事责任:

(一)生产、经营、储存、使用危险物品的车间、商店、仓库与员工宿舍在同一座建筑内,或者与员工宿舍的距离不符合安全要求的;

(二)生产经营场所和员工宿舍未设有符合紧急疏散需要、标志明显、保持畅通的出口,或者锁闭、封堵生产经营场所或者员工宿舍出口的。

第一百零三条 生产经营单位与从业人员订立协议,免除或者减轻其对从业人员因生产安全事故伤亡依法应承担的责任的,该协议无效;对生产经营单位的主要负责人、个人经营的投资人处二万元以上十万元以下的罚款。

第一百零四条 生产经营单位的从业人员不服从管理,违反安全生产规章制度或者操作规程的,由生产经营单位给予批评教育,依照有关规章制度给予处分;构成犯罪的,依照刑法有关规定追究刑事责任。

第一百零五条 违反本法规定,生产经营单位拒绝、阻碍负有安全生产监督管理职责的部门依法实施监督检查的,责令改正;拒不改正的,处二万元以上二十万元以下的罚款;对其直接负责的主管人员和其他直接责任人员处一万元以上二万元以下的罚款;构成犯罪的,依照刑法有关规定追究刑事责任。

第一百零六条 生产经营单位的主要负责人在本单位发生生产安全事故时,不立即组织抢救或者在事故调查处理期间擅离职守或者逃匿的,给予降级、撤职的处分,并由安全生产监督管理部门处上一年年收入百分之六十至百分之一百的罚款;对逃匿的处十五日以下拘留;构成犯罪的,依照刑法有关规定追究刑事责任。

生产经营单位的主要负责人对生产安全事故隐瞒不报、谎报或者迟报的,依照前款规定处罚。

第一百零七条 有关地方人民政府、负有安全生产监督管理职责的部门,对生产安全事故隐瞒不报、谎报或者迟报的,对直接负责的主管人员和其他直接责任人员依法给予处分;构成犯罪的,依照刑法有关规定追究刑事责任。

第一百零八条 生产经营单位不具备本法和其他有关法律、行政法规和国家标准或者行业标准规定的安全生产条件,经停产停业整顿仍不具备安全生产条件的,予以关闭;有关部门应当依法吊销其有关证照。

第一百零九条 发生生产安全事故,对负有责任的生产经营单位除要求其依法承担相应的赔偿等责任外,由安全生产监督管理部门依照下列规定处以罚款:

(一)发生一般事故的,处二十万元以上五十万元以下的罚款;

(二)发生较大事故的,处五十万元以上一百万元以下的罚款;

(三)发生重大事故的,处一百万元以上五百万元以下的罚款;

(四)发生特别重大事故的,处五百万元以上一千万元以下的罚款;情节特别严重的,处一千万元以上二千万元以下的罚款。

第一百一十条 本法规定的行政处罚,由安全生产监督管理部门和其他负有安全生产监督管理职责的部门按照职责分工决定。予以关闭的行政处罚由负有安全生产监督管理职责的部门报请县级以上人民政府按照国务院规定的权限决定;给予拘留的行政处罚由公安机关依照治安管理处罚法的规定决定。

第一百一十一条　生产经营单位发生生产安全事故造成人员伤亡、他人财产损失的，应当依法承担赔偿责任；拒不承担或者其负责人逃匿的，由人民法院依法强制执行。

生产安全事故的责任人未依法承担赔偿责任，经人民法院依法采取执行措施后，仍不能对受害人给予足额赔偿的，应当继续履行赔偿义务；受害人发现责任人有其他财产的，可以随时请求人民法院执行。

第七章　附　则

第一百一十二条　本法下列用语的含义：

危险物品，是指易燃易爆物品、危险化学品、放射性物品等能够危及人身安全和财产安全的物品。

重大危险源，是指长期地或者临时地生产、搬运、使用或者储存危险物品，且危险物品的数量等于或者超过临界量的单元（包括场所和设施）。

第一百一十三条　本法规定的生产安全一般事故、较大事故、重大事故、特别重大事故的划分标准由国务院规定。

国务院安全生产监督管理部门和其他负有安全生产监督管理职责的部门应当根据各自的职责分工，制定相关行业、领域重大事故隐患的判定标准。

第一百一十四条　本法自 2002 年 11 月 1 日起施行。

中华人民共和国特种设备安全法

（施行日期:2014 年 1 月 1 日）

第一章 总 则

第一条 为了加强特种设备安全工作,预防特种设备事故,保障人身和财产安全,促进经济社会发展,制定本法。

第二条 特种设备的生产(包括设计、制造、安装、改造、修理)、经营、使用、检验、检测和特种设备安全的监督管理,适用本法。

本法所称特种设备,是指对人身和财产安全有较大危险性的锅炉、压力容器(含气瓶)、压力管道、电梯、起重机械、客运索道、大型游乐设施、场(厂)内专用机动车辆,以及法律、行政法规规定适用本法的其他特种设备。

国家对特种设备实行目录管理。特种设备目录由国务院负责特种设备安全监督管理的部门制定,报国务院批准后执行。

第三条 特种设备安全工作应当坚持安全第一、预防为主、节能环保、综合治理的原则。

第四条 国家对特种设备的生产、经营、使用,实施分类的、全过程的安全监督管理。

第五条 国务院负责特种设备安全监督管理的部门对全国特种设备安全实施监督管理。县级以上地方各级人民政府负责特种设备安全监督管理的部门对本行政区域内特种设备安全实施监督管理。

第六条 国务院和地方各级人民政府应当加强对特种设备安全工作的领导,督促各有关部门依法履行监督管理职责。

县级以上地方各级人民政府应当建立协调机制,及时协调、解决特种设备安全监督管理中存在的问题。

第七条 特种设备生产、经营、使用单位应当遵守本法和其他有关法律、法规,建立、健全特种设备安全和节能责任制度,加强特种设备安全和节能管理,确保特种设备生产、经营、使用安全,符合节能要求。

第八条 特种设备生产、经营、使用、检验、检测应当遵守有关特种设备安全技术规范及相关标准。

特种设备安全技术规范由国务院负责特种设备安全监督管理的部门制定。

第九条 特种设备行业协会应当加强行业自律,推进行业诚信体系建设,提高特种设备安全管理水平。

第十条 国家支持有关特种设备安全的科学技术研究,鼓励先进技术和先进管理方法的推广应用,对做出突出贡献的单位和个人给予奖励。

第十一条　负责特种设备安全监督管理的部门应当加强特种设备安全宣传教育，普及特种设备安全知识，增强社会公众的特种设备安全意识。

第十二条　任何单位和个人有权向负责特种设备安全监督管理的部门和有关部门举报涉及特种设备安全的违法行为，接到举报的部门应当及时处理。

第二章　生产、经营、使用

第一节　一般规定

第十三条　特种设备生产、经营、使用单位及其主要负责人对其生产、经营、使用的特种设备安全负责。

特种设备生产、经营、使用单位应当按照国家有关规定配备特种设备安全管理人员、检测人员和作业人员，并对其进行必要的安全教育和技能培训。

第十四条　特种设备安全管理人员、检测人员和作业人员应当按照国家有关规定取得相应资格，方可从事相关工作。特种设备安全管理人员、检测人员和作业人员应当严格执行安全技术规范和管理制度，保证特种设备安全。

第十五条　特种设备生产、经营、使用单位对其生产、经营、使用的特种设备应当进行自行检测和维护保养，对国家规定实行检验的特种设备应当及时申报并接受检验。

第十六条　特种设备采用新材料、新技术、新工艺，与安全技术规范的要求不一致，或者安全技术规范未作要求、可能对安全性能有重大影响的，应当向国务院负责特种设备安全监督管理的部门申报，由国务院负责特种设备安全监督管理的部门及时委托安全技术咨询机构或者相关专业机构进行技术评审，评审结果经国务院负责特种设备安全监督管理的部门批准，方可投入生产、使用。

国务院负责特种设备安全监督管理的部门应当将允许使用的新材料、新技术、新工艺的有关技术要求，及时纳入安全技术规范。

第十七条　国家鼓励投保特种设备安全责任保险。

第二节　生　产

第十八条　国家按照分类监督管理的原则对特种设备生产实行许可制度。特种设备生产单位应当具备下列条件，并经负责特种设备安全监督管理的部门许可，方可从事生产活动：

（一）有与生产相适应的专业技术人员；

（二）有与生产相适应的设备、设施和工作场所；

（三）有健全的质量保证、安全管理和岗位责任等制度。

第十九条　特种设备生产单位应当保证特种设备生产符合安全技术规范及相关标准的要求，对其生产的特种设备的安全性能负责。不得生产不符合安全性能要求和能效指标以及国家明令淘汰的特种设备。

第二十条　锅炉、气瓶、氧舱、客运索道、大型游乐设施的设计文件，应当经负责特种设备安全监督管理的部门核准的检验机构鉴定，方可用于制造。

特种设备产品、部件或者试制的特种设备新产品、新部件以及特种设备采用的新材料，按照安全技术规范的要求需要通过型式试验进行安全性验证的，应当经负责特种设备安全监督管理的部门核准的检验机构进行型式试验。

第二十一条 特种设备出厂时,应当随附安全技术规范要求的设计文件、产品质量合格证明、安装及使用维护保养说明、监督检验证明等相关技术资料和文件,并在特种设备显著位置设置产品铭牌、安全警示标志及其说明。

第二十二条 电梯的安装、改造、修理,必须由电梯制造单位或者其委托的依照本法取得相应许可的单位进行。电梯制造单位委托其他单位进行电梯安装、改造、修理的,应当对其安装、改造、修理进行安全指导和监控,并按照安全技术规范的要求进行校验和调试。电梯制造单位对电梯安全性能负责。

第二十三条 特种设备安装、改造、修理的施工单位应当在施工前将拟进行的特种设备安装、改造、修理情况书面告知直辖市或者设区的市级人民政府负责特种设备安全监督管理的部门。

第二十四条 特种设备安装、改造、修理竣工后,安装、改造、修理的施工单位应当在验收后三十日内将相关技术资料和文件移交特种设备使用单位。特种设备使用单位应当将其存入该特种设备的安全技术档案。

第二十五条 锅炉、压力容器、压力管道元件等特种设备的制造过程和锅炉、压力容器、压力管道、电梯、起重机械、客运索道、大型游乐设施的安装、改造、重大修理过程,应当经特种设备检验机构按照安全技术规范的要求进行监督检验;未经监督检验或者监督检验不合格的,不得出厂或者交付使用。

第二十六条 国家建立缺陷特种设备召回制度。因生产原因造成特种设备存在危及安全的同一性缺陷的,特种设备生产单位应当立即停止生产,主动召回。

国务院负责特种设备安全监督管理的部门发现特种设备存在应当召回而未召回的情形时,应当责令特种设备生产单位召回。

第三节 经 营

第二十七条 特种设备销售单位销售的特种设备,应当符合安全技术规范及相关标准的要求,其设计文件、产品质量合格证明、安装及使用维护保养说明、监督检验证明等相关技术资料和文件应当齐全。

特种设备销售单位应当建立特种设备检查验收和销售记录制度。

禁止销售未取得许可生产的特种设备,未经检验和检验不合格的特种设备,或者国家明令淘汰和已经报废的特种设备。

第二十八条 特种设备出租单位不得出租未取得许可生产的特种设备或者国家明令淘汰和已经报废的特种设备,以及未按照安全技术规范的要求进行维护保养和未经检验或者检验不合格的特种设备。

第二十九条 特种设备在出租期间的使用管理和维护保养义务由特种设备出租单位承担,法律另有规定或者当事人另有约定的除外。

第三十条 进口的特种设备应当符合我国安全技术规范的要求,并经检验合格;需要取得我国特种设备生产许可的,应当取得许可。

进口特种设备随附的技术资料和文件应当符合本法第二十一条的规定,其安装及使用维护保养说明、产品铭牌、安全警示标志及其说明应当采用中文。

特种设备的进出口检验，应当遵守有关进出口商品检验的法律、行政法规。

第三十一条　进口特种设备，应当向进口地负责特种设备安全监督管理的部门履行提前告知义务。

第四节　使　用

第三十二条　特种设备使用单位应当使用取得许可生产并经检验合格的特种设备。

禁止使用国家明令淘汰和已经报废的特种设备。

第三十三条　特种设备使用单位应当在特种设备投入使用前或者投入使用后三十日内，向负责特种设备安全监督管理的部门办理使用登记，取得使用登记证书。登记标志应当置于该特种设备的显著位置。

第三十四条　特种设备使用单位应当建立岗位责任、隐患治理、应急救援等安全管理制度，制定操作规程，保证特种设备安全运行。

第三十五条　特种设备使用单位应当建立特种设备安全技术档案。安全技术档案应当包括以下内容：

（一）特种设备的设计文件、产品质量合格证明、安装及使用维护保养说明、监督检验证明等相关技术资料和文件；

（二）特种设备的定期检验和定期自行检查记录；

（三）特种设备的日常使用状况记录；

（四）特种设备及其附属仪器仪表的维护保养记录；

（五）特种设备的运行故障和事故记录。

第三十六条　电梯、客运索道、大型游乐设施等为公众提供服务的特种设备的运营使用单位，应当对特种设备的使用安全负责，设置特种设备安全管理机构或者配备专职的特种设备安全管理人员；其他特种设备使用单位，应当根据情况设置特种设备安全管理机构或者配备专职、兼职的特种设备安全管理人员。

第三十七条　特种设备的使用应当具有规定的安全距离、安全防护措施。

与特种设备安全相关的建筑物、附属设施，应当符合有关法律、行政法规的规定。

第三十八条　特种设备属于共有的，共有人可以委托物业服务单位或者其他管理人管理特种设备，受托人履行本法规定的特种设备使用单位的义务，承担相应责任。共有人未委托的，由共有人或者实际管理人履行管理义务，承担相应责任。

第三十九条　特种设备使用单位应当对其使用的特种设备进行经常性维护保养和定期自行检查，并作出记录。

特种设备使用单位应当对其使用的特种设备的安全附件、安全保护装置进行定期校验、检修，并作出记录。

第四十条　特种设备使用单位应当按照安全技术规范的要求，在检验合格有效期届满前一个月向特种设备检验机构提出定期检验要求。

特种设备检验机构接到定期检验要求后，应当按照安全技术规范的要求及时进行安全性能检验。特种设备使用单位应当将定期检验标志置于该特种设备的显著位置。

未经定期检验或者检验不合格的特种设备，不得继续使用。

第四十一条　特种设备安全管理人员应当对特种设备使用状况进行经常性检查，发现问题应当立即处理;情况紧急时,可以决定停止使用特种设备并及时报告本单位有关负责人。

特种设备作业人员在作业过程中发现事故隐患或者其他不安全因素,应当立即向特种设备安全管理人员和单位有关负责人报告;特种设备运行不正常时,特种设备作业人员应当按照操作规程采取有效措施保证安全。

第四十二条 特种设备出现故障或者发生异常情况,特种设备使用单位应当对其进行全面检查,消除事故隐患,方可继续使用。

第四十三条 客运索道、大型游乐设施在每日投入使用前,其运营使用单位应当进行试运行和例行安全检查,并对安全附件和安全保护装置进行检查确认。

电梯、客运索道、大型游乐设施的运营使用单位应当将电梯、客运索道、大型游乐设施的安全使用说明、安全注意事项和警示标志置于易于为乘客注意的显著位置。

公众乘坐或者操作电梯、客运索道、大型游乐设施,应当遵守安全使用说明和安全注意事项的要求,服从有关工作人员的管理和指挥;遇有运行不正常时,应当按照安全指引,有序撤离。

第四十四条 锅炉使用单位应当按照安全技术规范的要求进行锅炉水(介)质处理,并接受特种设备检验机构的定期检验。

从事锅炉清洗,应当按照安全技术规范的要求进行,并接受特种设备检验机构的监督检验。

第四十五条 电梯的维护保养应当由电梯制造单位或者依照本法取得许可的安装、改造、修理单位进行。

电梯的维护保养单位应当在维护保养中严格执行安全技术规范的要求,保证其维护保养的电梯的安全性能,并负责落实现场安全防护措施,保证施工安全。

电梯的维护保养单位应当对其维护保养的电梯的安全性能负责;接到故障通知后,应当立即赶赴现场,并采取必要的应急救援措施。

第四十六条 电梯投入使用后,电梯制造单位应当对其制造的电梯的安全运行情况进行跟踪调查和了解,对电梯的维护保养单位或者使用单位在维护保养和安全运行方面存在的问题,提出改进建议,并提供必要的技术帮助;发现电梯存在严重事故隐患时,应当及时告知电梯使用单位,并向负责特种设备安全监督管理的部门报告。电梯制造单位对调查和了解的情况,应当作出记录。

第四十七条 特种设备进行改造、修理,按照规定需要变更使用登记的,应当办理变更登记,方可继续使用。

第四十八条 特种设备存在严重事故隐患,无改造、修理价值,或者达到安全技术规范规定的其他报废条件的,特种设备使用单位应当依法履行报废义务,采取必要措施消除该特种设备的使用功能,并向原登记的负责特种设备安全监督管理的部门办理使用登记证书注销手续。

前款规定报废条件以外的特种设备,达到设计使用年限可以继续使用的,应当按照安全技术规范的要求通过检验或者安全评估,并办理使用登记证书变更,方可继续使用。允许继续使用的,应当采取加强检验、检测和维护保养等措施,确保使用安全。

第四十九条　移动式压力容器、气瓶充装单位，应当具备下列条件，并经负责特种设备安全监督管理的部门许可，方可从事充装活动：

（一）有与充装和管理相适应的管理人员和技术人员；

（二）有与充装和管理相适应的充装设备、检测手段、场地厂房、器具、安全设施；

（三）有健全的充装管理制度、责任制度、处理措施。

充装单位应当建立充装前后的检查、记录制度，禁止对不符合安全技术规范要求的移动式压力容器和气瓶进行充装。

气瓶充装单位应当向气体使用者提供符合安全技术规范要求的气瓶，对气体使用者进行气瓶安全使用指导，并按照安全技术规范的要求办理气瓶使用登记，及时申报定期检验。

第三章　检验、检测

第五十条　从事本法规定的监督检验、定期检验的特种设备检验机构，以及为特种设备生产、经营、使用提供检测服务的特种设备检测机构，应当具备下列条件，并经负责特种设备安全监督管理的部门核准，方可从事检验、检测工作：

（一）有与检验、检测工作相适应的检验、检测人员；

（二）有与检验、检测工作相适应的检验、检测仪器和设备；

（三）有健全的检验、检测管理制度和责任制度。

第五十一条　特种设备检验、检测机构的检验、检测人员应当经考核，取得检验、检测人员资格，方可从事检验、检测工作。

特种设备检验、检测机构的检验、检测人员不得同时在两个以上检验、检测机构中执业；变更执业机构的，应当依法办理变更手续。

第五十二条　特种设备检验、检测工作应当遵守法律、行政法规的规定，并按照安全技术规范的要求进行。

特种设备检验、检测机构及其检验、检测人员应当依法为特种设备生产、经营、使用单位提供安全、可靠、便捷、诚信的检验、检测服务。

第五十三条　特种设备检验、检测机构及其检验、检测人员应当客观、公正、及时地出具检验、检测报告，并对检验、检测结果和鉴定结论负责。

特种设备检验、检测机构及其检验、检测人员在检验、检测中发现特种设备存在严重事故隐患时，应当及时告知相关单位，并立即向负责特种设备安全监督管理的部门报告。

负责特种设备安全监督管理的部门应当组织对特种设备检验、检测机构的检验、检测结果和鉴定结论进行监督抽查，但应当防止重复抽查。监督抽查结果应当向社会公布。

第五十四条　特种设备生产、经营、使用单位应当按照安全技术规范的要求向特种设备检验、检测机构及其检验、检测人员提供特种设备相关资料和必要的检验、检测条件，并对资料的真实性负责。

第五十五条　特种设备检验、检测机构及其检验、检测人员对检验、检测过程中知悉的商业秘密，负有保密义务。

特种设备检验、检测机构及其检验、检测人员不得从事有关特种设备的生产、经营活动,不得推荐或者监制、监销特种设备。

第五十六条　特种设备检验机构及其检验人员利用检验工作故意刁难特种设备生产、经营、使用单位的,特种设备生产、经营、使用单位有权向负责特种设备安全监督管理的部门投诉,接到投诉的部门应当及时进行调查处理。

第四章　监督管理

第五十七条　负责特种设备安全监督管理的部门依照本法规定,对特种设备生产、经营、使用单位和检验、检测机构实施监督检查。

负责特种设备安全监督管理的部门应当对学校、幼儿园以及医院、车站、客运码头、商场、体育场馆、展览馆、公园等公众聚集场所的特种设备,实施重点安全监督检查。

第五十八条　负责特种设备安全监督管理的部门实施本法规定的许可工作,应当依照本法和其他有关法律、行政法规规定的条件和程序以及安全技术规范的要求进行审查;不符合规定的,不得许可。

第五十九条　负责特种设备安全监督管理的部门在办理本法规定的许可时,其受理、审查、许可的程序必须公开,并应当自受理申请之日起三十日内,作出许可或者不予许可的决定;不予许可的,应当书面向申请人说明理由。

第六十条　负责特种设备安全监督管理的部门对依法办理使用登记的特种设备应当建立完整的监督管理档案和信息查询系统;对达到报废条件的特种设备,应当及时督促特种设备使用单位依法履行报废义务。

第六十一条　负责特种设备安全监督管理的部门在依法履行监督检查职责时,可以行使下列职权:

(一)进入现场进行检查,向特种设备生产、经营、使用单位和检验、检测机构的主要负责人和其他有关人员调查、了解有关情况;

(二)根据举报或者取得的涉嫌违法证据,查阅、复制特种设备生产、经营、使用单位和检验、检测机构的有关合同、发票、账簿以及其他有关资料;

(三)对有证据表明不符合安全技术规范要求或者存在严重事故隐患的特种设备实施查封、扣押;

(四)对流入市场的达到报废条件或者已经报废的特种设备实施查封、扣押;

(五)对违反本法规定的行为作出行政处罚决定。

第六十二条　负责特种设备安全监督管理的部门在依法履行职责过程中,发现违反本法规定和安全技术规范要求的行为或者特种设备存在事故隐患时,应当以书面形式发出特种设备安全监察指令,责令有关单位及时采取措施予以改正或者消除事故隐患。紧急情况下要求有关单位采取紧急处置措施的,应当随后补发特种设备安全监察指令。

第六十三条　负责特种设备安全监督管理的部门在依法履行职责过程中,发现重大违法行为或者特种设备存在严重事故隐患时,应当责令有关单位立即停止违法行为、采取措施消除事故隐患,并及时向上级负责特种设备安全监督管理的部门报告。接到报告的负责特种设备安全监督管理的部门应当采取必要措施,及时予以处理。

对违法行为、严重事故隐患的处理需要当地人民政府和有关部门的支持、配合时,负责特种设备安全监督管理的部门应当报告当地人民政府,并通知其他有关部门。当地人民政府和其他有关部门应当采取必要措施,及时予以处理。

第六十四条　地方各级人民政府负责特种设备安全监督管理的部门不得要求已经依照本法规定在其他地方取得许可的特种设备生产单位重复取得许可,不得要求对已经依照本法规定在其他地方检验合格的特种设备重复进行检验。

第六十五条　负责特种设备安全监督管理的部门的安全监察人员应当熟悉相关法律、法规,具有相应的专业知识和工作经验,取得特种设备安全行政执法证件。

特种设备安全监察人员应当忠于职守、坚持原则、秉公执法。

负责特种设备安全监督管理的部门实施安全监督检查时,应当有二名以上特种设备安全监察人员参加,并出示有效的特种设备安全行政执法证件。

第六十六条　负责特种设备安全监督管理的部门对特种设备生产、经营、使用单位和检验、检测机构实施监督检查,应当对每次监督检查的内容、发现的问题及处理情况作出记录,并由参加监督检查的特种设备安全监察人员和被检查单位的有关负责人签字后归档。被检查单位的有关负责人拒绝签字的,特种设备安全监察人员应当将情况记录在案。

第六十七条　负责特种设备安全监督管理的部门及其工作人员不得推荐或者监制、监销特种设备;对履行职责过程中知悉的商业秘密负有保密义务。

第六十八条　国务院负责特种设备安全监督管理的部门和省、自治区、直辖市人民政府负责特种设备安全监督管理的部门应当定期向社会公布特种设备安全总体状况。

第五章　事故应急救援与调查处理

第六十九条　国务院负责特种设备安全监督管理的部门应当依法组织制定特种设备重特大事故应急预案,报国务院批准后纳入国家突发事件应急预案体系。

县级以上地方各级人民政府及其负责特种设备安全监督管理的部门应当依法组织制定本行政区域内特种设备事故应急预案,建立或者纳入相应的应急处置与救援体系。

特种设备使用单位应当制定特种设备事故应急专项预案,并定期进行应急演练。

第七十条　特种设备发生事故后,事故发生单位应当按照应急预案采取措施,组织抢救,防止事故扩大,减少人员伤亡和财产损失,保护事故现场和有关证据,并及时向事故发生地县级以上人民政府负责特种设备安全监督管理的部门和有关部门报告。

县级以上人民政府负责特种设备安全监督管理的部门接到事故报告,应当尽快核实情况,立即向本级人民政府报告,并按照规定逐级上报。必要时,负责特种设备安全监督管理的部门可以越级上报事故情况。对特别重大事故、重大事故,国务院负责特种设备安全监督管理的部门应当立即报告国务院并通报国务院安全生产监督管理部门等有关部门。

与事故相关的单位和人员不得迟报、谎报或者瞒报事故情况,不得隐匿、毁灭有关证据或者故意破坏事故现场。

第七十一条　事故发生地人民政府接到事故报告,应当依法启动应急预案,采取应急处置措施,组织应急救援。

第七十二条　特种设备发生特别重大事故,由国务院或者国务院授权有关部门组织事故调查组进行调查。

发生重大事故,由国务院负责特种设备安全监督管理的部门会同有关部门组织事故调查组进行调查。

发生较大事故,由省、自治区、直辖市人民政府负责特种设备安全监督管理的部门会同有关部门组织事故调查组进行调查。

发生一般事故,由设区的市级人民政府负责特种设备安全监督管理的部门会同有关部门组织事故调查组进行调查。

事故调查组应当依法、独立、公正开展调查,提出事故调查报告。

第七十三条 组织事故调查的部门应当将事故调查报告报本级人民政府,并报上一级人民政府负责特种设备安全监督管理的部门备案。有关部门和单位应当依照法律、行政法规的规定,追究事故责任单位和人员的责任。

事故责任单位应当依法落实整改措施,预防同类事故发生。事故造成损害的,事故责任单位应当依法承担赔偿责任。

第六章 法律责任

第七十四条 违反本法规定,未经许可从事特种设备生产活动的,责令停止生产,没收违法制造的特种设备,处十万元以上五十万元以下罚款;有违法所得的,没收违法所得;已经实施安装、改造、修理的,责令恢复原状或者责令限期由取得许可的单位重新安装、改造、修理。

第七十五条 违反本法规定,特种设备的设计文件未经鉴定,擅自用于制造的,责令改正,没收违法制造的特种设备,处五万元以上五十万元以下罚款。

第七十六条 违反本法规定,未进行型式试验的,责令限期改正;逾期未改正的,处三万元以上三十万元以下罚款。

第七十七条 违反本法规定,特种设备出厂时,未按照安全技术规范的要求随附相关技术资料和文件的,责令限期改正;逾期未改正的,责令停止制造、销售,处二万元以上二十万元以下罚款;有违法所得的,没收违法所得。

第七十八条 违反本法规定,特种设备安装、改造、修理的施工单位在施工前未书面告知负责特种设备安全监督管理的部门即行施工的,或者在验收后三十日内未将相关技术资料和文件移交特种设备使用单位的,责令限期改正;逾期未改正的,处一万元以上十万元以下罚款。

第七十九条 违反本法规定,特种设备的制造、安装、改造、重大修理以及锅炉清洗过程,未经监督检验的,责令限期改正;逾期未改正的,处五万元以上二十万元以下罚款;有违法所得的,没收违法所得;情节严重的,吊销生产许可证。

第八十条 违反本法规定,电梯制造单位有下列情形之一的,责令限期改正;逾期未改正的,处一万元以上十万元以下罚款:

(一)未按照安全技术规范的要求对电梯进行校验、调试的;

(二)对电梯的安全运行情况进行跟踪调查和了解时,发现存在严重事故隐患,未及时告知电梯使用单位并向负责特种设备安全监督管理的部门报告的。

第八十一条 违反本法规定,特种设备生产单位有下列行为之一的,责令限期改正;

逾期未改正的，责令停止生产，处五万元以上五十万元以下罚款；情节严重的，吊销生产许可证：

（一）不再具备生产条件、生产许可证已经过期或者超出许可范围生产的；

（二）明知特种设备存在同一性缺陷，未立即停止生产并召回的。

违反本法规定，特种设备生产单位生产、销售、交付国家明令淘汰的特种设备的，责令停止生产、销售，没收违法生产、销售、交付的特种设备，处三万元以上三十万元以下罚款；有违法所得的，没收违法所得。

特种设备生产单位涂改、倒卖、出租、出借生产许可证的，责令停止生产，处五万元以上五十万元以下罚款；情节严重的，吊销生产许可证。

第八十二条　违反本法规定，特种设备经营单位有下列行为之一的，责令停止经营，没收违法经营的特种设备，处三万元以上三十万元以下罚款；有违法所得的，没收违法所得：

（一）销售、出租未取得许可生产，未经检验或者检验不合格的特种设备的；

（二）销售、出租国家明令淘汰、已经报废的特种设备，或者未按照安全技术规范的要求进行维护保养的特种设备的。

违反本法规定，特种设备销售单位未建立检查验收和销售记录制度，或者进口特种设备未履行提前告知义务的，责令改正，处一万元以上十万元以下罚款。

特种设备生产单位销售、交付未经检验或者检验不合格的特种设备的，依照本条第一款规定处罚；情节严重的，吊销生产许可证。

第八十三条　违反本法规定，特种设备使用单位有下列行为之一的，责令限期改正；逾期未改正的，责令停止使用有关特种设备，处一万元以上十万元以下罚款：

（一）使用特种设备未按照规定办理使用登记的；

（二）未建立特种设备安全技术档案或者安全技术档案不符合规定要求，或者未依法设置使用登记标志、定期检验标志的；

（三）未对其使用的特种设备进行经常性维护保养和定期自行检查，或者未对其使用的特种设备的安全附件、安全保护装置进行定期校验、检修，并作出记录的；

（四）未按照安全技术规范的要求及时申报并接受检验的；

（五）未按照安全技术规范的要求进行锅炉水（介）质处理的；

（六）未制定特种设备事故应急专项预案的。

第八十四条　违反本法规定，特种设备使用单位有下列行为之一的，责令停止使用有关特种设备，处三万元以上三十万元以下罚款：

（一）使用未取得许可生产，未经检验或者检验不合格的特种设备，或者国家明令淘汰、已经报废的特种设备的；

（二）特种设备出现故障或者发生异常情况，未对其进行全面检查、消除事故隐患，继续使用的；

（三）特种设备存在严重事故隐患，无改造、修理价值，或者达到安全技术规范规定的其他报废条件，未依法履行报废义务，并办理使用登记证书注销手续的。

第八十五条　违反本法规定，移动式压力容器、气瓶充装单位有下列行为之一的，责

令改正,处二万元以上二十万元以下罚款;情节严重的,吊销充装许可证:

(一)未按照规定实施充装前后的检查、记录制度的;

(二)对不符合安全技术规范要求的移动式压力容器和气瓶进行充装的。

违反本法规定,未经许可,擅自从事移动式压力容器或者气瓶充装活动的,予以取缔,没收违法充装的气瓶,处十万元以上五十万元以下罚款;有违法所得的,没收违法所得。

第八十六条 违反本法规定,特种设备生产、经营、使用单位有下列情形之一的,责令限期改正;逾期未改正的,责令停止使用有关特种设备或者停产停业整顿,处一万元以上五万元以下罚款:

(一)未配备具有相应资格的特种设备安全管理人员、检测人员和作业人员的;

(二)使用未取得相应资格的人员从事特种设备安全管理、检测和作业的;

(三)未对特种设备安全管理人员、检测人员和作业人员进行安全教育和技能培训的。

第八十七条 违反本法规定,电梯、客运索道、大型游乐设施的运营使用单位有下列情形之一的,责令限期改正;逾期未改正的,责令停止使用有关特种设备或者停产停业整顿,处二万元以上十万元以下罚款:

(一)未设置特种设备安全管理机构或者配备专职的特种设备安全管理人员的;

(二)客运索道、大型游乐设施每日投入使用前,未进行试运行和例行安全检查,未对安全附件和安全保护装置进行检查确认的;

(三)未将电梯、客运索道、大型游乐设施的安全使用说明、安全注意事项和警示标志置于易于为乘客注意的显著位置的。

第八十八条 违反本法规定,未经许可,擅自从事电梯维护保养的,责令停止违法行为,处一万元以上十万元以下罚款;有违法所得的,没收违法所得。

电梯的维护保养单位未按照本法规定以及安全技术规范的要求,进行电梯维护保养的,依照前款规定处罚。

第八十九条 发生特种设备事故,有下列情形之一的,对单位处五万元以上二十万元以下罚款;对主要负责人处一万元以上五万元以下罚款;主要负责人属于国家工作人员的,并依法给予处分:

(一)发生特种设备事故时,不立即组织抢救或者在事故调查处理期间擅离职守或者逃匿的;

(二)对特种设备事故迟报、谎报或者瞒报的。

第九十条 发生事故,对负有责任的单位除要求其依法承担相应的赔偿等责任外,依照下列规定处以罚款:

(一)发生一般事故,处十万元以上二十万元以下罚款;

(二)发生较大事故,处二十万元以上五十万元以下罚款;

(三)发生重大事故,处五十万元以上二百万元以下罚款。

第九十一条 对事故发生负有责任的单位的主要负责人未依法履行职责或者负有领导责任的,依照下列规定处以罚款;属于国家工作人员的,并依法给予处分:

(一)发生一般事故,处上一年年收入百分之三十的罚款;

（二）发生较大事故，处上一年年收入百分之四十的罚款；

（三）发生重大事故，处上一年年收入百分之六十的罚款。

第九十二条　违反本法规定，特种设备安全管理人员、检测人员和作业人员不履行岗位职责，违反操作规程和有关安全规章制度，造成事故的，吊销相关人员的资格。

第九十三条　违反本法规定，特种设备检验、检测机构及其检验、检测人员有下列行为之一的，责令改正，对机构处五万元以上二十万元以下罚款，对直接负责的主管人员和其他直接责任人员处五千元以上五万元以下罚款；情节严重的，吊销机构资质和有关人员的资格：

（一）未经核准或者超出核准范围、使用未取得相应资格的人员从事检验、检测的；

（二）未按照安全技术规范的要求进行检验、检测的；

（三）出具虚假的检验、检测结果和鉴定结论或者检验、检测结果和鉴定结论严重失实的；

（四）发现特种设备存在严重事故隐患，未及时告知相关单位，并立即向负责特种设备安全监督管理的部门报告的；

（五）泄露检验、检测过程中知悉的商业秘密的；

（六）从事有关特种设备的生产、经营活动的；

（七）推荐或者监制、监销特种设备的；

（八）利用检验工作故意刁难相关单位的。

违反本法规定，特种设备检验、检测机构的检验、检测人员同时在两个以上检验、检测机构中执业的，处五千元以上五万元以下罚款；情节严重的，吊销其资格。

第九十四条　违反本法规定，负责特种设备安全监督管理的部门及其工作人员有下列行为之一的，由上级机关责令改正；对直接负责的主管人员和其他直接责任人员，依法给予处分：

（一）未依照法律、行政法规规定的条件、程序实施许可的；

（二）发现未经许可擅自从事特种设备的生产、使用或者检验、检测活动不予取缔或者不依法予以处理的；

（三）发现特种设备生产单位不再具备本法规定的条件而不吊销其许可证，或者发现特种设备生产、经营、使用违法行为不予查处的；

（四）发现特种设备检验、检测机构不再具备本法规定的条件而不撤销其核准，或者对其出具虚假的检验、检测结果和鉴定结论或者检验、检测结果和鉴定结论严重失实的行为不予查处的；

（五）发现违反本法规定和安全技术规范要求的行为或者特种设备存在事故隐患，不立即处理的；

（六）发现重大违法行为或者特种设备存在严重事故隐患，未及时向上级负责特种设备安全监督管理的部门报告，或者接到报告的负责特种设备安全监督管理的部门不立即处理的；

（七）要求已经依照本法规定在其他地方取得许可的特种设备生产单位重复取得许可，或者要求对已经依照本法规定在其他地方检验合格的特种设备重复进行检验的；

（八）推荐或者监制、监销特种设备的；

（九）泄露履行职责过程中知悉的商业秘密的；

（十）接到特种设备事故报告未立即向本级人民政府报告，并按照规定上报的；

（十一）迟报、漏报、谎报或者瞒报事故的；

（十二）妨碍事故救援或者事故调查处理的；

（十三）其他滥用职权、玩忽职守、徇私舞弊的行为。

第九十五条 违反本法规定，特种设备生产、经营、使用单位或者检验、检测机构拒不接受负责特种设备安全监督管理的部门依法实施的监督检查的，责令限期改正；逾期未改正的，责令停产停业整顿，处二万元以上二十万元以下罚款。

特种设备生产、经营、使用单位擅自动用、调换、转移、损毁被查封、扣押的特种设备或者其主要部件的，责令改正，处五万元以上二十万元以下罚款；情节严重的，吊销生产许可证，注销特种设备使用登记证书。

第九十六条 违反本法规定，被依法吊销许可证的，自吊销许可证之日起三年内，负责特种设备安全监督管理的部门不予受理其新的许可申请。

第九十七条 违反本法规定，造成人身、财产损害的，依法承担民事责任。

违反本法规定，应当承担民事赔偿责任和缴纳罚款、罚金，其财产不足以同时支付时，先承担民事赔偿责任。

第九十八条 违反本法规定，构成违反治安管理行为的，依法给予治安管理处罚；构成犯罪的，依法追究刑事责任。

第七章 附 则

第九十九条 特种设备行政许可、检验的收费，依照法律、行政法规的规定执行。

第一百条 军事装备、核设施、航空航天器使用的特种设备安全的监督管理不适用本法。

铁路机车、海上设施和船舶、矿山井下使用的特种设备以及民用机场专用设备安全的监督管理，房屋建筑工地、市政工程工地用起重机械和场（厂）内专用机动车辆的安装、使用的监督管理，由有关部门依照本法和其他有关法律的规定实施。

第一百零一条 本法自2014年1月1日起施行。

中华人民共和国消防法

（本法于2019年修正，修正后施行日期：2019年4月23日）

第一章　总　则

第一条　为了预防火灾和减少火灾危害，加强应急救援工作，保护人身、财产安全，维护公共安全，制定本法。

第二条　消防工作贯彻预防为主、防消结合的方针，按照政府统一领导、部门依法监管、单位全面负责、公民积极参与的原则，实行消防安全责任制，建立健全社会化的消防工作网络。

第三条　国务院领导全国的消防工作。地方各级人民政府负责本行政区域内的消防工作。

各级人民政府应当将消防工作纳入国民经济和社会发展计划，保障消防工作与经济社会发展相适应。

第四条　国务院应急管理部门对全国的消防工作实施监督管理。县级以上地方人民政府应急管理部门对本行政区域内的消防工作实施监督管理，并由本级人民政府消防救援机构负责实施。军事设施的消防工作，由其主管单位监督管理，消防救援机构协助；矿井地下部分、核电厂、海上石油天然气设施的消防工作，由其主管单位监督管理。

县级以上人民政府其他有关部门在各自的职责范围内，依照本法和其他相关法律、法规的规定做好消防工作。

法律、行政法规对森林、草原的消防工作另有规定的，从其规定。

第五条　任何单位和个人都有维护消防安全、保护消防设施、预防火灾、报告火警的义务。任何单位和成年人都有参加有组织的灭火工作的义务。

第六条　各级人民政府应当组织开展经常性的消防宣传教育，提高公民的消防安全意识。

机关、团体、企业、事业等单位，应当加强对本单位人员的消防宣传教育。

应急管理部门及消防救援机构应当加强消防法律、法规的宣传，并督促、指导、协助有关单位做好消防宣传教育工作。

教育、人力资源行政主管部门和学校、有关职业培训机构应当将消防知识纳入教育、教学、培训的内容。

新闻、广播、电视等有关单位，应当有针对性地面向社会进行消防宣传教育。

工会、共产主义青年团、妇女联合会等团体应当结合各自工作对象的特点，组织开展消防宣传教育。

村民委员会、居民委员会应当协助人民政府以及公安机关、应急管理等部门，加强消防宣传教育。

第七条　国家鼓励、支持消防科学研究和技术创新，推广使用先进的消防和应急救援技术、设备；鼓励、支持社会力量开展消防公益活动。

对在消防工作中有突出贡献的单位和个人，应当按照国家有关规定给予表彰和奖励。

第二章　火灾预防

第八条　地方各级人民政府应当将包括消防安全布局、消防站、消防供水、消防通信、消防车通道、消防装备等内容的消防规划纳入城乡规划，并负责组织实施。

城乡消防安全布局不符合消防安全要求的，应当调整、完善；公共消防设施、消防装备不足或者不适应实际需要的，应当增建、改建、配置或者进行技术改造。

第九条　建设工程的消防设计、施工必须符合国家工程建设消防技术标准。建设、设计、施工、工程监理等单位依法对建设工程的消防设计、施工质量负责。

第十条　对按照国家工程建设消防技术标准需要进行消防设计的建设工程，实行建设工程消防设计审查验收制度。

第十一条　国务院住房和城乡建设主管部门规定的特殊建设工程，建设单位应当将消防设计文件报送住房和城乡建设主管部门审查，住房和城乡建设主管部门依法对审查的结果负责。

前款规定以外的其他建设工程，建设单位申请领取施工许可证或者申请批准开工报告时应当提供满足施工需要的消防设计图纸及技术资料。

第十二条　特殊建设工程未经消防设计审查或者审查不合格的，建设单位、施工单位不得施工；其他建设工程，建设单位未提供满足施工需要的消防设计图纸及技术资料的，有关部门不得发放施工许可证或者批准开工报告。

第十三条　国务院住房和城乡建设主管部门规定应当申请消防验收的建设工程竣工，建设单位应当向住房和城乡建设主管部门申请消防验收。

前款规定以外的其他建设工程，建设单位在验收后应当报住房和城乡建设主管部门备案，住房和城乡建设主管部门应当进行抽查。

依法应当进行消防验收的建设工程，未经消防验收或者消防验收不合格的，禁止投入使用；其他建设工程经依法抽查不合格的，应当停止使用。

第十四条　建设工程消防设计审查、消防验收、备案和抽查的具体办法，由国务院住房和城乡建设主管部门规定。

第十五条　公众聚集场所在投入使用、营业前，建设单位或者使用单位应当向场所所在地的县级以上地方人民政府消防救援机构申请消防安全检查。

消防救援机构应当自受理申请之日起十个工作日内，根据消防技术标准和管理规定，对该场所进行消防安全检查。未经消防安全检查或者经检查不符合消防安全要求的，不得投入使用、营业。

第十六条　机关、团体、企业、事业等单位应当履行下列消防安全职责：

（一）落实消防安全责任制，制定本单位的消防安全制度、消防安全操作规程，制定灭火和应急疏散预案；

（二）按照国家标准、行业标准配置消防设施、器材，设置消防安全标志，并定期组织检验、维修，确保完好有效；

（三）对建筑消防设施每年至少进行一次全面检测，确保完好有效，检测记录应当完整准确，存档备查；

（四）保障疏散通道、安全出口、消防车通道畅通，保证防火防烟分区、防火间距符合消防技术标准；

（五）组织防火检查，及时消除火灾隐患；

（六）组织进行有针对性的消防演练；

（七）法律、法规规定的其他消防安全职责。

单位的主要负责人是本单位的消防安全责任人。

第十七条　县级以上地方人民政府消防救援机构应当将发生火灾可能性较大以及发生火灾可能造成重大的人身伤亡或者财产损失的单位，确定为本行政区域内的消防安全重点单位，并由应急管理部门报本级人民政府备案。

消防安全重点单位除应当履行本法第十六条规定的职责外，还应当履行下列消防安全职责：

（一）确定消防安全管理人，组织实施本单位的消防安全管理工作；

（二）建立消防档案，确定消防安全重点部位，设置防火标志，实行严格管理；

（三）实行每日防火巡查，并建立巡查记录；

（四）对职工进行岗前消防安全培训，定期组织消防安全培训和消防演练。

第十八条　同一建筑物由两个以上单位管理或者使用的，应当明确各方的消防安全责任，并确定责任人对共用的疏散通道、安全出口、建筑消防设施和消防车通道进行统一管理。

住宅区的物业服务企业应当对管理区域内的共用消防设施进行维护管理，提供消防安全防范服务。

第十九条　生产、储存、经营易燃易爆危险品的场所不得与居住场所设置在同一建筑物内，并应当与居住场所保持安全距离。

生产、储存、经营其他物品的场所与居住场所设置在同一建筑物内的，应当符合国家工程建设消防技术标准。

第二十条　举办大型群众性活动，承办人应当依法向公安机关申请安全许可，制定灭火和应急疏散预案并组织演练，明确消防安全责任分工，确定消防安全管理人员，保持消防设施和消防器材配置齐全、完好有效，保证疏散通道、安全出口、疏散指示标志、应急照明和消防车通道符合消防技术标准和管理规定。

第二十一条　禁止在具有火灾、爆炸危险的场所吸烟、使用明火。因施工等特殊情况需要使用明火作业的，应当按照规定事先办理审批手续，采取相应的消防安全措施；作业人员应当遵守消防安全规定。

进行电焊、气焊等具有火灾危险作业的人员和自动消防系统的操作人员，必须持证上岗，并遵守消防安全操作规程。

第二十二条　生产、储存、装卸易燃易爆危险品的工厂、仓库和专用车站、码头的设置,应当符合消防技术标准。易燃易爆气体和液体的充装站、供应站、调压站,应当设置在符合消防安全要求的位置,并符合防火防爆要求。

已经设置的生产、储存、装卸易燃易爆危险品的工厂、仓库和专用车站、码头,易燃易爆气体和液体的充装站、供应站、调压站,不再符合前款规定的,地方人民政府应当组织、协调有关部门、单位限期解决,消除安全隐患。

第二十三条 生产、储存、运输、销售、使用、销毁易燃易爆危险品,必须执行消防技术标准和管理规定。

进入生产、储存易燃易爆危险品的场所,必须执行消防安全规定。禁止非法携带易燃易爆危险品进入公共场所或者乘坐公共交通工具。

储存可燃物资仓库的管理,必须执行消防技术标准和管理规定。

第二十四条 消防产品必须符合国家标准;没有国家标准的,必须符合行业标准。禁止生产、销售或者使用不合格的消防产品以及国家明令淘汰的消防产品。

依法实行强制性产品认证的消防产品,由具有法定资质的认证机构按照国家标准、行业标准的强制性要求认证合格后,方可生产、销售、使用。实行强制性产品认证的消防产品目录,由国务院产品质量监督部门会同国务院应急管理部门制定并公布。

新研制的尚未制定国家标准、行业标准的消防产品,应当按照国务院产品质量监督部门会同国务院应急管理部门规定的办法,经技术鉴定符合消防安全要求的,方可生产、销售、使用。

依照本条规定经强制性产品认证合格或者技术鉴定合格的消防产品,国务院应急管理部门应当予以公布。

第二十五条 产品质量监督部门、工商行政管理部门、消防救援机构应当按照各自职责加强对消防产品质量的监督检查。

第二十六条 建筑构件、建筑材料和室内装修、装饰材料的防火性能必须符合国家标准;没有国家标准的,必须符合行业标准。

人员密集场所室内装修、装饰,应当按照消防技术标准的要求,使用不燃、难燃材料。

第二十七条 电器产品、燃气用具的产品标准,应当符合消防安全的要求。

电器产品、燃气用具的安装、使用及其线路、管路的设计、敷设、维护保养、检测,必须符合消防技术标准和管理规定。

第二十八条 任何单位、个人不得损坏、挪用或者擅自拆除、停用消防设施、器材,不得埋压、圈占、遮挡消火栓或者占用防火间距,不得占用、堵塞、封闭疏散通道、安全出口、消防车通道。人员密集场所的门窗不得设置影响逃生和灭火救援的障碍物。

第二十九条 负责公共消防设施维护管理的单位,应当保持消防供水、消防通信、消防车通道等公共消防设施的完好有效。在修建道路以及停电、停水、截断通信线路时有可能影响消防队灭火救援的,有关单位必须事先通知当地消防救援机构。

第三十条 地方各级人民政府应当加强对农村消防工作的领导,采取措施加强公共消防设施建设,组织建立和督促落实消防安全责任制。

第三十一条 在农业收获季节、森林和草原防火期间、重大节假日期间以及火灾多发季节,地方各级人民政府应当组织开展有针对性的消防宣传教育,采取防火措施,进行消防安全检查。

第三十二条　乡镇人民政府、城市街道办事处应当指导、支持和帮助村民委员会、居民委员会开展群众性的消防工作。村民委员会、居民委员会应当确定消防安全管理人，组织制定防火安全公约，进行防火安全检查。

第三十三条　国家鼓励、引导公众聚集场所和生产、储存、运输、销售易燃易爆危险品的企业投保火灾公众责任保险；鼓励保险公司承保火灾公众责任保险。

第三十四条　消防产品质量认证、消防设施检测、消防安全监测等消防技术服务机构和执业人员，应当依法获得相应的资质、资格；依照法律、行政法规、国家标准、行业标准和执业准则，接受委托提供消防技术服务，并对服务质量负责。

第三章　消防组织

第三十五条　各级人民政府应当加强消防组织建设，根据经济社会发展的需要，建立多种形式的消防组织，加强消防技术人才培养，增强火灾预防、扑救和应急救援的能力。

第三十六条　县级以上地方人民政府应当按照国家规定建立国家综合性消防救援队、专职消防队，并按照国家标准配备消防装备，承担火灾扑救工作。

乡镇人民政府应当根据当地经济发展和消防工作的需要，建立专职消防队、志愿消防队，承担火灾扑救工作。

第三十七条　国家综合性消防救援队、专职消防队按照国家规定承担重大灾害事故和其他以抢救人员生命为主的应急救援工作。

第三十八条　国家综合性消防救援队、专职消防队应当充分发挥火灾扑救和应急救援专业力量的骨干作用；按照国家规定，组织实施专业技能训练，配备并维护保养装备器材，提高火灾扑救和应急救援的能力。

第三十九条　下列单位应当建立单位专职消防队，承担本单位的火灾扑救工作：

（一）大型核设施单位、大型发电厂、民用机场、主要港口；

（二）生产、储存易燃易爆危险品的大型企业；

（三）储备可燃的重要物资的大型仓库、基地；

（四）第一项、第二项、第三项规定以外的火灾危险性较大、距离国家综合性消防救援队较远的其他大型企业；

（五）距离国家综合性消防救援队较远、被列为全国重点文物保护单位的古建筑群的管理单位。

第四十条　专职消防队的建立，应当符合国家有关规定，并报当地消防救援机构验收。

专职消防队的队员依法享受社会保险和福利待遇。

第四十一条　机关、团体、企业、事业等单位以及村民委员会、居民委员会根据需要，建立志愿消防队等多种形式的消防组织，开展群众性自防自救工作。

第四十二条　消防救援机构应当对专职消防队、志愿消防队等消防组织进行业务指导；根据扑救火灾的需要，可以调动指挥专职消防队参加火灾扑救工作。

第四章　灭火救援

第四十三条　县级以上地方人民政府应当组织有关部门针对本行政区域内的火灾特点制定应急预案，建立应急反应和处置机制，为火灾扑救和应急救援工作提供人员、装备等保障。

第四十四条　任何人发现火灾都应当立即报警。任何单位、个人都应当无偿为报警提供便利，不得阻拦报警。严禁谎报火警。

人员密集场所发生火灾，该场所的现场工作人员应当立即组织、引导在场人员疏散。

任何单位发生火灾，必须立即组织力量扑救。邻近单位应当给予支援。

消防队接到火警，必须立即赶赴火灾现场，救助遇险人员，排除险情，扑灭火灾。

第四十五条　消防救援机构统一组织和指挥火灾现场扑救，应当优先保障遇险人员的生命安全。

火灾现场总指挥根据扑救火灾的需要，有权决定下列事项：

（一）使用各种水源；

（二）截断电力、可燃气体和可燃液体的输送，限制用火用电；

（三）划定警戒区，实行局部交通管制；

（四）利用临近建筑物和有关设施；

（五）为了抢救人员和重要物资，防止火势蔓延，拆除或者破损毗邻火灾现场的建筑物、构筑物或者设施等；

（六）调动供水、供电、供气、通信、医疗救护、交通运输、环境保护等有关单位协助灭火救援。

根据扑救火灾的紧急需要，有关地方人民政府应当组织人员、调集所需物资支援灭火。

第四十六条　国家综合性消防救援队、专职消防队参加火灾以外的其他重大灾害事故的应急救援工作，由县级以上人民政府统一领导。

第四十七条　消防车、消防艇前往执行火灾扑救或者应急救援任务，在确保安全的前提下，不受行驶速度、行驶路线、行驶方向和指挥信号的限制，其他车辆、船舶以及行人应当让行，不得穿插超越；收费公路、桥梁免收车辆通行费。交通管理指挥人员应当保证消防车、消防艇迅速通行。

赶赴火灾现场或者应急救援现场的消防人员和调集的消防装备、物资，需要铁路、水路或者航空运输的，有关单位应当优先运输。

第四十八条　消防车、消防艇以及消防器材、装备和设施，不得用于与消防和应急救援工作无关的事项。

第四十九条　国家综合性消防救援队、专职消防队扑救火灾、应急救援，不得收取任何费用。

单位专职消防队、志愿消防队参加扑救外单位火灾所损耗的燃料、灭火剂和器材、装备等，由火灾发生地的人民政府给予补偿。

第五十条　对因参加扑救火灾或者应急救援受伤、致残或者死亡的人员，按照国家有关规定给予医疗、抚恤。

第五十一条　消防救援机构有权根据需要封闭火灾现场，负责调查火灾原因，统计火灾损失。

火灾扑灭后，发生火灾的单位和相关人员应当按照消防救援机构的要求保护现场，接受事故调查，如实提供与火灾有关的情况。

消防救援机构根据火灾现场勘验、调查情况和有关的检验、鉴定意见，及时制作火灾事故认定书，作为处理火灾事故的证据。

第五章　监督检查

第五十二条　地方各级人民政府应当落实消防工作责任制，对本级人民政府有关部门履行消防安全职责的情况进行监督检查。

县级以上地方人民政府有关部门应当根据本系统的特点，有针对性地开展消防安全检查，及时督促整改火灾隐患。

第五十三条　消防救援机构应当对机关、团体、企业、事业等单位遵守消防法律、法规的情况依法进行监督检查。公安派出所可以负责日常消防监督检查、开展消防宣传教育，具体办法由国务院公安部门规定。

消防救援机构、公安派出所的工作人员进行消防监督检查，应当出示证件。

第五十四条　消防救援机构在消防监督检查中发现火灾隐患的，应当通知有关单位或者个人立即采取措施消除隐患；不及时消除隐患可能严重威胁公共安全的，消防救援机构应当依照规定对危险部位或者场所采取临时查封措施。

第五十五条　消防救援机构在消防监督检查中发现城乡消防安全布局、公共消防设施不符合消防安全要求，或者发现本地区存在影响公共安全的重大火灾隐患的，应当由应急管理部门书面报告本级人民政府。

接到报告的人民政府应当及时核实情况，组织或者责成有关部门、单位采取措施，予以整改。

第五十六条　住房和城乡建设主管部门、消防救援机构及其工作人员应当按照法定的职权和程序进行消防设计审查、消防验收、备案抽查和消防安全检查，做到公正、严格、文明、高效。

住房和城乡建设主管部门、消防救援机构及其工作人员进行消防设计审查、消防验收、备案抽查和消防安全检查等，不得收取费用，不得利用职务谋取利益；不得利用职务为用户、建设单位指定或者变相指定消防产品的品牌、销售单位或者消防技术服务机构、消防设施施工单位。

第五十七条　住房和城乡建设主管部门、消防救援机构及其工作人员执行职务，应当自觉接受社会和公民的监督。

任何单位和个人都有权对住房和城乡建设主管部门、消防救援机构及其工作人员在执法中的违法行为进行检举、控告。收到检举、控告的机关，应当按照职责及时查处。

第六章　法律责任

第五十八条　违反本法规定，有下列行为之一的，由住房和城乡建设主管部门、消防救援机构按照各自职权责令停止施工、停止使用或者停产停业，并处三万元以上三十万元以下罚款：

（一）依法应当进行消防设计审查的建设工程，未经依法审查或者审查不合格，擅自施工的；

（二）依法应当进行消防验收的建设工程，未经消防验收或者消防验收不合格，擅自投入使用的；

（三）本法第十三条规定的其他建设工程验收后经依法抽查不合格，不停止使用的；

（四）公众聚集场所未经消防安全检查或者经检查不符合消防安全要求，擅自投入使用、营业的。

建设单位未依照本法规定在验收后报住房和城乡建设主管部门备案的，由住房和城乡建设主管部门责令改正，处五千元以下罚款。

第五十九条　违反本法规定，有下列行为之一的，由住房和城乡建设主管部门责令改正或者停止施工，并处一万元以上十万元以下罚款：

（一）建设单位要求建筑设计单位或者建筑施工企业降低消防技术标准设计、施工的；

（二）建筑设计单位不按照消防技术标准强制性要求进行消防设计的；

（三）建筑施工企业不按照消防设计文件和消防技术标准施工，降低消防施工质量的；

（四）工程监理单位与建设单位或者建筑施工企业串通，弄虚作假，降低消防施工质量的。

第六十条　单位违反本法规定，有下列行为之一的，责令改正，处五千元以上五万元以下罚款：

（一）消防设施、器材或者消防安全标志的配置、设置不符合国家标准、行业标准，或者未保持完好有效的；

（二）损坏、挪用或者擅自拆除、停用消防设施、器材的；

（三）占用、堵塞、封闭疏散通道、安全出口或者有其他妨碍安全疏散行为的；

（四）埋压、圈占、遮挡消火栓或者占用防火间距的；

（五）占用、堵塞、封闭消防车通道，妨碍消防车通行的；

（六）人员密集场所在门窗上设置影响逃生和灭火救援的障碍物的；

（七）对火灾隐患经消防救援机构通知后不及时采取措施消除的。

个人有前款第二项、第三项、第四项、第五项行为之一的，处警告或者五百元以下罚款。

有本条第一款第三项、第四项、第五项、第六项行为，经责令改正拒不改正的，强制执行，所需费用由违法行为人承担。

第六十一条　生产、储存、经营易燃易爆危险品的场所与居住场所设置在同一建筑物内，或者未与居住场所保持安全距离的，责令停产停业，并处五千元以上五万元以下罚款。

生产、储存、经营其他物品的场所与居住场所设置在同一建筑物内，不符合消防技术标准的，依照前款规定处罚。

第六十二条　有下列行为之一的，依照《中华人民共和国治安管理处罚法》的规定处罚：

（一）违反有关消防技术标准和管理规定生产、储存、运输、销售、使用、销毁易燃易爆危险品的；

（二）非法携带易燃易爆危险品进入公共场所或者乘坐公共交通工具的；

（三）谎报火警的；

（四）阻碍消防车、消防艇执行任务的；

（五）阻碍消防救援机构的工作人员依法执行职务的。

第六十三条　违反本法规定，有下列行为之一的，处警告或者五百元以下罚款；情节严重的，处五日以下拘留：

（一）违反消防安全规定进入生产、储存易燃易爆危险品场所的；

（二）违反规定使用明火作业或者在具有火灾、爆炸危险的场所吸烟、使用明火的。

第六十四条　违反本法规定，有下列行为之一，尚不构成犯罪的，处十日以上十五日以下拘留，可以并处五百元以下罚款；情节较轻的，处警告或者五百元以下罚款：

（一）指使或者强令他人违反消防安全规定，冒险作业的；

（二）过失引起火灾的；

（三）在火灾发生后阻拦报警，或者负有报告职责的人员不及时报警的；

（四）扰乱火灾现场秩序，或者拒不执行火灾现场指挥员指挥，影响灭火救援的；

（五）故意破坏或者伪造火灾现场的；

（六）擅自拆封或者使用被消防救援机构查封的场所、部位的。

第六十五条　违反本法规定，生产、销售不合格的消防产品或者国家明令淘汰的消防产品的，由产品质量监督部门或者工商行政管理部门依照《中华人民共和国产品质量法》的规定从重处罚。

人员密集场所使用不合格的消防产品或者国家明令淘汰的消防产品的，责令限期改正；逾期不改正的，处五千元以上五万元以下罚款，并对其直接负责的主管人员和其他直接责任人员处五百元以上二千元以下罚款；情节严重的，责令停产停业。

消防救援机构对于本条第二款规定的情形，除依法对使用者予以处罚外，应当将发现不合格的消防产品和国家明令淘汰的消防产品的情况通报产品质量监督部门、工商行政管理部门。产品质量监督部门、工商行政管理部门应当对生产者、销售者依法及时查处。

第六十六条　电器产品、燃气用具的安装、使用及其线路、管路的设计、敷设、维护保养、检测不符合消防技术标准和管理规定的，责令限期改正；逾期不改正的，责令停止使用，可以并处一千元以上五千元以下罚款。

第六十七条　机关、团体、企业、事业等单位违反本法第十六条、第十七条、第十八条、第二十一条第二款规定的，责令限期改正；逾期不改正的，对其直接负责的主管人员和其他直接责任人员依法给予处分或者给予警告处罚。

第六十八条 人员密集场所发生火灾，该场所的现场工作人员不履行组织、引导在场人员疏散的义务，情节严重，尚不构成犯罪的，处五日以上十日以下拘留。

第六十九条 消防产品质量认证、消防设施检测等消防技术服务机构出具虚假文件的，责令改正，处五万元以上十万元以下罚款，并对直接负责的主管人员和其他直接责任人员处一万元以上五万元以下罚款；有违法所得的，并处没收违法所得；给他人造成损失的，依法承担赔偿责任；情节严重的，由原许可机关依法责令停止执业或者吊销相应资质、资格。

前款规定的机构出具失实文件，给他人造成损失的，依法承担赔偿责任；造成重大损失的，由原许可机关依法责令停止执业或者吊销相应资质、资格。

第七十条 本法规定的行政处罚，除应当由公安机关依照《中华人民共和国治安管理处罚法》的有关规定决定的外，由住房和城乡建设主管部门、消防救援机构按照各自职权决定。

被责令停止施工、停止使用、停产停业的，应当在整改后向作出决定的部门或者机构报告，经检查合格，方可恢复施工、使用、生产、经营。

当事人逾期不执行停产停业、停止使用、停止施工决定的，由作出决定的部门或者机构强制执行。

责令停产停业，对经济和社会生活影响较大的，由住房和城乡建设主管部门或者应急管理部门报请本级人民政府依法决定。

第七十一条 住房和城乡建设主管部门、消防救援机构的工作人员滥用职权、玩忽职守、徇私舞弊，有下列行为之一，尚不构成犯罪的，依法给予处分：

（一）对不符合消防安全要求的消防设计文件、建设工程、场所准予审查合格、消防验收合格、消防安全检查合格的；

（二）无故拖延消防设计审查、消防验收、消防安全检查，不在法定期限内履行职责的；

（三）发现火灾隐患不及时通知有关单位或者个人整改的；

（四）利用职务为用户、建设单位指定或者变相指定消防产品的品牌、销售单位或者消防技术服务机构、消防设施施工单位的；

（五）将消防车、消防艇以及消防器材、装备和设施用于与消防和应急救援无关的事项的；

（六）其他滥用职权、玩忽职守、徇私舞弊的行为。

产品质量监督、工商行政管理等其他有关行政主管部门的工作人员在消防工作中滥用职权、玩忽职守、徇私舞弊，尚不构成犯罪的，依法给予处分。

第七十二条 违反本法规定，构成犯罪的，依法追究刑事责任。

第七章　附　则

第七十三条 本法下列用语的含义：

（一）消防设施，是指火灾自动报警系统、自动灭火系统、消火栓系统、防烟排烟系统以及应急广播和应急照明、安全疏散设施等。

（二）消防产品，是指专门用于火灾预防、灭火救援和火灾防护、避难、逃生的产品。

（三）公众聚集场所，是指宾馆、饭店、商场、集贸市场、客运车站候车室、客运码头候船厅、民用机场航站楼、体育场馆、会堂以及公共娱乐场所等。

（四）人员密集场所，是指公众聚集场所，医院的门诊楼、病房楼，学校的教学楼、图书馆、食堂和集体宿舍，养老院，福利院，托儿所，幼儿园，公共图书馆的阅览室，公共展览馆、博物馆的展示厅，劳动密集型企业的生产加工车间和员工集体宿舍，旅游、宗教活动场所等。

第七十四条 本法自 2009 年 5 月 1 日起施行。

中华人民共和国突发事件应对法

（施行日期:2007 年 11 月 1 日）

第一章　总　则

第一条　为了预防和减少突发事件的发生,控制、减轻和消除突发事件引起的严重社会危害,规范突发事件应对活动,保护人民生命财产安全,维护国家安全、公共安全、环境安全和社会秩序,制定本法。

第二条　突发事件的预防与应急准备、监测与预警、应急处置与救援、事后恢复与重建等应对活动,适用本法。

第三条　本法所称突发事件,是指突然发生,造成或者可能造成严重社会危害,需要采取应急处置措施予以应对的自然灾害、事故灾难、公共卫生事件和社会安全事件。

按照社会危害程度、影响范围等因素,自然灾害、事故灾难、公共卫生事件分为特别重大、重大、较大和一般四级。法律、行政法规或者国务院另有规定的,从其规定。

突发事件的分级标准由国务院或者国务院确定的部门制定。

第四条　国家建立统一领导、综合协调、分类管理、分级负责、属地管理为主的应急管理体制。

第五条　突发事件应对工作实行预防为主、预防与应急相结合的原则。国家建立重大突发事件风险评估体系,对可能发生的突发事件进行综合性评估,减少重大突发事件的发生,最大限度地减轻重大突发事件的影响。

第六条　国家建立有效的社会动员机制,增强全民的公共安全和防范风险的意识,提高全社会的避险救助能力。

第七条　县级人民政府对本行政区域内突发事件的应对工作负责;涉及两个以上行政区域的,由有关行政区域共同的上一级人民政府负责,或者由各有关行政区域的上一级人民政府共同负责。

突发事件发生后,发生地县级人民政府应当立即采取措施控制事态发展,组织开展应急救援和处置工作,并立即向上一级人民政府报告,必要时可以越级上报。

突发事件发生地县级人民政府不能消除或者不能有效控制突发事件引起的严重社会危害的,应当及时向上级人民政府报告。上级人民政府应当及时采取措施,统一领导应急处置工作。

法律、行政法规规定由国务院有关部门对突发事件的应对工作负责的,从其规定;地方人民政府应当积极配合并提供必要的支持。

第八条　国务院在总理领导下研究、决定和部署特别重大突发事件的应对工作;根据实际需要,设立国家突发事件应急指挥机构,负责突发事件应对工作;必要时,国务院可以派出工作组指导有关工作。

县级以上地方各级人民政府设立由本级人民政府主要负责人、相关部门负责人、驻当地中国人民解放军和中国人民武装警察部队有关负责人组成的突发事件应急指挥机构，统一领导、协调本级人民政府各有关部门和下级人民政府开展突发事件应对工作；根据实际需要，设立相关类别突发事件应急指挥机构，组织、协调、指挥突发事件应对工作。

上级人民政府主管部门应当在各自职责范围内，指导、协助下级人民政府及其相应部门做好有关突发事件的应对工作。

第九条　国务院和县级以上地方各级人民政府是突发事件应对工作的行政领导机关，其办事机构及具体职责由国务院规定。

第十条　有关人民政府及其部门作出的应对突发事件的决定、命令，应当及时公布。

第十一条　有关人民政府及其部门采取的应对突发事件的措施，应当与突发事件可能造成的社会危害的性质、程度和范围相适应；有多种措施可供选择的，应当选择有利于最大程度地保护公民、法人和其他组织权益的措施。

公民、法人和其他组织有义务参与突发事件应对工作。

第十二条　有关人民政府及其部门为应对突发事件，可以征用单位和个人的财产。被征用的财产在使用完毕或者突发事件应急处置工作结束后，应当及时返还。财产被征用或者征用后毁损、灭失的，应当给予补偿。

第十三条　因采取突发事件应对措施，诉讼、行政复议、仲裁活动不能正常进行的，适用有关时效中止和程序中止的规定，但法律另有规定的除外。

第十四条　中国人民解放军、中国人民武装警察部队和民兵组织依照本法和其他有关法律、行政法规、军事法规的规定以及国务院、中央军事委员会的命令，参加突发事件的应急救援和处置工作。

第十五条　中华人民共和国政府在突发事件的预防、监测与预警、应急处置与救援、事后恢复与重建等方面，同外国政府和有关国际组织开展合作与交流。

第十六条　县级以上人民政府作出应对突发事件的决定、命令，应当报本级人民代表大会常务委员会备案；突发事件应急处置工作结束后，应当向本级人民代表大会常务委员会作出专项工作报告。

第二章　预防与应急准备

第十七条　国家建立健全突发事件应急预案体系。

国务院制定国家突发事件总体应急预案，组织制定国家突发事件专项应急预案；国务院有关部门根据各自的职责和国务院相关应急预案，制定国家突发事件部门应急预案。

地方各级人民政府和县级以上地方各级人民政府有关部门根据有关法律、法规、规章、上级人民政府及其有关部门的应急预案以及本地区的实际情况，制定相应的突发事件应急预案。

应急预案制定机关应当根据实际需要和情势变化，适时修订应急预案。应急预案的制定、修订程序由国务院规定。

第十八条　应急预案应当根据本法和其他有关法律、法规的规定，针对突发事件的性质、特点和可能造成的社会危害,具体规定突发事件应急管理工作的组织指挥体系与职责和突发事件的预防与预警机制、处置程序、应急保障措施以及事后恢复与重建措施等内容。

第十九条 城乡规划应当符合预防、处置突发事件的需要,统筹安排应对突发事件所必需的设备和基础设施建设,合理确定应急避难场所。

第二十条 县级人民政府应当对本行政区域内容易引发自然灾害、事故灾难和公共卫生事件的危险源、危险区域进行调查、登记、风险评估,定期进行检查、监控,并责令有关单位采取安全防范措施。

省级和设区的市级人民政府应当对本行政区域内容易引发特别重大、重大突发事件的危险源、危险区域进行调查、登记、风险评估,组织进行检查、监控,并责令有关单位采取安全防范措施。

县级以上地方各级人民政府按照本法规定登记的危险源、危险区域,应当按照国家规定及时向社会公布。

第二十一条 县级人民政府及其有关部门、乡级人民政府、街道办事处、居民委员会、村民委员会应当及时调解处理可能引发社会安全事件的矛盾纠纷。

第二十二条 所有单位应当建立健全安全管理制度,定期检查本单位各项安全防范措施的落实情况,及时消除事故隐患;掌握并及时处理本单位存在的可能引发社会安全事件的问题,防止矛盾激化和事态扩大;对本单位可能发生的突发事件和采取安全防范措施的情况,应当按照规定及时向所在地人民政府或者人民政府有关部门报告。

第二十三条 矿山、建筑施工单位和易燃易爆物品、危险化学品、放射性物品等危险物品的生产、经营、储运、使用单位,应当制定具体应急预案,并对生产经营场所、有危险物品的建筑物、构筑物及周边环境开展隐患排查,及时采取措施消除隐患,防止发生突发事件。

第二十四条 公共交通工具、公共场所和其他人员密集场所的经营单位或者管理单位应当制定具体应急预案,为交通工具和有关场所配备报警装置和必要的应急救援设备、设施,注明其使用方法,并显著标明安全撤离的通道、路线,保证安全通道、出口的畅通。

有关单位应当定期检测、维护其报警装置和应急救援设备、设施,使其处于良好状态,确保正常使用。

第二十五条 县级以上人民政府应当建立健全突发事件应急管理培训制度,对人民政府及其有关部门负有处置突发事件职责的工作人员定期进行培训。

第二十六条 县级以上人民政府应当整合应急资源,建立或者确定综合性应急救援队伍。人民政府有关部门可以根据实际需要设立专业应急救援队伍。

县级以上人民政府及其有关部门可以建立由成年志愿者组成的应急救援队伍。单位应当建立由本单位职工组成的专职或者兼职应急救援队伍。

县级以上人民政府应当加强专业应急救援队伍与非专业应急救援队伍的合作,联合培训、联合演练,提高合成应急、协同应急的能力。

第二十七条 国务院有关部门、县级以上地方各级人民政府及其有关部门、有关单位应当为专业应急救援人员购买人身意外伤害保险,配备必要的防护装备和器材,减少应急救援人员的人身风险。

第二十八条　中国人民解放军、中国人民武装警察部队和民兵组织应当有计划地组织开展应急救援的专门训练。

第二十九条　县级人民政府及其有关部门、乡级人民政府、街道办事处应当组织开展应急知识的宣传普及活动和必要的应急演练。

居民委员会、村民委员会、企业事业单位应当根据所在地人民政府的要求，结合各自的实际情况，开展有关突发事件应急知识的宣传普及活动和必要的应急演练。

新闻媒体应当无偿开展突发事件预防与应急、自救与互救知识的公益宣传。

第三十条　各级各类学校应当把应急知识教育纳入教学内容，对学生进行应急知识教育，培养学生的安全意识和自救与互救能力。

教育主管部门应当对学校开展应急知识教育进行指导和监督。

第三十一条　国务院和县级以上地方各级人民政府应当采取财政措施，保障突发事件应对工作所需经费。

第三十二条　国家建立健全应急物资储备保障制度，完善重要应急物资的监管、生产、储备、调拨和紧急配送体系。

设区的市级以上人民政府和突发事件易发、多发地区的县级人民政府应当建立应急救援物资、生活必需品和应急处置装备的储备制度。

县级以上地方各级人民政府应当根据本地区的实际情况，与有关企业签订协议，保障应急救援物资、生活必需品和应急处置装备的生产、供给。

第三十三条　国家建立健全应急通信保障体系，完善公用通信网，建立有线与无线相结合、基础电信网络与机动通信系统相配套的应急通信系统，确保突发事件应对工作的通信畅通。

第三十四条　国家鼓励公民、法人和其他组织为人民政府应对突发事件工作提供物资、资金、技术支持和捐赠。

第三十五条　国家发展保险事业，建立国家财政支持的巨灾风险保险体系，并鼓励单位和公民参加保险。

第三十六条　国家鼓励、扶持具备相应条件的教学科研机构培养应急管理专门人才，鼓励、扶持教学科研机构和有关企业研究开发用于突发事件预防、监测、预警、应急处置与救援的新技术、新设备和新工具。

第三章　监测与预警

第三十七条　国务院建立全国统一的突发事件信息系统。

县级以上地方各级人民政府应当建立或者确定本地区统一的突发事件信息系统，汇集、储存、分析、传输有关突发事件的信息，并与上级人民政府及其有关部门、下级人民政府及其有关部门、专业机构和监测网点的突发事件信息系统实现互联互通，加强跨部门、跨地区的信息交流与情报合作。

第三十八条　县级以上人民政府及其有关部门、专业机构应当通过多种途径收集突发事件信息。

县级人民政府应当在居民委员会、村民委员会和有关单位建立专职或者兼职信息报告员制度。

获悉突发事件信息的公民、法人或者其他组织，应当立即向所在地人民政府、有关主管部门或者指定的专业机构报告。

第三十九条　地方各级人民政府应当按照国家有关规定向上级人民政府报送突发事件信息。县级以上人民政府有关主管部门应当向本级人民政府相关部门通报突发事件信息。专业机构、监测网点和信息报告员应当及时向所在地人民政府及其有关主管部门报告突发事件信息。

有关单位和人员报送、报告突发事件信息，应当做到及时、客观、真实，不得迟报、谎报、瞒报、漏报。

第四十条　县级以上地方各级人民政府应当及时汇总分析突发事件隐患和预警信息，必要时组织相关部门、专业技术人员、专家学者进行会商，对发生突发事件的可能性及其可能造成的影响进行评估；认为可能发生重大或者特别重大突发事件的，应当立即向上级人民政府报告，并向上级人民政府有关部门、当地驻军和可能受到危害的毗邻或者相关地区的人民政府通报。

第四十一条　国家建立健全突发事件监测制度。

县级以上人民政府及其有关部门应当根据自然灾害、事故灾难和公共卫生事件的种类和特点，建立健全基础信息数据库，完善监测网络，划分监测区域，确定监测点，明确监测项目，提供必要的设备、设施，配备专职或者兼职人员，对可能发生的突发事件进行监测。

第四十二条　国家建立健全突发事件预警制度。

可以预警的自然灾害、事故灾难和公共卫生事件的预警级别，按照突发事件发生的紧急程度、发展势态和可能造成的危害程度分为一级、二级、三级和四级，分别用红色、橙色、黄色和蓝色标示，一级为最高级别。

预警级别的划分标准由国务院或者国务院确定的部门制定。

第四十三条　可以预警的自然灾害、事故灾难或者公共卫生事件即将发生或者发生的可能性增大时，县级以上地方各级人民政府应当根据有关法律、行政法规和国务院规定的权限和程序，发布相应级别的警报，决定并宣布有关地区进入预警期，同时向上一级人民政府报告，必要时可以越级上报，并向当地驻军和可能受到危害的毗邻或者相关地区的人民政府通报。

第四十四条　发布三级、四级警报，宣布进入预警期后，县级以上地方各级人民政府应当根据即将发生的突发事件的特点和可能造成的危害，采取下列措施：

（一）启动应急预案；

（二）责令有关部门、专业机构、监测网点和负有特定职责的人员及时收集、报告有关信息，向社会公布反映突发事件信息的渠道，加强对突发事件发生、发展情况的监测、预报和预警工作；

（三）组织有关部门和机构、专业技术人员、有关专家学者，随时对突发事件信息进行分析评估，预测发生突发事件可能性的大小、影响范围和强度以及可能发生的突发事件的级别；

（四）定时向社会发布与公众有关的突发事件预测信息和分析评估结果，并对相关信息的报道工作进行管理；

（五）及时按照有关规定向社会发布可能受到突发事件危害的警告，宣传避免、减轻危害的常识，公布咨询电话。

第四十五条　发布一级、二级警报，宣布进入预警期后，县级以上地方各级人民政府除采取本法第四十四条规定的措施外，还应当针对即将发生的突发事件的特点和可能造成的危害，采取下列一项或者多项措施：

（一）责令应急救援队伍、负有特定职责的人员进入待命状态，并动员后备人员做好参加应急救援和处置工作的准备；

（二）调集应急救援所需物资、设备、工具，准备应急设施和避难场所，并确保其处于良好状态、随时可以投入正常使用；

（三）加强对重点单位、重要部位和重要基础设施的安全保卫，维护社会治安秩序；

（四）采取必要措施，确保交通、通信、供水、排水、供电、供气、供热等公共设施的安全和正常运行；

（五）及时向社会发布有关采取特定措施避免或者减轻危害的建议、劝告；

（六）转移、疏散或者撤离易受突发事件危害的人员并予以妥善安置，转移重要财产；

（七）关闭或者限制使用易受突发事件危害的场所，控制或者限制容易导致危害扩大的公共场所的活动；

（八）法律、法规、规章规定的其他必要的防范性、保护性措施。

第四十六条　对即将发生或者已经发生的社会安全事件，县级以上地方各级人民政府及其有关主管部门应当按照规定向上一级人民政府及其有关主管部门报告，必要时可以越级上报。

第四十七条　发布突发事件警报的人民政府应当根据事态的发展，按照有关规定适时调整预警级别并重新发布。

有事实证明不可能发生突发事件或者危险已经解除的，发布警报的人民政府应当立即宣布解除警报，终止预警期，并解除已经采取的有关措施。

第四章　应急处置与救援

第四十八条　突发事件发生后，履行统一领导职责或者组织处置突发事件的人民政府应当针对其性质、特点和危害程度，立即组织有关部门，调动应急救援队伍和社会力量，依照本章的规定和有关法律、法规、规章的规定采取应急处置措施。

第四十九条　自然灾害、事故灾难或者公共卫生事件发生后，履行统一领导职责的人民政府可以采取下列一项或者多项应急处置措施：

（一）组织营救和救治受害人员，疏散、撤离并妥善安置受到威胁的人员以及采取其他救助措施；

（二）迅速控制危险源，标明危险区域，封锁危险场所，划定警戒区，实行交通管制以及其他控制措施；

（三）立即抢修被损坏的交通、通信、供水、排水、供电、供气、供热等公共设施，向受到危害的人员提供避难场所和生活必需品，实施医疗救护和卫生防疫以及其他保障措施；

（四）禁止或者限制使用有关设备、设施，关闭或者限制使用有关场所，中止人员密集的活动或者可能导致危害扩大的生产经营活动以及采取其他保护措施；

（五）启用本级人民政府设置的财政预备费和储备的应急救援物资，必要时调用其他急需物资、设备、设施、工具；

（六）组织公民参加应急救援和处置工作，要求具有特定专长的人员提供服务；

（七）保障食品、饮用水、燃料等基本生活必需品的供应；

（八）依法从严惩处囤积居奇、哄抬物价、制假售假等扰乱市场秩序的行为，稳定市场价格，维护市场秩序；

（九）依法从严惩处哄抢财物、干扰破坏应急处置工作等扰乱社会秩序的行为，维护社会治安；

（十）采取防止发生次生、衍生事件的必要措施。

第五十条　社会安全事件发生后，组织处置工作的人民政府应当立即组织有关部门并由公安机关针对事件的性质和特点，依照有关法律、行政法规和国家其他有关规定，采取下列一项或者多项应急处置措施：

（一）强制隔离使用器械相互对抗或者以暴力行为参与冲突的当事人，妥善解决现场纠纷和争端，控制事态发展；

（二）对特定区域内的建筑物、交通工具、设备、设施以及燃料、燃气、电力、水的供应进行控制；

（三）封锁有关场所、道路，查验现场人员的身份证件，限制有关公共场所内的活动；

（四）加强对易受冲击的核心机关和单位的警卫，在国家机关、军事机关、国家通讯社、广播电台、电视台、外国驻华使领馆等单位附近设置临时警戒线；

（五）法律、行政法规和国务院规定的其他必要措施。

严重危害社会治安秩序的事件发生时，公安机关应当立即依法出动警力，根据现场情况依法采取相应的强制性措施，尽快使社会秩序恢复正常。

第五十一条　发生突发事件，严重影响国民经济正常运行时，国务院或者国务院授权的有关主管部门可以采取保障、控制等必要的应急措施，保障人民群众的基本生活需要，最大限度地减轻突发事件的影响。

第五十二条　履行统一领导职责或者组织处置突发事件的人民政府，必要时可以向单位和个人征用应急救援所需设备、设施、场地、交通工具和其他物资，请求其他地方人民政府提供人力、物力、财力或者技术支援，要求生产、供应生活必需品和应急救援物资的企业组织生产、保证供给，要求提供医疗、交通等公共服务的组织提供相应的服务。

履行统一领导职责或者组织处置突发事件的人民政府，应当组织协调运输经营单位，优先运送处置突发事件所需物资、设备、工具、应急救援人员和受到突发事件危害的人员。

第五十三条　履行统一领导职责或者组织处置突发事件的人民政府，应当按照有关规定统一、准确、及时发布有关突发事件事态发展和应急处置工作的信息。

第五十四条　任何单位和个人不得编造、传播有关突发事件事态发展或者应急处置工作的虚假信息。

第五十五条　突发事件发生地的居民委员会、村民委员会和其他组织应当按照当地人民政府的决定、命令，进行宣传动员，组织群众开展自救和互救，协助维护社会秩序。

第五十六条　受到自然灾害危害或者发生事故灾难、公共卫生事件的单位，应当立即组织本单位应急救援队伍和工作人员营救受害人员，疏散、撤离、安置受到威胁的人员，控制危险源，标明危险区域，封锁危险场所，并采取其他防止危害扩大的必要措施，同时向所在地县级人民政府报告；对因本单位的问题引发的或者主体是本单位人员的社会安全事件，有关单位应当按照规定上报情况，并迅速派出负责人赶赴现场开展劝解、疏导工作。

突发事件发生地的其他单位应当服从人民政府发布的决定、命令，配合人民政府采取的应急处置措施，做好本单位的应急救援工作，并积极组织人员参加所在地的应急救援和处置工作。

第五十七条　突发事件发生地的公民应当服从人民政府、居民委员会、村民委员会或者所属单位的指挥和安排，配合人民政府采取的应急处置措施，积极参加应急救援工作，协助维护社会秩序。

第五章　事后恢复与重建

第五十八条　突发事件的威胁和危害得到控制或者消除后，履行统一领导职责或者组织处置突发事件的人民政府应当停止执行依照本法规定采取的应急处置措施，同时采取或者继续实施必要措施，防止发生自然灾害、事故灾难、公共卫生事件的次生、衍生事件或者重新引发社会安全事件。

第五十九条　突发事件应急处置工作结束后，履行统一领导职责的人民政府应当立即组织对突发事件造成的损失进行评估，组织受影响地区尽快恢复生产、生活、工作和社会秩序，制定恢复重建计划，并向上一级人民政府报告。

受突发事件影响地区的人民政府应当及时组织和协调公安、交通、铁路、民航、邮电、建设等有关部门恢复社会治安秩序，尽快修复被损坏的交通、通信、供水、排水、供电、供气、供热等公共设施。

第六十条　受突发事件影响地区的人民政府开展恢复重建工作需要上一级人民政府支持的，可以向上一级人民政府提出请求。上一级人民政府应当根据受影响地区遭受的损失和实际情况，提供资金、物资支持和技术指导，组织其他地区提供资金、物资和人力支援。

第六十一条　国务院根据受突发事件影响地区遭受损失的情况，制定扶持该地区有关行业发展的优惠政策。

受突发事件影响地区的人民政府应当根据本地区遭受损失的情况，制定救助、补偿、抚慰、抚恤、安置等善后工作计划并组织实施，妥善解决因处置突发事件引发的矛盾和纠纷。

公民参加应急救援工作或者协助维护社会秩序期间，其在本单位的工资待遇和福利不变；表现突出、成绩显著的，由县级以上人民政府给予表彰或者奖励。

县级以上人民政府对在应急救援工作中伤亡的人员依法给予抚恤。

第六十二条 履行统一领导职责的人民政府应当及时查明突发事件的发生经过和原因，总结突发事件应急处置工作的经验教训，制定改进措施，并向上一级人民政府提出报告。

第六章 法律责任

第六十三条 地方各级人民政府和县级以上各级人民政府有关部门违反本法规定，不履行法定职责的，由其上级行政机关或者监察机关责令改正；有下列情形之一的，根据情节对直接负责的主管人员和其他直接责任人员依法给予处分：

（一）未按规定采取预防措施，导致发生突发事件，或者未采取必要的防范措施，导致发生次生、衍生事件的；

（二）迟报、谎报、瞒报、漏报有关突发事件的信息，或者通报、报送、公布虚假信息，造成后果的；

（三）未按规定及时发布突发事件警报、采取预警期的措施，导致损害发生的；

（四）未按规定及时采取措施处置突发事件或者处置不当，造成后果的；

（五）不服从上级人民政府对突发事件应急处置工作的统一领导、指挥和协调的；

（六）未及时组织开展生产自救、恢复重建等善后工作的；

（七）截留、挪用、私分或者变相私分应急救援资金、物资的；

（八）不及时归还征用的单位和个人的财产，或者对被征用财产的单位和个人不按规定给予补偿的。

第六十四条 有关单位有下列情形之一的，由所在地履行统一领导职责的人民政府责令停产停业，暂扣或者吊销许可证或者营业执照，并处五万元以上二十万元以下的罚款；构成违反治安管理行为的，由公安机关依法给予处罚：

（一）未按规定采取预防措施，导致发生严重突发事件的；

（二）未及时消除已发现的可能引发突发事件的隐患，导致发生严重突发事件的；

（三）未做好应急设备、设施日常维护、检测工作，导致发生严重突发事件或者突发事件危害扩大的；

（四）突发事件发生后，不及时组织开展应急救援工作，造成严重后果的。

前款规定的行为，其他法律、行政法规规定由人民政府有关部门依法决定处罚的，从其规定。

第六十五条 违反本法规定，编造并传播有关突发事件事态发展或者应急处置工作的虚假信息，或者明知是有关突发事件事态发展或者应急处置工作的虚假信息而进行传播的，责令改正，给予警告；造成严重后果的，依法暂停其业务活动或者吊销其执业许可证；负有直接责任的人员是国家工作人员的，还应当对其依法给予处分；构成违反治安管理行为的，由公安机关依法给予处罚。

第六十六条 单位或者个人违反本法规定，不服从所在地人民政府及其有关部门发布的决定、命令或者不配合其依法采取的措施，构成违反治安管理行为的，由公安机关依法给予处罚。

第六十七条 单位或者个人违反本法规定，导致突发事件发生或者危害扩大，给他人人身、财产造成损害的,应当依法承担民事责任。

第六十八条　违反本法规定,构成犯罪的,依法追究刑事责任。

第七章　附　则

第六十九条　发生特别重大突发事件,对人民生命财产安全、国家安全、公共安全、环境安全或者社会秩序构成重大威胁,采取本法和其他有关法律、法规、规章规定的应急处置措施不能消除或者有效控制、减轻其严重社会危害,需要进入紧急状态的,由全国人民代表大会常务委员会或者国务院依照宪法和其他有关法律规定的权限和程序决定。

紧急状态期间采取的非常措施,依照有关法律规定执行或者由全国人民代表大会常务委员会另行规定。

第七十条　本法自 2007 年 11 月 1 日起施行。

生产安全事故报告和调查处理条例

(施行日期:2007年6月1日)

第一章　总　则

第一条　为了规范生产安全事故的报告和调查处理,落实生产安全事故责任追究制度,防止和减少生产安全事故,根据《中华人民共和国安全生产法》和有关法律,制定本条例。

第二条　生产经营活动中发生的造成人身伤亡或者直接经济损失的生产安全事故的报告和调查处理,适用本条例;环境污染事故、核设施事故、国防科研生产事故的报告和调查处理不适用本条例。

第三条　根据生产安全事故(以下简称事故)造成的人员伤亡或者直接经济损失,事故一般分为以下等级:

(一)特别重大事故,是指造成30人以上死亡,或者100人以上重伤(包括急性工业中毒,下同),或者1亿元以上直接经济损失的事故;

(二)重大事故,是指造成10人以上30人以下死亡,或者50人以上100人以下重伤,或者5 000万元以上1亿元以下直接经济损失的事故;

(三)较大事故,是指造成3人以上10人以下死亡,或者10人以上50人以下重伤,或者1 000万元以上5 000万元以下直接经济损失的事故;

(四)一般事故,是指造成3人以下死亡,或者10人以下重伤,或者1 000万元以下直接经济损失的事故。

国务院安全生产监督管理部门可以会同国务院有关部门,制定事故等级划分的补充性规定。

本条第一款所称的"以上"包括本数,所称的"以下"不包括本数。

第四条　事故报告应当及时、准确、完整,任何单位和个人对事故不得迟报、漏报、谎报或者瞒报。

事故调查处理应当坚持实事求是、尊重科学的原则,及时、准确地查清事故经过、事故原因和事故损失,查明事故性质,认定事故责任,总结事故教训,提出整改措施,并对事故责任者依法追究责任。

第五条　县级以上人民政府应当依照本条例的规定,严格履行职责,及时、准确地完成事故调查处理工作。

事故发生地有关地方人民政府应当支持、配合上级人民政府或者有关部门的事故调查处理工作,并提供必要的便利条件。

参加事故调查处理的部门和单位应当互相配合,提高事故调查处理工作的效率。

第六条　工会依法参加事故调查处理，有权向有关部门提出处理意见。

第七条　任何单位和个人不得阻挠和干涉对事故的报告和依法调查处理。

第八条　对事故报告和调查处理中的违法行为，任何单位和个人有权向安全生产监督管理部门、监察机关或者其他有关部门举报，接到举报的部门应当依法及时处理。

第二章　事故报告

第九条　事故发生后，事故现场有关人员应当立即向本单位负责人报告；单位负责人接到报告后，应当于1小时内向事故发生地县级以上人民政府安全生产监督管理部门和负有安全生产监督管理职责的有关部门报告。

情况紧急时，事故现场有关人员可以直接向事故发生地县级以上人民政府安全生产监督管理部门和负有安全生产监督管理职责的有关部门报告。

第十条　安全生产监督管理部门和负有安全生产监督管理职责的有关部门接到事故报告后，应当依照下列规定上报事故情况，并通知公安机关、劳动保障行政部门、工会和人民检察院：

（一）特别重大事故、重大事故逐级上报至国务院安全生产监督管理部门和负有安全生产监督管理职责的有关部门；

（二）较大事故逐级上报至省、自治区、直辖市人民政府安全生产监督管理部门和负有安全生产监督管理职责的有关部门；

（三）一般事故上报至设区的市级人民政府安全生产监督管理部门和负有安全生产监督管理职责的有关部门。

安全生产监督管理部门和负有安全生产监督管理职责的有关部门依照前款规定上报事故情况，应当同时报告本级人民政府。国务院安全生产监督管理部门和负有安全生产监督管理职责的有关部门以及省级人民政府接到发生特别重大事故、重大事故的报告后，应当立即报告国务院。

必要时，安全生产监督管理部门和负有安全生产监督管理职责的有关部门可以越级上报事故情况。

第十一条　安全生产监督管理部门和负有安全生产监督管理职责的有关部门逐级上报事故情况，每级上报的时间不得超过2小时。

第十二条　报告事故应当包括下列内容：

（一）事故发生单位概况；

（二）事故发生的时间、地点以及事故现场情况；

（三）事故的简要经过；

（四）事故已经造成或者可能造成的伤亡人数（包括下落不明的人数）和初步估计的直接经济损失；

（五）已经采取的措施；

（六）其他应当报告的情况。

第十三条　事故报告后出现新情况的，应当及时补报。

自事故发生之日起30日内，事故造成的伤亡人数发生变化的，应当及时补报。道路交通事故、火灾事故自发生之日起7日内,事故造成的伤亡人数发生变化的,应当及时补报。

第十四条 事故发生单位负责人接到事故报告后,应当立即启动事故相应应急预案,或者采取有效措施,组织抢救,防止事故扩大,减少人员伤亡和财产损失。

第十五条 事故发生地有关地方人民政府、安全生产监督管理部门和负有安全生产监督管理职责的有关部门接到事故报告后,其负责人应当立即赶赴事故现场,组织事故救援。

第十六条 事故发生后,有关单位和人员应当妥善保护事故现场以及相关证据,任何单位和个人不得破坏事故现场、毁灭相关证据。

因抢救人员、防止事故扩大以及疏通交通等原因,需要移动事故现场物件的,应当做出标志,绘制现场简图并做出书面记录,妥善保存现场重要痕迹、物证。

第十七条 事故发生地公安机关根据事故的情况,对涉嫌犯罪的,应当依法立案侦查,采取强制措施和侦查措施。犯罪嫌疑人逃匿的,公安机关应当迅速追捕归案。

第十八条 安全生产监督管理部门和负有安全生产监督管理职责的有关部门应当建立值班制度,并向社会公布值班电话,受理事故报告和举报。

第三章 事故调查

第十九条 特别重大事故由国务院或者国务院授权有关部门组织事故调查组进行调查。

重大事故、较大事故、一般事故分别由事故发生地省级人民政府、设区的市级人民政府、县级人民政府负责调查。省级人民政府、设区的市级人民政府、县级人民政府可以直接组织事故调查组进行调查,也可以授权或者委托有关部门组织事故调查组进行调查。

未造成人员伤亡的一般事故,县级人民政府也可以委托事故发生单位组织事故调查组进行调查。

第二十条 上级人民政府认为必要时,可以调查由下级人民政府负责调查的事故。

自事故发生之日起30日内(道路交通事故、火灾事故自发生之日起7日内),因事故伤亡人数变化导致事故等级发生变化,依照本条例规定应当由上级人民政府负责调查的,上级人民政府可以另行组织事故调查组进行调查。

第二十一条 特别重大事故以下等级事故,事故发生地与事故发生单位不在同一个县级以上行政区域的,由事故发生地人民政府负责调查,事故发生单位所在地人民政府应当派人参加。

第二十二条 事故调查组的组成应当遵循精简、效能的原则。

根据事故的具体情况,事故调查组由有关人民政府、安全生产监督管理部门、负有安全生产监督管理职责的有关部门、监察机关、公安机关以及工会派人组成,并应当邀请人民检察院派人参加。

事故调查组可以聘请有关专家参与调查。

第二十三条 事故调查组成员应当具有事故调查所需要的知识和专长,并与所调查的事故没有直接利害关系。

第二十四条　事故调查组组长由负责事故调查的人民政府指定。事故调查组组长主持事故调查组的工作。

第二十五条　事故调查组履行下列职责：

(一)查明事故发生的经过、原因、人员伤亡情况及直接经济损失；

(二)认定事故的性质和事故责任；

(三)提出对事故责任者的处理建议；

(四)总结事故教训，提出防范和整改措施；

(五)提交事故调查报告。

第二十六条　事故调查组有权向有关单位和个人了解与事故有关的情况，并要求其提供相关文件、资料，有关单位和个人不得拒绝。

事故发生单位的负责人和有关人员在事故调查期间不得擅离职守，并应当随时接受事故调查组的询问，如实提供有关情况。

事故调查中发现涉嫌犯罪的，事故调查组应当及时将有关材料或者其复印件移交司法机关处理。

第二十七条　事故调查中需要进行技术鉴定的，事故调查组应当委托具有国家规定资质的单位进行技术鉴定。必要时，事故调查组可以直接组织专家进行技术鉴定。技术鉴定所需时间不计入事故调查期限。

第二十八条　事故调查组成员在事故调查工作中应当诚信公正、恪尽职守，遵守事故调查组的纪律，保守事故调查的秘密。

未经事故调查组组长允许，事故调查组成员不得擅自发布有关事故的信息。

第二十九条　事故调查组应当自事故发生之日起 60 日内提交事故调查报告；特殊情况下，经负责事故调查的人民政府批准，提交事故调查报告的期限可以适当延长，但延长的期限最长不超过 60 日。

第三十条　事故调查报告应当包括下列内容：

(一)事故发生单位概况；

(二)事故发生经过和事故救援情况；

(三)事故造成的人员伤亡和直接经济损失；

(四)事故发生的原因和事故性质；

(五)事故责任的认定以及对事故责任者的处理建议；

(六)事故防范和整改措施。

事故调查报告应当附具有关证据材料。事故调查组成员应当在事故调查报告上签名。

第三十一条　事故调查报告报送负责事故调查的人民政府后，事故调查工作即告结束。事故调查的有关资料应当归档保存。

第四章　事故处理

第三十二条　重大事故、较大事故、一般事故，负责事故调查的人民政府应当自收到事故调查报告之日起 15 日内做出批复；特别重大事故，30 日内做出批复，特殊情况下，批复时间可以适当延长,但延长的时间最长不超过 30 日。

有关机关应当按照人民政府的批复,依照法律、行政法规规定的权限和程序,对事故发生单位和有关人员进行行政处罚,对负有事故责任的国家工作人员进行处分。

事故发生单位应当按照负责事故调查的人民政府的批复,对本单位负有事故责任的人员进行处理。

负有事故责任的人员涉嫌犯罪的,依法追究刑事责任。

第三十三条 事故发生单位应当认真吸取事故教训,落实防范和整改措施,防止事故再次发生。防范和整改措施的落实情况应当接受工会和职工的监督。

安全生产监督管理部门和负有安全生产监督管理职责的有关部门应当对事故发生单位落实防范和整改措施的情况进行监督检查。

第三十四条 事故处理的情况由负责事故调查的人民政府或者其授权的有关部门、机构向社会公布,依法应当保密的除外。

第五章 法律责任

第三十五条 事故发生单位主要负责人有下列行为之一的,处上一年年收入 40% 至 80% 的罚款;属于国家工作人员的,并依法给予处分;构成犯罪的,依法追究刑事责任:

(一)不立即组织事故抢救的;

(二)迟报或者漏报事故的;

(三)在事故调查处理期间擅离职守的。

第三十六条 事故发生单位及其有关人员有下列行为之一的,对事故发生单位处 100 万元以上 500 万元以下的罚款;对主要负责人、直接负责的主管人员和其他直接责任人员处上一年年收入 60% 至 100% 的罚款;属于国家工作人员的,并依法给予处分;构成违反治安管理行为的,由公安机关依法给予治安管理处罚;构成犯罪的,依法追究刑事责任:

(一)谎报或者瞒报事故的;

(二)伪造或者故意破坏事故现场的;

(三)转移、隐匿资金、财产,或者销毁有关证据、资料的;

(四)拒绝接受调查或者拒绝提供有关情况和资料的;

(五)在事故调查中作伪证或者指使他人作伪证的;

(六)事故发生后逃匿的。

第三十七条 事故发生单位对事故发生负有责任的,依照下列规定处以罚款:

(一)发生一般事故的,处 10 万元以上 20 万元以下的罚款;

(二)发生较大事故的,处 20 万元以上 50 万元以下的罚款;

(三)发生重大事故的,处 50 万元以上 200 万元以下的罚款;

(四)发生特别重大事故的,处 200 万元以上 500 万元以下的罚款。

第三十八条 事故发生单位主要负责人未依法履行安全生产管理职责,导致事故发生的,依照下列规定处以罚款;属于国家工作人员的,并依法给予处分;构成犯罪的,依法追究刑事责任:

（一）发生一般事故的，处上一年年收入30%的罚款；

（二）发生较大事故的，处上一年年收入40%的罚款；

（三）发生重大事故的，处上一年年收入60%的罚款；

（四）发生特别重大事故的，处上一年年收入80%的罚款。

第三十九条　有关地方人民政府、安全生产监督管理部门和负有安全生产监督管理职责的有关部门有下列行为之一的，对直接负责的主管人员和其他直接责任人员依法给予处分；构成犯罪的，依法追究刑事责任：

（一）不立即组织事故抢救的；

（二）迟报、漏报、谎报或者瞒报事故的；

（三）阻碍、干涉事故调查工作的；

（四）在事故调查中作伪证或者指使他人作伪证的。

第四十条　事故发生单位对事故发生负有责任的，由有关部门依法暂扣或者吊销其有关证照；对事故发生单位负有事故责任的有关人员，依法暂停或者撤销其与安全生产有关的执业资格、岗位证书；事故发生单位主要负责人受到刑事处罚或者撤职处分的，自刑罚执行完毕或者受处分之日起，5年内不得担任任何生产经营单位的主要负责人。

为发生事故的单位提供虚假证明的中介机构，由有关部门依法暂扣或者吊销其有关证照及其相关人员的执业资格；构成犯罪的，依法追究刑事责任。

第四十一条　参与事故调查的人员在事故调查中有下列行为之一的，依法给予处分；构成犯罪的，依法追究刑事责任：

（一）对事故调查工作不负责任，致使事故调查工作有重大疏漏的；

（二）包庇、袒护负有事故责任的人员或者借机打击报复的。

第四十二条　违反本条例规定，有关地方人民政府或者有关部门故意拖延或者拒绝落实经批复的对事故责任人的处理意见的，由监察机关对有关责任人员依法给予处分。

第四十三条　本条例规定的罚款的行政处罚，由安全生产监督管理部门决定。

法律、行政法规对行政处罚的种类、幅度和决定机关另有规定的，依照其规定。

第六章　附　则

第四十四条　没有造成人员伤亡，但是社会影响恶劣的事故，国务院或者有关地方人民政府认为需要调查处理的，依照本条例的有关规定执行。

国家机关、事业单位、人民团体发生的事故的报告和调查处理，参照本条例的规定执行。

第四十五条　特别重大事故以下等级事故的报告和调查处理，有关法律、行政法规或者国务院另有规定的，依照其规定。

第四十六条　本条例自2007年6月1日起施行。国务院1989年3月29日公布的《特别重大事故调查程序暂行规定》和1991年2月22日公布的《企业职工伤亡事故报告和处理规定》同时废止。

危险化学品安全管理条例(节选)

(本法于2013年修订,修订后施行日期:2013年12月7日)

第一章　总　则

第一条　为了加强危险化学品的安全管理,预防和减少危险化学品事故,保障人民群众生命财产安全,保护环境,制定本条例。

第二条　危险化学品生产、储存、使用、经营和运输的安全管理,适用本条例。

废弃危险化学品的处置,依照有关环境保护的法律、行政法规和国家有关规定执行。

第三条　本条例所称危险化学品,是指具有毒害、腐蚀、爆炸、燃烧、助燃等性质,对人体、设施、环境具有危害的剧毒化学品和其他化学品。

危险化学品目录,由国务院安全生产监督管理部门会同国务院工业和信息化、公安、环境保护、卫生、质量监督检验检疫、交通运输、铁路、民用航空、农业主管部门,根据化学品危险特性的鉴别和分类标准确定、公布,并适时调整。

第四条　危险化学品安全管理,应当坚持安全第一、预防为主、综合治理的方针,强化和落实企业的主体责任。

生产、储存、使用、经营、运输危险化学品的单位(以下统称危险化学品单位)的主要负责人对本单位的危险化学品安全管理工作全面负责。

危险化学品单位应当具备法律、行政法规规定和国家标准、行业标准要求的安全条件,建立、健全安全管理规章制度和岗位安全责任制度,对从业人员进行安全教育、法制教育和岗位技术培训。从业人员应当接受教育和培训,考核合格后上岗作业;对有资格要求的岗位,应当配备依法取得相应资格的人员。

第五条　任何单位和个人不得生产、经营、使用国家禁止生产、经营、使用的危险化学品。

国家对危险化学品的使用有限制性规定的,任何单位和个人不得违反限制性规定使用危险化学品。

第二章　生产、储存安全

第十二条　新建、改建、扩建生产、储存危险化学品的建设项目(以下简称建设项目),应当由安全生产监督管理部门进行安全条件审查。

建设单位应当对建设项目进行安全条件论证,委托具备国家规定的资质条件的机构对建设项目进行安全评价,并将安全条件论证和安全评价的情况报告报建设项目所在地设区的市级以上人民政府安全生产监督管理部门;安全生产监督管理部门应当自收到报告之日起45日内作出审查决定,并书面通知建设单位。具体办法由国务院安全生产监督管理部门制定。

新建、改建、扩建储存、装卸危险化学品的港口建设项目，由港口行政管理部门按照国务院交通运输主管部门的规定进行安全条件审查。

第十三条　生产、储存危险化学品的单位，应当对其铺设的危险化学品管道设置明显标志，并对危险化学品管道定期检查、检测。

进行可能危及危险化学品管道安全的施工作业，施工单位应当在开工的 7 日前书面通知管道所属单位，并与管道所属单位共同制定应急预案，采取相应的安全防护措施。管道所属单位应当指派专门人员到现场进行管道安全保护指导。

第二十二条　生产、储存危险化学品的企业，应当委托具备国家规定的资质条件的机构，对本企业的安全生产条件每 3 年进行一次安全评价，提出安全评价报告。安全评价报告的内容应当包括对安全生产条件存在的问题进行整改的方案。

生产、储存危险化学品的企业，应当将安全评价报告以及整改方案的落实情况报所在地县级人民政府安全生产监督管理部门备案。在港区内储存危险化学品的企业，应当将安全评价报告以及整改方案的落实情况报港口行政管理部门备案。

第二十四条　危险化学品应当储存在专用仓库、专用场地或者专用储存室(以下统称专用仓库)内，并由专人负责管理；剧毒化学品以及储存数量构成重大危险源的其他危险化学品，应当在专用仓库内单独存放，并实行双人收发、双人保管制度。

危险化学品的储存方式、方法以及储存数量应当符合国家标准或者国家有关规定。

第二十五条　储存危险化学品的单位应当建立危险化学品出入库核查、登记制度。

对剧毒化学品以及储存数量构成重大危险源的其他危险化学品，储存单位应当将其储存数量、储存地点以及管理人员的情况，报所在地县级人民政府安全生产监督管理部门(在港区内储存的，报港口行政管理部门)和公安机关备案。

第三章　使用安全

第二十八条　使用危险化学品的单位，其使用条件(包括工艺)应当符合法律、行政法规的规定和国家标准、行业标准的要求，并根据所使用的危险化学品的种类、危险特性以及使用量和使用方式，建立、健全使用危险化学品的安全管理规章制度和安全操作规程，保证危险化学品的安全使用。

第四章　经营安全

第三十八条　依法取得危险化学品安全生产许可证、危险化学品安全使用许可证、危险化学品经营许可证的企业，凭相应的许可证件购买剧毒化学品、易制爆危险化学品。民用爆炸物品生产企业凭民用爆炸物品生产许可证购买易制爆危险化学品。

前款规定以外的单位购买剧毒化学品的，应当向所在地县级人民政府公安机关申请取得剧毒化学品购买许可证；购买易制爆危险化学品的，应当持本单位出具的合法用途说明。

个人不得购买剧毒化学品(属于剧毒化学品的农药除外)和易制爆危险化学品。

第三十九条　申请取得剧毒化学品购买许可证，申请人应当向所在地县级人民政府公安机关提交下列材料：

（一）营业执照或者法人证书（登记证书）的复印件；

（二）拟购买的剧毒化学品品种、数量的说明；

（三）购买剧毒化学品用途的说明；

（四）经办人的身份证明。

县级人民政府公安机关应当自收到前款规定的材料之日起 3 日内，作出批准或者不予批准的决定。予以批准的，颁发剧毒化学品购买许可证；不予批准的，书面通知申请人并说明理由。

剧毒化学品购买许可证管理办法由国务院公安部门制定。

第五章　运输安全

第四十三条　从事危险化学品道路运输、水路运输的，应当分别依照有关道路运输、水路运输的法律、行政法规的规定，取得危险货物道路运输许可、危险货物水路运输许可，并向工商行政管理部门办理登记手续。

危险化学品道路运输企业、水路运输企业应当配备专职安全管理人员。

第四十四条　危险化学品道路运输企业、水路运输企业的驾驶人员、船员、装卸管理人员、押运人员、申报人员、集装箱装箱现场检查员应当经交通运输主管部门考核合格，取得从业资格。具体办法由国务院交通运输主管部门制定。

危险化学品的装卸作业应当遵守安全作业标准、规程和制度，并在装卸管理人员的现场指挥或者监控下进行。水路运输危险化学品的集装箱装箱作业应当在集装箱装箱现场检查员的指挥或者监控下进行，并符合积载、隔离的规范和要求；装箱作业完毕后，集装箱装箱现场检查员应当签署装箱证明书。

第四十五条　运输危险化学品，应当根据危险化学品的危险特性采取相应的安全防护措施，并配备必要的防护用品和应急救援器材。

用于运输危险化学品的槽罐以及其他容器应当封口严密，能够防止危险化学品在运输过程中因温度、湿度或者压力的变化发生渗漏、洒漏；槽罐以及其他容器的溢流和泄压装置应当设置准确、起闭灵活。

运输危险化学品的驾驶人员、船员、装卸管理人员、押运人员、申报人员、集装箱装箱现场检查员，应当了解所运输的危险化学品的危险特性及其包装物、容器的使用要求和出现危险情况时的应急处置方法。

第四十六条　通过道路运输危险化学品的，托运人应当委托依法取得危险货物道路运输许可的企业承运。

第四十九条　未经公安机关批准，运输危险化学品的车辆不得进入危险化学品运输车辆限制通行的区域。危险化学品运输车辆限制通行的区域由县级人民政府公安机关划定，并设置明显的标志。

第五十二条　通过水路运输危险化学品的，应当遵守法律、行政法规以及国务院交通运输主管部门关于危险货物水路运输安全的规定。

第五十四条　禁止通过内河封闭水域运输剧毒化学品以及国家规定禁止通过内河运

输的其他危险化学品。

前款规定以外的内河水域,禁止运输国家规定禁止通过内河运输的剧毒化学品以及其他危险化学品。

禁止通过内河运输的剧毒化学品以及其他危险化学品的范围,由国务院交通运输主管部门会同国务院环境保护主管部门、工业和信息化主管部门、安全生产监督管理部门,根据危险化学品的危险特性、危险化学品对人体和水环境的危害程度以及消除危害后果的难易程度等因素规定并公布。

第五十五条　国务院交通运输主管部门应当根据危险化学品的危险特性,对通过内河运输本条例第五十四条规定以外的危险化学品(以下简称通过内河运输危险化学品)实行分类管理,对各类危险化学品的运输方式、包装规范和安全防护措施等分别作出规定并监督实施。

第五十六条　通过内河运输危险化学品,应当由依法取得危险货物水路运输许可的水路运输企业承运,其他单位和个人不得承运。托运人应当委托依法取得危险货物水路运输许可的水路运输企业承运,不得委托其他单位和个人承运。

第五十七条　通过内河运输危险化学品,应当使用依法取得危险货物适装证书的运输船舶。水路运输企业应当针对所运输的危险化学品的危险特性,制定运输船舶危险化学品事故应急救援预案,并为运输船舶配备充足、有效的应急救援器材和设备。

通过内河运输危险化学品的船舶,其所有人或者经营人应当取得船舶污染损害责任保险证书或者财务担保证明。船舶污染损害责任保险证书或者财务担保证明的副本应当随船携带。

第五十八条　通过内河运输危险化学品,危险化学品包装物的材质、型式、强度以及包装方法应当符合水路运输危险化学品包装规范的要求。国务院交通运输主管部门对单船运输的危险化学品数量有限制性规定的,承运人应当按照规定安排运输数量。

第五十九条　用于危险化学品运输作业的内河码头、泊位应当符合国家有关安全规范,与饮用水取水口保持国家规定的距离。有关管理单位应当制定码头、泊位危险化学品事故应急预案,并为码头、泊位配备充足、有效的应急救援器材和设备。

用于危险化学品运输作业的内河码头、泊位,经交通运输主管部门按照国家有关规定验收合格后方可投入使用。

第六十条　船舶载运危险化学品进出内河港口,应当将危险化学品的名称、危险特性、包装以及进出港时间等事项,事先报告海事管理机构。海事管理机构接到报告后,应当在国务院交通运输主管部门规定的时间内作出是否同意的决定,通知报告人,同时通报港口行政管理部门。定船舶、定航线、定货种的船舶可以定期报告。

在内河港口内进行危险化学品的装卸、过驳作业,应当将危险化学品的名称、危险特性、包装和作业的时间、地点等事项报告港口行政管理部门。港口行政管理部门接到报告后,应当在国务院交通运输主管部门规定的时间内作出是否同意的决定,通知报告人,同时通报海事管理机构。

载运危险化学品的船舶在内河航行,通过过船建筑物的,应当提前向交通运输主管部门申报,并接受交通运输主管部门的管理。

第六十一条 载运危险化学品的船舶在内河航行、装卸或者停泊，应当悬挂专用的警示标志，按照规定显示专用信号。

载运危险化学品的船舶在内河航行，按照国务院交通运输主管部门的规定需要引航的，应当申请引航。

第六十二条 载运危险化学品的船舶在内河航行，应当遵守法律、行政法规和国家其他有关饮用水水源保护的规定。内河航道发展规划应当与依法经批准的饮用水水源保护区划定方案相协调。

第六章 危险化学品登记与事故应急救援

第六十六条 国家实行危险化学品登记制度，为危险化学品安全管理以及危险化学品事故预防和应急救援提供技术、信息支持。

第七章 法律责任

第七十五条 生产、经营、使用国家禁止生产、经营、使用的危险化学品的，由安全生产监督管理部门责令停止生产、经营、使用活动，处20万元以上50万元以下的罚款，有违法所得的，没收违法所得；构成犯罪的，依法追究刑事责任。

有前款规定行为的，安全生产监督管理部门还应当责令其对所生产、经营、使用的危险化学品进行无害化处理。

违反国家关于危险化学品使用的限制性规定使用危险化学品的，依照本条第一款的规定处理。

第七十六条 未经安全条件审查，新建、改建、扩建生产、储存危险化学品的建设项目的，由安全生产监督管理部门责令停止建设，限期改正；逾期不改正的，处50万元以上100万元以下的罚款；构成犯罪的，依法追究刑事责任。

未经安全条件审查，新建、改建、扩建储存、装卸危险化学品的港口建设项目的，由港口行政管理部门依照前款规定予以处罚。

第七十八条 有下列情形之一的，由安全生产监督管理部门责令改正，可以处5万元以下的罚款；拒不改正的，处5万元以上10万元以下的罚款；情节严重的，责令停产停业整顿：

（一）生产、储存危险化学品的单位未对其铺设的危险化学品管道设置明显的标志，或者未对危险化学品管道定期检查、检测的；

（二）进行可能危及危险化学品管道安全的施工作业，施工单位未按照规定书面通知管道所属单位，或者未与管道所属单位共同制定应急预案、采取相应的安全防护措施，或者管道所属单位未指派专门人员到现场进行管道安全保护指导的；

（三）危险化学品生产企业未提供化学品安全技术说明书，或者未在包装（包括外包装件）上粘贴、拴挂化学品安全标签的；

（四）危险化学品生产企业提供的化学品安全技术说明书与其生产的危险化学品不相符，或者在包装（包括外包装件）粘贴、拴挂的化学品安全标签与包装内危险化学品不相符，或者化学品安全技术说明书、化学品安全标签所载明的内容不符合国家标准要求的；

（五）危险化学品生产企业发现其生产的危险化学品有新的危险特性不立即公告，或者不及时修订其化学品安全技术说明书和化学品安全标签的；

（六）危险化学品经营企业经营没有化学品安全技术说明书和化学品安全标签的危险化学品的；

（七）危险化学品包装物、容器的材质以及包装的型式、规格、方法和单件质量（重量）与所包装的危险化学品的性质和用途不相适应的；

（八）生产、储存危险化学品的单位未在作业场所和安全设施、设备上设置明显的安全警示标志，或者未在作业场所设置通信、报警装置的；

（九）危险化学品专用仓库未设专人负责管理，或者对储存的剧毒化学品以及储存数量构成重大危险源的其他危险化学品未实行双人收发、双人保管制度的；

（十）储存危险化学品的单位未建立危险化学品出入库核查、登记制度的；

（十一）危险化学品专用仓库未设置明显标志的；

（十二）危险化学品生产企业、进口企业不办理危险化学品登记，或者发现其生产、进口的危险化学品有新的危险特性不办理危险化学品登记内容变更手续的。

从事危险化学品仓储经营的港口经营人有前款规定情形的，由港口行政管理部门依照前款规定予以处罚。储存剧毒化学品、易制爆危险化学品的专用仓库未按照国家有关规定设置相应的技术防范设施的，由公安机关依照前款规定予以处罚。

生产、储存剧毒化学品、易制爆危险化学品的单位未设置治安保卫机构、配备专职治安保卫人员的，依照《企业事业单位内部治安保卫条例》的规定处罚。

第八十条　生产、储存、使用危险化学品的单位有下列情形之一的，由安全生产监督管理部门责令改正，处5万元以上10万元以下的罚款；拒不改正的，责令停产停业整顿直至由原发证机关吊销其相关许可证件，并由工商行政管理部门责令其办理经营范围变更登记或者吊销其营业执照；有关责任人员构成犯罪的，依法追究刑事责任：

（一）对重复使用的危险化学品包装物、容器，在重复使用前不进行检查的；

（二）未根据其生产、储存的危险化学品的种类和危险特性，在作业场所设置相关安全设施、设备，或者未按照国家标准、行业标准或者国家有关规定对安全设施、设备进行经常性维护、保养的；

（三）未依照本条例规定对其安全生产条件定期进行安全评价的；

（四）未将危险化学品储存在专用仓库内，或者未将剧毒化学品以及储存数量构成重大危险源的其他危险化学品在专用仓库内单独存放的；

（五）危险化学品的储存方式、方法或者储存数量不符合国家标准或者国家有关规定的；

（六）危险化学品专用仓库不符合国家标准、行业标准的要求的；

（七）未对危险化学品专用仓库的安全设施、设备定期进行检测、检验的。

从事危险化学品仓储经营的港口经营人有前款规定情形的，由港口行政管理部门依照前款规定予以处罚。

第九十二条　有下列情形之一的，依照《中华人民共和国内河交通安全管理条例》的规定处罚：

（一）通过内河运输危险化学品的水路运输企业未制定运输船舶危险化学品事故应急救援预案，或者未为运输船舶配备充足、有效的应急救援器材和设备的；

（二）通过内河运输危险化学品的船舶的所有人或者经营人未取得船舶污染损害责任保险证书或者财务担保证明的；

（三）船舶载运危险化学品进出内河港口，未将有关事项事先报告海事管理机构并经其同意的；

（四）载运危险化学品的船舶在内河航行、装卸或者停泊，未悬挂专用的警示标志，或者未按照规定显示专用信号，或者未按照规定申请引航的。

未向港口行政管理部门报告并经其同意，在港口内进行危险化学品的装卸、过驳作业的，依照《中华人民共和国港口法》的规定处罚。

第九十三条 伪造、变造或者出租、出借、转让危险化学品安全生产许可证、工业产品生产许可证，或者使用伪造、变造的危险化学品安全生产许可证、工业产品生产许可证的，分别依照《安全生产许可证条例》、《中华人民共和国工业产品生产许可证管理条例》的规定处罚。

伪造、变造或者出租、出借、转让本条例规定的其他许可证，或者使用伪造、变造的本条例规定的其他许可证的，分别由相关许可证的颁发管理机关处 10 万元以上 20 万元以下的罚款，有违法所得的，没收违法所得；构成违反治安管理行为的，依法给予治安管理处罚；构成犯罪的，依法追究刑事责任。

中共中央 国务院关于推进安全生产领域改革发展的意见

（施行日期:2016年12月18日）

安全生产是关系人民群众生命财产安全的大事，是经济社会协调健康发展的标志，是党和政府对人民利益高度负责的要求。党中央、国务院历来高度重视安全生产工作，党的十八大以来作出一系列重大决策部署，推动全国安全生产工作取得积极进展。同时也要看到，当前我国正处在工业化、城镇化持续推进过程中，生产经营规模不断扩大，传统和新型生产经营方式并存，各类事故隐患和安全风险交织叠加，安全生产基础薄弱、监管体制机制和法律制度不完善、企业主体责任落实不力等问题依然突出，生产安全事故易发多发，尤其是重特大安全事故频发势头尚未得到有效遏制，一些事故发生呈现由高危行业领域向其他行业领域蔓延趋势，直接危及生产安全和公共安全。为进一步加强安全生产工作，现就推进安全生产领域改革发展提出如下意见。

一、总体要求

（一）指导思想。全面贯彻党的十八大和十八届三中、四中、五中、六中全会精神，以邓小平理论、“三个代表”重要思想、科学发展观为指导，深入贯彻习近平总书记系列重要讲话精神和治国理政新理念新思想新战略，进一步增强“四个意识”，紧紧围绕统筹推进“五位一体”总体布局和协调推进“四个全面”战略布局，牢固树立新发展理念，坚持安全发展，坚守发展决不能以牺牲安全为代价这条不可逾越的红线，以防范遏制重特大生产安全事故为重点，坚持安全第一、预防为主、综合治理的方针，加强领导、改革创新，协调联动、齐抓共管，着力强化企业安全生产主体责任，着力堵塞监督管理漏洞，着力解决不遵守法律法规的问题，依靠严密的责任体系、严格的法治措施、有效的体制机制、有力的基础保障和完善的系统治理，切实增强安全防范治理能力，大力提升我国安全生产整体水平，确保人民群众安康幸福、共享改革发展和社会文明进步成果。

（二）基本原则

——坚持安全发展。贯彻以人民为中心的发展思想，始终把人的生命安全放在首位，正确处理安全与发展的关系，大力实施安全发展战略，为经济社会发展提供强有力的安全保障。

——坚持改革创新。不断推进安全生产理论创新、制度创新、体制机制创新、科技创新和文化创新，增强企业内生动力，激发全社会创新活力，破解安全生产难题，推动安全生产与经济社会协调发展。

——坚持依法监管。大力弘扬社会主义法治精神，运用法治思维和法治方式，深化安全生产监管执法体制改革，完善安全生产法律法规和标准体系，严格规范公正文明执法，增强监管执法效能,提高安全生产法治化水平。

——坚持源头防范。严格安全生产市场准入,经济社会发展要以安全为前提,把安全生产贯穿城乡规划布局、设计、建设、管理和企业生产经营活动全过程。构建风险分级管控和隐患排查治理双重预防工作机制,严防风险演变、隐患升级导致生产安全事故发生。

——坚持系统治理。严密层级治理和行业治理、政府治理、社会治理相结合的安全生产治理体系,组织动员各方面力量实施社会共治。综合运用法律、行政、经济、市场等手段,落实人防、技防、物防措施,提升全社会安全生产治理能力。

(三)目标任务。到 2020 年,安全生产监管体制机制基本成熟,法律制度基本完善,全国生产安全事故总量明显减少,职业病危害防治取得积极进展,重特大生产安全事故频发势头得到有效遏制,安全生产整体水平与全面建成小康社会目标相适应。到 2030 年,实现安全生产治理体系和治理能力现代化,全民安全文明素质全面提升,安全生产保障能力显著增强,为实现中华民族伟大复兴的中国梦奠定稳固可靠的安全生产基础。

二、健全落实安全生产责任制

(四)明确地方党委和政府领导责任。坚持党政同责、一岗双责、齐抓共管、失职追责,完善安全生产责任体系。地方各级党委和政府要始终把安全生产摆在重要位置,加强组织领导。党政主要负责人是本地区安全生产第一责任人,班子其他成员对分管范围内的安全生产工作负领导责任。地方各级安全生产委员会主任由政府主要负责人担任,成员由同级党委和政府及相关部门负责人组成。

地方各级党委要认真贯彻执行党的安全生产方针,在统揽本地区经济社会发展全局中同步推进安全生产工作,定期研究决定安全生产重大问题。加强安全生产监管机构领导班子、干部队伍建设。严格安全生产履职绩效考核和失职责任追究。强化安全生产宣传教育和舆论引导。发挥人大对安全生产工作的监督促进作用、政协对安全生产工作的民主监督作用。推动组织、宣传、政法、机构编制等单位支持保障安全生产工作。动员社会各界积极参与、支持、监督安全生产工作。

地方各级政府要把安全生产纳入经济社会发展总体规划,制定实施安全生产专项规划,健全安全投入保障制度。及时研究部署安全生产工作,严格落实属地监管责任。充分发挥安全生产委员会作用,实施安全生产责任目标管理。建立安全生产巡查制度,督促各部门和下级政府履职尽责。加强安全生产监管执法能力建设,推进安全科技创新,提升信息化管理水平。严格安全准入标准,指导管控安全风险,督促整治重大隐患,强化源头治理。加强应急管理,完善安全生产应急救援体系。依法依规开展事故调查处理,督促落实问题整改。

(五)明确部门监管责任。按照管行业必须管安全、管业务必须管安全、管生产经营必须管安全和谁主管谁负责的原则,理清安全生产综合监管与行业监管的关系,明确各有关部门安全生产和职业健康工作职责,并落实到部门工作职责规定中。安全生产监督管理部门负责安全生产法规标准和政策规划制定修订、执法监督、事故调查处理、应急救援管理、统计分析、宣传教育培训等综合性工作,承担职责范围内行业领域安全生产和职业健康监管执法职责。负有安全生产监督管理职责的有关部门依法依规履行相关行业领域安全生产和职业健康监管职责，强化监管执法，严厉查处违法违规行为。其他行业领域主管部门负有安全生产管理责任，要将安全生产工作作为行业领域管理的重要内容，从行业规划、产业政策、法规标准、行政许可等方面加强行业安全生产工作，指导督促企事业单位加强安全管理。党委和政府其他有关部门要在职责范围内为安全生产工作提供支持保障，共同推进安全发展。

（六）严格落实企业主体责任。企业对本单位安全生产和职业健康工作负全面责任，要严格履行安全生产法定责任，建立健全自我约束、持续改进的内生机制。企业实行全员安全生产责任制度，法定代表人和实际控制人同为安全生产第一责任人，主要技术负责人负有安全生产技术决策和指挥权，强化部门安全生产职责，落实一岗双责。完善落实混合所有制企业以及跨地区、多层级和境外中资企业投资主体的安全生产责任。建立企业全过程安全生产和职业健康管理制度，做到安全责任、管理、投入、培训和应急救援“五到位”。国有企业要发挥安全生产工作示范带头作用，自觉接受属地监管。

（七）健全责任考核机制。建立与全面建成小康社会相适应和体现安全发展水平的考核评价体系。完善考核制度，统筹整合、科学设定安全生产考核指标，加大安全生产在社会治安综合治理、精神文明建设等考核中的权重。各级政府要对同级安全生产委员会成员单位和下级政府实施严格的安全生产工作责任考核，实行过程考核与结果考核相结合。各地区各单位要建立安全生产绩效与履职评定、职务晋升、奖励惩处挂钩制度，严格落实安全生产“一票否决”制度。

（八）严格责任追究制度。实行党政领导干部任期安全生产责任制，日常工作依责尽职、发生事故依责追究。依法依规制定各有关部门安全生产权力和责任清单，尽职照单免责、失职照单问责。建立企业生产经营全过程安全责任追溯制度。严肃查处安全生产领域项目审批、行政许可、监管执法中的失职渎职和权钱交易等腐败行为。严格事故直报制度，对瞒报、谎报、漏报、迟报事故的单位和个人依法依规追责。对被追究刑事责任的生产经营者依法实施相应的职业禁入，对事故发生负有重大责任的社会服务机构和人员依法严肃追究法律责任，并依法实施相应的行业禁入。

三、改革安全监管监察体制

（九）完善监督管理体制。加强各级安全生产委员会组织领导，充分发挥其统筹协调作用，切实解决突出矛盾和问题。各级安全生产监督管理部门承担本级安全生产委员会日常工作，负责指导协调、监督检查、巡查考核本级政府有关部门和下级政府安全生产工作，履行综合监管职责。负有安全生产监督管理职责的部门，依照有关法律法规和部门职责，健全安全生产监管体制，严格落实监管职责。相关部门按照各自职责建立完善安全生产工作机制，形成齐抓共管格局。坚持管安全生产必须管职业健康，建立安全生产和职业健康一体化监管执法体制。

（十）改革重点行业领域安全监管监察体制。依托国家煤矿安全监察体制，加强非煤矿山安全生产监管监察，优化安全监察机构布局，将国家煤矿安全监察机构负责的安全生产行政许可事项移交给地方政府承担。着重加强危险化学品安全监管体制改革和力量建设，明确和落实危险化学品建设项目立项、规划、设计、施工及生产、储存、使用、销售、运输、废弃处置等环节的法定安全监管责任，建立有力的协调联动机制，消除监管空白。完善海洋石油安全生产监督管理体制机制，实行政企分开。理顺民航、铁路、电力等行业跨区域监管体制，明确行业监管、区域监管与地方监管职责。

（十一）进一步完善地方监管执法体制。地方各级党委和政府要将安全生产监督管理部门作为政府工作部门和行政执法机构，加强安全生产执法队伍建设，强化行政执法职能。统筹加强安全监管力量，重点充实市、县两级安全生产监管执法人员，强化乡镇（街道）安全生产监管力量建设。完善各类开发区、工业园区、港区、风景区等功能区安全生产监管体制，明确负责安全生产监督管理的机构，以及港区安全生产地方监管和部门监管责任。

（十二）健全应急救援管理体制。按照政事分开原则，推进安全生产应急救援管理体制改革，强化行政管理职能，提高组织协调能力和现场救援时效。健全省、市、县三级安全生产应急救援管理工作机制，建设联动互通的应急救援指挥平台。依托公安消防、大型企业、工业园区等应急救援力量，加强矿山和危险化学品等应急救援基地和队伍建设，实行区域化应急救援资源共享。

四、大力推进依法治理

（十三）健全法律法规体系。建立健全安全生产法律法规立改废释工作协调机制。加强涉及安全生产相关法规一致性审查，增强安全生产法制建设的系统性、可操作性。制定安全生产中长期立法规划，加快制定修订安全生产法配套法规。加强安全生产和职业健康法律法规衔接融合。研究修改刑法有关条款，将生产经营过程中极易导致重大生产安全事故的违法行为列入刑法调整范围。制定完善高危行业领域安全规程。设区的市根据立法法的立法精神，加强安全生产地方性法规建设，解决区域性安全生产突出问题。

（十四）完善标准体系。加快安全生产标准制定修订和整合，建立以强制性国家标准为主体的安全生产标准体系。鼓励依法成立的社会团体和企业制定更加严格规范的安全生产标准，结合国情积极借鉴实施国际先进标准。国务院安全生产监督管理部门负责生产经营单位职业危害预防治理国家标准制定发布工作；统筹提出安全生产强制性国家标准立项计划，有关部门按照职责分工组织起草、审查、实施和监督执行，国务院标准化行政主管部门负责及时立项、编号、对外通报、批准并发布。

（十五）严格安全准入制度。严格高危行业领域安全准入条件。按照强化监管与便民服务相结合原则，科学设置安全生产行政许可事项和办理程序，优化工作流程，简化办事环节，实施网上公开办理，接受社会监督。对与人民群众生命财产安全直接相关的行政许可事项，依法严格管理。对取消、下放、移交的行政许可事项，要加强事中事后安全监管。

（十六）规范监管执法行为。完善安全生产监管执法制度，明确每个生产经营单位安全生产监督和管理主体，制定实施执法计划，完善执法程序规定，依法严格查处各类违法违规行为。建立行政执法和刑事司法衔接制度，负有安全生产监督管理职责的部门要加强与公安、检察院、法院等协调配合，完善安全生产违法线索通报、案件移送与协查机制。对违法行为当事人拒不执行安全生产行政执法决定的，负有安全生产监督管理职责的部门应依法申请司法机关强制执行。完善司法机关参与事故调查机制，严肃查处违法犯罪行为。研究建立安全生产民事和行政公益诉讼制度。

（十七）完善执法监督机制。各级人大常委会要定期检查安全生产法律法规实施情况，开展专题询问。各级政协要围绕安全生产突出问题开展民主监督和协商调研。建立执法行为审议制度和重大行政执法决策机制，评估执法效果，防止滥用职权。健全领导干部非法干预安全生产监管执法的记录、通报和责任追究制度。完善安全生产执法纠错和执法信息公开制度，加强社会监督和舆论监督，保证执法严明、有错必纠。

（十八）健全监管执法保障体系。制定安全生产监管监察能力建设规划，明确监管执法装备及现场执法和应急救援用车配备标准，加强监管执法技术支撑体系建设，保障监管执法需要。建立完善负有安全生产监督管理职责的部门监管执法经费保障机制，将监管执法经费纳入同级财政全额保障范围。加强监管执法制度化、标准化、信息化建设，确保规范高效监管执法。建立安全生产监管执法人员依法履行法定职责制度，激励保证监管执法人员忠于职守、履职尽责。严格监管执法人员资格管理，制定安全生产监管执法人员录用标准，提高专业监管执法人员比例。建立健全安全生产监管执法人员凡进必考、入职培训、持证上岗和定期轮训制度。统一安全生产执法标志标识和制式服装。

（十九）完善事故调查处理机制。坚持问责与整改并重，充分发挥事故查处对加强和改进安全生产工作的促进作用。完善生产安全事故调查组组长负责制。健全典型事故提级调查、跨地区协同调查和工作督导机制。建立事故调查分析技术支撑体系，所有事故调查报告要设立技术和管理问题专篇，详细分析原因并全文发布，做好解读，回应公众关切。对事故调查发现有漏洞、缺陷的有关法律法规和标准制度，及时启动制定修订工作。建立事故暴露问题整改督办制度，事故结案后一年内，负责事故调查的地方政府和国务院有关部门要组织开展评估，及时向社会公开，对履职不力、整改措施不落实的，依法依规严肃追究有关单位和人员责任。

五、建立安全预防控制体系

（二十）加强安全风险管控。地方各级政府要建立完善安全风险评估与论证机制，科学合理确定企业选址和基础设施建设、居民生活区空间布局。高危项目审批必须把安全生产作为前置条件，城乡规划布局、设计、建设、管理等各项工作必须以安全为前提，实行重大安全风险“一票否决”。加强新材料、新工艺、新业态安全风险评估和管控。紧密结合供给侧结构性改革，推动高危产业转型升级。位置相邻、行业相近、业态相似的地区和行业要建立完善重大安全风险联防联控机制。构建国家、省、市、县四级重大危险源信息管理体系，对重点行业、重点区域、重点企业实行风险预警控制，有效防范重特大生产安全事故。

（二十一）强化企业预防措施。企业要定期开展风险评估和危害辨识。针对高危工艺、设备、物品、场所和岗位，建立分级管控制度，制定落实安全操作规程。树立隐患就是事故的观念，建立健全隐患排查治理制度、重大隐患治理情况向负有安全生产监督管理职责的部门和企业职代会“双报告”制度，实行自查自改自报闭环管理。严格执行安全生产和职业健康“三同时”制度。大力推进企业安全生产标准化建设，实现安全管理、操作行为、设备设施和作业环境的标准化。开展经常性的应急演练和人员避险自救培训，着力提升现场应急处置能力。

（二十二）建立隐患治理监督机制。制定生产安全事故隐患分级和排查治理标准。负有安全生产监督管理职责的部门要建立与企业隐患排查治理系统联网的信息平台，完善线上线下配套监管制度。强化隐患排查治理监督执法，对重大隐患整改不到位的企业依法采取停产停业、停止施工、停止供电和查封扣押等强制措施，按规定给予上限经济处罚，对构成犯罪的要移交司法机关依法追究刑事责任。严格重大隐患挂牌督办制度，对整改和督办不力的纳入政府核查问责范围，实行约谈告诫、公开曝光，情节严重的依法依规追究相关人员责任。

（二十三）强化城市运行安全保障。定期排查区域内安全风险点、危险源，落实管控措施，构建系统性、现代化的城市安全保障体系，推进安全发展示范城市建设。提高基础设施安全配置标准，重点加强对城市高层建筑、大型综合体、隧道桥梁、管线管廊、轨道交通、燃气、电力设施及电梯、游乐设施等的检测维护。完善大型群众性活动安全管理制度，加强人员密集场所安全监管。加强公安、民政、国土资源、住房城乡建设、交通运输、水利、农业、安全监管、气象、地震等相关部门的协调联动，严防自然灾害引发事故。

（二十四）加强重点领域工程治理。深入推进对煤矿瓦斯、水害等重大灾害以及矿山采空区、尾矿库的工程治理。加快实施人口密集区域的危险化学品和化工企业生产、仓储场所安全搬迁工程。深化油气开采、输送、炼化、码头接卸等领域安全整治。实施高速公路、乡村公路和急弯陡坡、临水临崖危险路段公路安全生命防护工程建设。加强高速铁路、跨海大桥、海底隧道、铁路浮桥、航运枢纽、港口等防灾监测、安全检测及防护系统建设。完善长途客运车辆、旅游客车、危险物品运输车辆和船舶生产制造标准，提高安全性能，强制安装智能视频监控报警、防碰撞和整车整船安全运行监管技术装备，对已运行的要加快安全技术装备改造升级。

（二十五）建立完善职业病防治体系。将职业病防治纳入各级政府民生工程及安全生产工作考核体系，制定职业病防治中长期规划，实施职业健康促进计划。加快职业病危害严重企业技术改造、转型升级和淘汰退出，加强高危粉尘、高毒物品等职业病危害源头治理。健全职业健康监管支撑保障体系，加强职业健康技术服务机构、职业病诊断鉴定机构和职业健康体检机构建设，强化职业病危害基础研究、预防控制、诊断鉴定、综合治疗能力。完善相关规定，扩大职业病患者救治范围，将职业病失能人员纳入社会保障范围，对符合条件的职业病患者落实医疗与生活救助措施。加强企业职业健康监管执法，督促落实职业病危害告知、日常监测、定期报告、防护保障和职业健康体检等制度措施，落实职业病防治主体责任。

六、加强安全基础保障能力建设

（二十六）完善安全投入长效机制。加强中央和地方财政安全生产预防及应急相关资金使用管理，加大安全生产与职业健康投入，强化审计监督。加强安全生产经济政策研究，完善安全生产专用设备企业所得税优惠目录。落实企业安全生产费用提取管理使用制度，建立企业增加安全投入的激励约束机制。健全投融资服务体系，引导企业集聚发展灾害防治、预测预警、检测监控、个体防护、应急处置、安全文化等技术、装备和服务产业。

（二十七）建立安全科技支撑体系。优化整合国家科技计划，统筹支持安全生产和职业健康领域科研项目，加强研发基地和博士后科研工作站建设。开展事故预防理论研究和关键技术装备研发，加快成果转化和推广应用。推动工业机器人、智能装备在危险工序和环节广泛应用。提升现代信息技术与安全生产融合度，统一标准规范，加快安全生产信息化建设，构建安全生产与职业健康信息化全国“一张网”。加强安全生产理论和政策研究，运用大数据技术开展安全生产规律性、关联性特征分析，提高安全生产决策科学化水平。

（二十八）健全社会化服务体系。将安全生产专业技术服务纳入现代服务业发展规划，培育多元化服务主体。建立政府购买安全生产服务制度。支持发展安全生产专业化行业组织，强化自治自律。完善注册安全工程师制度。改革完善安全生产和职业健康技术服务机构资质管理办法。支持相关机构开展安全生产和职业健康一体化评价等技术服务，严格实施评价公开制度，进一步激活和规范专业技术服务市场。鼓励中小微企业订单式、协作式购买运用安全生产管理和技术服务。建立安全生产和职业健康技术服务机构公示制度和由第三方实施的信用评定制度，严肃查处租借资质、违法挂靠、弄虚作假、垄断收费等各类违法违规行为。

（二十九）发挥市场机制推动作用。取消安全生产风险抵押金制度，建立健全安全生产责任保险制度，在矿山、危险化学品、烟花爆竹、交通运输、建筑施工、民用爆炸物品、金属冶炼、渔业生产等高危行业领域强制实施，切实发挥保险机构参与风险评估管控和事故预防功能。完善工伤保险制度，加快制定工伤预防费用的提取比例、使用和管理具体办法。积极推进安全生产诚信体系建设，完善企业安全生产不良记录“黑名单”制度，建立失信惩戒和守信激励机制。

（三十）健全安全宣传教育体系。将安全生产监督管理纳入各级党政领导干部培训内容。把安全知识普及纳入国民教育，建立完善中小学安全教育和高危行业职业安全教育体系。把安全生产纳入农民工技能培训内容。严格落实企业安全教育培训制度，切实做到先培训、后上岗。推进安全文化建设，加强警示教育，强化全民安全意识和法治意识。发挥工会、共青团、妇联等群团组织作用，依法维护职工群众的知情权、参与权与监督权。加强安全生产公益宣传和舆论监督。建立安全生产“12350”专线与社会公共管理平台统一接报、分类处置的举报投诉机制。鼓励开展安全生产志愿服务和慈善事业。加强安全生产国际交流合作，学习借鉴国外安全生产与职业健康先进经验。

各地区各部门要加强组织领导，严格实行领导干部安全生产工作责任制，根据本意见提出的任务和要求，结合实际认真研究制定实施办法，抓紧出台推进安全生产领域改革发展的具体政策措施，明确责任分工和时间进度要求，确保各项改革举措和工作要求落实到位。贯彻落实情况要及时向党中央、国务院报告，同时抄送国务院安全生产委员会办公室。中央全面深化改革领导小组办公室将适时牵头组织开展专项监督检查。

水库大坝安全管理条例

（本条例于2018年第二次修订，修订后施行日期：2018年3月19日）

第一章　总　则

第一条　为加强水库大坝安全管理，保障人民生命财产和社会主义建设的安全，根据《中华人民共和国水法》，制定本条例。

第二条　本条例适用于中华人民共和国境内坝高15米以上或者库容100万立方米以上的水库大坝（以下简称大坝）。大坝包括永久性挡水建筑物以及与其配合运用的泄洪、输水和过船建筑物等。

坝高15米以下、10米以上或者库容100万立方米以下、10万立方米以上，对重要城镇、交通干线、重要军事设施、工矿区安全有潜在危险的大坝，其安全管理参照本条例执行。

第三条　国务院水行政主管部门会同国务院有关主管部门对全国的大坝安全实施监督。县级以上地方人民政府水行政主管部门会同有关主管部门对本行政区域内的大坝安全实施监督。

各级水利、能源、建设、交通、农业等有关部门，是其所管辖的大坝的主管部门。

第四条　各级人民政府及其大坝主管部门对其所管辖的大坝的安全实行行政领导负责制。

第五条　大坝的建设和管理应当贯彻安全第一的方针。

第六条　任何单位和个人都有保护大坝安全的义务。

第二章　大坝建设

第七条　兴建大坝必须符合由国务院水行政主管部门会同有关大坝主管部门制定的大坝安全技术标准。

第八条　兴建大坝必须进行工程设计。大坝的工程设计必须由具有相应资格证书的单位承担。

大坝的工程设计应当包括工程观测、通信、动力、照明、交通、消防等管理设施的设计。

第九条　大坝施工必须由具有相应资格证书的单位承担。大坝施工单位必须按照施工承包合同规定的设计文件、图纸要求和有关技术标准进行施工。

建设单位和设计单位应当派驻代表，对施工质量进行监督检查。质量不符合设计要求的，必须返工或者采取补救措施。

第十条　兴建大坝时，建设单位应当按照批准的设计，提请县级以上人民政府依照国家规定划定管理和保护范围，树立标志。

已建大坝尚未划定管理和保护范围的，大坝主管部门应当根据安全管理的需要，提请县级以上人民政府划定。

第十一条　大坝开工后，大坝主管部门应当组建大坝管理单位，由其按照工程基本建设验收规程参与质量检查以及大坝分部、分项验收和蓄水验收工作。

大坝竣工后，建设单位应当申请大坝主管部门组织验收。

第三章　大坝管理

第十二条　大坝及其设施受国家保护，任何单位和个人不得侵占、毁坏。大坝管理单位应当加强大坝的安全保卫工作。

第十三条　禁止在大坝管理和保护范围内进行爆破、打井、采石、采矿、挖沙、取土、修坟等危害大坝安全的活动。

第十四条　非大坝管理人员不得操作大坝的泄洪闸门、输水闸门以及其他设施，大坝管理人员操作时应当遵守有关的规章制度。禁止任何单位和个人干扰大坝的正常管理工作。

第十五条　禁止在大坝的集水区域内乱伐林木、陡坡开荒等导致水库淤积的活动。禁止在库区内围垦和进行采石、取土等危及山体的活动。

第十六条　大坝坝顶确需兼做公路的，须经科学论证和县级以上地方人民政府大坝主管部门批准，并采取相应的安全维护措施。

第十七条　禁止在坝体修建码头、渠道、堆放杂物、晾晒粮草。在大坝管理和保护范围内修建码头、鱼塘的，须经大坝主管部门批准，并与坝脚和泄水、输水建筑物保持一定距离，不得影响大坝安全、工程管理和抢险工作。

第十八条　大坝主管部门应当配备具有相应业务水平的大坝安全管理人员。

大坝管理单位应当建立、健全安全管理规章制度。

第十九条　大坝管理单位必须按照有关技术标准，对大坝进行安全监测和检查；对监测资料应当及时整理分析，随时掌握大坝运行状况。发现异常现象和不安全因素时，大坝管理单位应当立即报告大坝主管部门，及时采取措施。

第二十条　大坝管理单位必须做好大坝的养护修理工作，保证大坝和闸门启闭设备完好。

第二十一条　大坝的运行，必须在保证安全的前提下，发挥综合效益。大坝管理单位应当根据批准的计划和大坝主管部门的指令进行水库的调度运用。

在汛期，综合利用的水库，其调度运用必须服从防汛指挥机构的统一指挥；以发电为主的水库，其汛限水位以上的防洪库容及其洪水调度运用，必须服从防汛指挥机构的统一指挥。

任何单位和个人不得非法干预水库的调度运用。

第二十二条　大坝主管部门应当建立大坝定期安全检查、鉴定制度。

汛前、汛后，以及暴风、暴雨、特大洪水或者强烈地震发生后，大坝主管部门应当组织对其所管辖的大坝的安全进行检查。

第二十三条　大坝主管部门对其所管辖的大坝应当按期注册登记，建立技术档案。

大坝注册登记办法由国务院水行政主管部门会同有关主管部门制定。

第二十四条　大坝管理单位和有关部门应当做好防汛抢险物料的准备和气象水情预报,并保证水情传递、报警以及大坝管理单位与大坝主管部门、上级防汛指挥机构之间联系通畅。

第二十五条　大坝出现险情征兆时,大坝管理单位应当立即报告大坝主管部门和上级防汛指挥机构,并采取抢救措施;有垮坝危险时,应当采取一切措施向预计的垮坝淹没地区发出警报,做好转移工作。

第四章　险坝处理

第二十六条　对尚未达到设计洪水标准、抗震设防标准或者有严重质量缺陷的险坝,大坝主管部门应当组织有关单位进行分类,采取除险加固等措施,或者废弃重建。

在险坝加固前,大坝管理单位应当制定保坝应急措施;经论证必须改变原设计运行方式的,应当报请大坝主管部门审批。

第二十七条　大坝主管部门应当对其所管辖的需要加固的险坝制定加固计划,限期消除危险;有关人民政府应当优先安排所需资金和物料。

险坝加固必须由具有相应设计资格证书的单位作出加固设计,经审批后组织实施。险坝加固竣工后,由大坝主管部门组织验收。

第二十八条　大坝主管部门应当组织有关单位,对险坝可能出现的垮坝方式、淹没范围作出预估,并制定应急方案,报防汛指挥机构批准。

第五章　罚　则

第二十九条　违反本条例规定,有下列行为之一的,由大坝主管部门责令其停止违法行为,赔偿损失,采取补救措施,可以并处罚款;应当给予治安管理处罚的,由公安机关依照《中华人民共和国治安管理处罚法》的规定处罚;构成犯罪的,依法追究刑事责任:

(一)毁坏大坝或者其观测、通信、动力、照明、交通、消防等管理设施的;

(二)在大坝管理和保护范围内进行爆破、打井、采石、采矿、取土、挖沙、修坟等危害大坝安全活动的;

(三)擅自操作大坝的泄洪闸门、输水闸门以及其他设施,破坏大坝正常运行的;

(四)在库区内围垦的;

(五)在坝体修建码头、渠道或者堆放杂物、晾晒粮草的;

(六)擅自在大坝管理和保护范围内修建码头、鱼塘的。

第三十条　盗窃或者抢夺大坝工程设施、器材的,依照刑法规定追究刑事责任。

第三十一条　由于勘测设计失误、施工质量低劣、调度运用不当以及滥用职权,玩忽职守,导致大坝事故的,由其所在单位或者上级主管机关对责任人员给予行政处分;构成犯罪的,依法追究刑事责任。

第三十二条　当事人对行政处罚决定不服的,可以在接到处罚通知之日起 15 日内,向作出处罚决定机关的上一级机关申请复议;对复议决定不服的,可以在接到复议决定之日起 15 日内,向人民法院起诉。当事人也可以在接到处罚通知之日起 15 日内,直接向人民法院起诉。当事人逾期不申请复议或者不向人民法院起诉又不履行处罚决定的，由作出处罚决定的机关申请人民法院强制执行。

对治安管理处罚不服的，依照《中华人民共和国治安管理处罚法》的规定办理。

第六章　附　则

第三十三条　国务院有关部门和各省、自治区、直辖市人民政府可以根据本条例制定实施细则。

第三十四条　本条例自发布之日起施行。

中华人民共和国河道管理条例

（本条例于 2018 年第四次修订，修订后施行日期：2018 年 3 月 19 日）

第一章　总　则

第一条　为加强河道管理，保障防洪安全，发挥江河湖泊的综合效益，根据《中华人民共和国水法》，制定本条例。

第二条　本条例适用于中华人民共和国领域内的河道（包括湖泊、人工水道、行洪区、蓄洪区、滞洪区）。河道内的航道，同时适用《中华人民共和国航道管理条例》。

第三条　开发利用江河湖泊水资源和防治水害，应当全面规划、统筹兼顾、综合利用、讲求效益，服从防洪的总体安排，促进各项事业的发展。

第四条　国务院水利行政主管部门是全国河道的主管机关。各省、自治区、直辖市的水利行政主管部门是该行政区域的河道主管机关。

第五条　国家对河道实行按水系统一管理和分级管理相结合的原则。

长江、黄河、淮河、海河、珠江、松花江、辽河等大江大河的主要河段，跨省、自治区、直辖市的重要河段，省、自治区、直辖市之间的边界河道以及国境边界河道，由国家授权的江河流域管理机构实施管理，或者由上述江河所在省、自治区、直辖市的河道主管机关根据流域统一规划实施管理。其他河道由省、自治区、直辖市或者市、县的河道主管机关实施管理。

第六条　河道划分等级。河道等级标准由国务院水利行政主管部门制定。

第七条　河道防汛和清障工作实行地方人民政府行政首长负责制。

第八条　各级人民政府河道主管机关以及河道监理人员，必须按照国家法律、法规，加强河道管理，执行供水计划和防洪调度命令，维护水工程和人民生命财产安全。

第九条　一切单位和个人都有保护河道堤防安全和参加防汛抢险的义务。

第二章　河道整治与建设

第十条　河道的整治与建设，应当服从流域综合规划，符合国家规定的防洪标准、通航标准和其他有关技术要求，维护堤防安全，保持河势稳定和行洪、航运通畅。

第十一条　修建开发水利、防治水害、整治河道的各类工程和跨河、穿河、穿堤、临河的桥梁、码头、道路、渡口、管道、缆线等建筑物及设施，建设单位必须按照河道管理权限，将工程建设方案报送河道主管机关审查同意。未经河道主管机关审查同意的，建设单位不得开工建设。

建设项目经批准后，建设单位应当将施工安排告知河道主管机关。

第十二条　修建桥梁、码头和其他设施，必须按照国家规定的防洪标准所确定的河宽进行，不得缩窄行洪通道。

桥梁和栈桥的梁底必须高于设计洪水位，并按照防洪和航运的要求，留有一定的超高。设计洪水位由河道主管机关根据防洪规划确定。

跨越河道的管道、线路的净空高度必须符合防洪和航运的要求。

第十三条　交通部门进行航道整治，应当符合防洪安全要求，并事先征求河道主管机关对有关设计和计划的意见。

水利部门进行河道整治，涉及航道的，应当兼顾航运的需要，并事先征求交通部门对有关设计和计划的意见。

在国家规定可以流放竹木的河流和重要的渔业水域进行河道、航道整治，建设单位应当兼顾竹木水运和渔业发展的需要，并事先将有关设计和计划送同级林业、渔业主管部门征求意见。

第十四条　堤防上已修建的涵闸、泵站和埋设的穿堤管道、缆线等建筑物及设施，河道主管机关应当定期检查，对不符合工程安全要求的，限期改建。

在堤防上新建前款所指建筑物及设施，应当服从河道主管机关的安全管理。

第十五条　确需利用堤顶或者戗台兼做公路的，须经县级以上地方人民政府河道主管机关批准。堤身和堤顶公路的管理和维护办法，由河道主管机关商交通部门制定。

第十六条　城镇建设和发展不得占用河道滩地。城镇规划的临河界限，由河道主管机关会同城镇规划等有关部门确定。沿河城镇在编制和审查城镇规划时，应当事先征求河道主管机关的意见。

第十七条　河道岸线的利用和建设，应当服从河道整治规划和航道整治规划。计划部门在审批利用河道岸线的建设项目时，应当事先征求河道主管机关的意见。

河道岸线的界限，由河道主管机关会同交通等有关部门报县级以上地方人民政府划定。

第十八条　河道清淤和加固堤防取土以及按照防洪规划进行河道整治需要占用的土地，由当地人民政府调剂解决。

因修建水库、整治河道所增加的可利用土地，属于国家所有，可以由县级以上人民政府用于移民安置和河道整治工程。

第十九条　省、自治区、直辖市以河道为边界的，在河道两岸外侧各10公里之内，以及跨省、自治区、直辖市的河道，未经有关各方达成协议或者国务院水利行政主管部门批准，禁止单方面修建排水、阻水、引水、蓄水工程以及河道整治工程。

第三章　河道保护

第二十条　有堤防的河道，其管理范围为两岸堤防之间的水域、沙洲、滩地（包括可耕地）、行洪区，两岸堤防及护堤地。

无堤防的河道，其管理范围根据历史最高洪水位或者设计洪水位确定。

河道的具体管理范围，由县级以上地方人民政府负责划定。

第二十一条　在河道管理范围内，水域和土地的利用应当符合江河行洪、输水和航运的要求；滩地的利用，应当由河道主管机关会同土地管理等有关部门制定规划，报县级以上地方人民政府批准后实施。

第二十二条 禁止损毁堤防、护岸、闸坝等水工程建筑物和防汛设施、水文监测和测量设施、河岸地质监测设施以及通信照明等设施。

在防汛抢险期间,无关人员和车辆不得上堤。

因降雨雪等造成堤顶泥泞期间,禁止车辆通行,但防汛抢险车辆除外。

第二十三条 禁止非管理人员操作河道上的涵闸闸门,禁止任何组织和个人干扰河道管理单位的正常工作。

第二十四条 在河道管理范围内,禁止修建围堤、阻水渠道、阻水道路;种植高秆农作物、芦苇、杞柳、荻柴和树木(堤防防护林除外);设置拦河渔具;弃置矿渣、石渣、煤灰、泥土、垃圾等。

在堤防和护堤地,禁止建房、放牧、开渠、打井、挖窖、葬坟、晒粮、存放物料、开采地下资源、进行考古发掘以及开展集市贸易活动。

第二十五条 在河道管理范围内进行下列活动,必须报经河道主管机关批准;涉及其他部门的,由河道主管机关会同有关部门批准:

(一)采砂、取土、淘金、弃置砂石或者淤泥;

(二)爆破、钻探、挖筑鱼塘;

(三)在河道滩地存放物料、修建厂房或者其他建筑设施;

(四)在河道滩地开采地下资源及进行考古发掘。

第二十六条 根据堤防的重要程度、堤基土质条件等,河道主管机关报经县级以上人民政府批准,可以在河道管理范围的相连地域划定堤防安全保护区。在堤防安全保护区内,禁止进行打井、钻探、爆破、挖筑鱼塘、采石、取土等危害堤防安全的活动。

第二十七条 禁止围湖造田。已经围垦的,应当按照国家规定的防洪标准进行治理,逐步退田还湖。湖泊的开发利用规划必须经河道主管机关审查同意。

禁止围垦河流,确需围垦的,必须经过科学论证,并经省级以上人民政府批准。

第二十八条 加强河道滩地、堤防和河岸的水土保持工作,防止水土流失、河道淤积。

第二十九条 江河的故道、旧堤、原有工程设施等,不得擅自填堵、占用或者拆毁。

第三十条 护堤护岸林木,由河道管理单位组织营造和管理,其他任何单位和个人不得侵占、砍伐或者破坏。

河道管理单位对护堤护岸林木进行抚育和更新性质的采伐及用于防汛抢险的采伐,根据国家有关规定免交育林基金。

第三十一条 在为保证堤岸安全需要限制航速的河段,河道主管机关应当会同交通部门设立限制航速的标志,通行的船舶不得超速行驶。

在汛期,船舶的行驶和停靠必须遵守防汛指挥部的规定。

第三十二条 山区河道有山体滑坡、崩岸、泥石流等自然灾害的河段,河道主管机关应当会同地质、交通等部门加强监测。在上述河段,禁止从事开山采石、采矿、开荒等危及山体稳定的活动。

第三十三条 在河道中流放竹木,不得影响行洪、航运和水工程安全,并服从当地河道主管机关的安全管理。

在汛期，河道主管机关有权对河道上的竹木和其他漂流物进行紧急处置。

第三十四条　向河道、湖泊排污的排污口的设置和扩大，排污单位在向环境保护部门申报之前，应当征得河道主管机关的同意。

第三十五条　在河道管理范围内，禁止堆放、倾倒、掩埋、排放污染水体的物体。禁止在河道内清洗装贮过油类或者有毒污染物的车辆、容器。

河道主管机关应当开展河道水质监测工作，协同环境保护部门对水污染防治实施监督管理。

第四章　河道清障

第三十六条　对河道管理范围内的阻水障碍物，按照“谁设障，谁清除”的原则，由河道主管机关提出清障计划和实施方案，由防汛指挥部责令设障者在规定的期限内清除。逾期不清除的，由防汛指挥部组织强行清除，并由设障者负担全部清障费用。

第三十七条　对壅水、阻水严重的桥梁、引道、码头和其他跨河工程设施，根据国家规定的防洪标准，由河道主管机关提出意见并报经人民政府批准，责成原建设单位在规定的期限内改建或者拆除。汛期影响防洪安全的，必须服从防汛指挥部的紧急处理决定。

第五章　经　费

第三十八条　河道堤坊的防汛岁修费，按照分级管理的原则，分别由中央财政和地方财政负担，列入中央和地方年度财政预算。

第三十九条　受益范围明确的堤防、护岸、水闸、圩垸、海塘和排涝工程设施，河道主管机关可以向受益的工商企业等单位和农户收取河道工程修建维护管理费，其标准应当根据工程修建和维护管理费用确定。收费的具体标准和计收办法由省、自治区、直辖市人民政府制定。

第四十条　在河道管理范围内采砂、取土、淘金，必须按照经批准的范围和作业方式进行，并向河道主管机关缴纳管理费。收费的标准和计收办法由国务院水利行政主管部门会同国务院财政主管部门制定。

第四十一条　任何单位和个人，凡对堤防、护岸和其他水工程设施造成损坏或者造成河道淤积的，由责任者负责修复、清淤或者承担维修费用。

第四十二条　河道主管机关收取的各项费用，用于河道堤防工程的建设、管理、维修和设施的更新改造。结余资金可以连年结转使用，任何部门不得截取或者挪用。

第四十三条　河道两岸的城镇和农村，当地县级以上人民政府可以在汛期组织堤防保护区域内的单位和个人义务出工，对河道堤防工程进行维修和加固。

第六章　罚　则

第四十四条　违反本条例规定，有下列行为之一的，县级以上地方人民政府河道主管机关除责令其纠正违法行为、采取补救措施外，可以并处警告、罚款、没收非法所得；对有关责任人员，由其所在单位或者上级主管机关给予行政处分；构成犯罪的，依法追究刑事责任：

(一)在河道管理范围内弃置、堆放阻碍行洪物体的;种植阻碍行洪的林木或者高杆植物的;修建围堤、阻水渠道、阻水道路的;

(二)在堤防、护堤地建房、放牧、开渠、打井、挖窖、葬坟、晒粮、存放物料、开采地下资源、进行考古发掘以及开展集市贸易活动的;

(三)未经批准或者不按照国家规定的防洪标准、工程安全标准整治河道或者修建水工程建筑物和其他设施的;

(四)未经批准或者不按照河道主管机关的规定在河道管理范围内采砂、取土、淘金、弃置砂石或者淤泥、爆破、钻探、挖筑鱼塘的;

(五)未经批准在河道滩地存放物料、修建厂房或者其他建筑设施,以及开采地下资源或者进行考古发掘的;

(六)违反本条例第二十七条的规定,围垦湖泊、河流的;

(七)擅自砍伐护堤护岸林木的;

(八)汛期违反防汛指挥部的规定或者指令的。

第四十五条 违反本条例规定,有下列行为之一的,县级以上地方人民政府河道主管机关除责令其纠正违法行为、赔偿损失、采取补救措施外,可以并处警告、罚款;应当给予治安管理处罚的,按照《中华人民共和国治安管理处罚法》的规定处罚;构成犯罪的,依法追究刑事责任:

(一)损毁堤防、护岸、闸坝、水工程建筑物,损毁防汛设施、水文监测和测量设施、河岸地质监测设施以及通信照明等设施;

(二)在堤防安全保护区内进行打井、钻探、爆破、挖筑鱼塘、采石、取土等危害堤防安全的活动的;

(三)非管理人员操作河道上的涵闸闸门或者干扰河道管理单位正常工作的。

第四十六条 当事人对行政处罚决定不服的,可以在接到处罚通知之日起15日内,向作出处罚决定的机关的上一级机关申请复议,对复议决定不服的,可以在接到复议决定之日起15日内,向人民法院起诉。当事人也可以在接到处罚通知之日起15日内,直接向人民法院起诉。当事人逾期不申请复议或者不向人民法院起诉又不履行处罚决定的,由作出处罚决定的机关申请人民法院强制执行。对治安管理处罚不服的,按照《中华人民共和国治安管理处罚法》的规定办理。

第四十七条 对违反本条例规定,造成国家、集体、个人经济损失的,受害方可以请求县级以上河道主管机关处理。受害方也可以直接向人民法院起诉。

当事人对河道主管机关的处理决定不服的,可以在接到通知之日起,15日内向人民法院起诉。

第四十八条 河道主管机关的工作人员以及河道监理人员玩忽职守、滥用职权、徇私舞弊的,由其所在单位或者上级主管机关给予行政处分;对公共财产、国家和人民利益造成重大损失的,依法追究刑事责任。

第七章 附 则

第四十九条 各省、自治区、直辖市人民政府,可以根据本条例的规定,结合本地区的实际情况,制定实施办法。

第五十条　本条例由国务院水利行政主管部门负责解释。

第五十一条　本条例自发布之日起施行。

生产安全事故应急条例

（实施日期:2019年4月1日）

第一章　总　则

第一条　为了规范生产安全事故应急工作,保障人民群众生命和财产安全,根据《中华人民共和国安全生产法》和《中华人民共和国突发事件应对法》,制定本条例。

第二条　本条例适用于生产安全事故应急工作;法律、行政法规另有规定的,适用其规定。

第三条　国务院统一领导全国的生产安全事故应急工作,县级以上地方人民政府统一领导本行政区域内的生产安全事故应急工作。生产安全事故应急工作涉及两个以上行政区域的,由有关行政区域共同的上一级人民政府负责,或者由各有关行政区域的上一级人民政府共同负责。

县级以上人民政府应急管理部门和其他对有关行业、领域的安全生产工作实施监督管理的部门(以下统称负有安全生产监督管理职责的部门)在各自职责范围内,做好有关行业、领域的生产安全事故应急工作。

县级以上人民政府应急管理部门指导、协调本级人民政府其他负有安全生产监督管理职责的部门和下级人民政府的生产安全事故应急工作。

乡、镇人民政府以及街道办事处等地方人民政府派出机关应当协助上级人民政府有关部门依法履行生产安全事故应急工作职责。

第四条　生产经营单位应当加强生产安全事故应急工作,建立、健全生产安全事故应急工作责任制,其主要负责人对本单位的生产安全事故应急工作全面负责。

第二章　应急准备

第五条　县级以上人民政府及其负有安全生产监督管理职责的部门和乡、镇人民政府以及街道办事处等地方人民政府派出机关,应当针对可能发生的生产安全事故的特点和危害,进行风险辨识和评估,制定相应的生产安全事故应急救援预案,并依法向社会公布。

生产经营单位应当针对本单位可能发生的生产安全事故的特点和危害,进行风险辨识和评估,制定相应的生产安全事故应急救援预案,并向本单位从业人员公布。

第六条　生产安全事故应急救援预案应当符合有关法律、法规、规章和标准的规定,具有科学性、针对性和可操作性,明确规定应急组织体系、职责分工以及应急救援程序和措施。

有下列情形之一的,生产安全事故应急救援预案制定单位应当及时修订相关预案:

（一）制定预案所依据的法律、法规、规章、标准发生重大变化；

（二）应急指挥机构及其职责发生调整；

（三）安全生产面临的风险发生重大变化；

（四）重要应急资源发生重大变化；

（五）在预案演练或者应急救援中发现需要修订预案的重大问题；

（六）其他应当修订的情形。

第七条　县级以上人民政府负有安全生产监督管理职责的部门应当将其制定的生产安全事故应急救援预案报送本级人民政府备案；易燃易爆物品、危险化学品等危险物品的生产、经营、储存、运输单位，矿山、金属冶炼、城市轨道交通运营、建筑施工单位，以及宾馆、商场、娱乐场所、旅游景区等人员密集场所经营单位，应当将其制定的生产安全事故应急救援预案按照国家有关规定报送县级以上人民政府负有安全生产监督管理职责的部门备案，并依法向社会公布。

第八条　县级以上地方人民政府以及县级以上人民政府负有安全生产监督管理职责的部门，乡、镇人民政府以及街道办事处等地方人民政府派出机关，应当至少每 2 年组织 1 次生产安全事故应急救援预案演练。

易燃易爆物品、危险化学品等危险物品的生产、经营、储存、运输单位，矿山、金属冶炼、城市轨道交通运营、建筑施工单位，以及宾馆、商场、娱乐场所、旅游景区等人员密集场所经营单位，应当至少每半年组织 1 次生产安全事故应急救援预案演练，并将演练情况报送所在地县级以上地方人民政府负有安全生产监督管理职责的部门。

县级以上地方人民政府负有安全生产监督管理职责的部门应当对本行政区域内前款规定的重点生产经营单位的生产安全事故应急救援预案演练进行抽查；发现演练不符合要求的，应当责令限期改正。

第九条　县级以上人民政府应当加强对生产安全事故应急救援队伍建设的统一规划、组织和指导。

县级以上人民政府负有安全生产监督管理职责的部门根据生产安全事故应急工作的实际需要，在重点行业、领域单独建立或者依托有条件的生产经营单位、社会组织共同建立应急救援队伍。

国家鼓励和支持生产经营单位和其他社会力量建立提供社会化应急救援服务的应急救援队伍。

第十条　易燃易爆物品、危险化学品等危险物品的生产、经营、储存、运输单位，矿山、金属冶炼、城市轨道交通运营、建筑施工单位，以及宾馆、商场、娱乐场所、旅游景区等人员密集场所经营单位，应当建立应急救援队伍；其中，小型企业或者微型企业等规模较小的生产经营单位，可以不建立应急救援队伍，但应当指定兼职的应急救援人员，并且可以与邻近的应急救援队伍签订应急救援协议。

工业园区、开发区等产业聚集区域内的生产经营单位，可以联合建立应急救援队伍。

第十一条　应急救援队伍的应急救援人员应当具备必要的专业知识、技能、身体素质和心理素质。

应急救援队伍建立单位或者兼职应急救援人员所在单位应当按照国家有关规定对应

急救援人员进行培训;应急救援人员经培训合格后,方可参加应急救援工作。

应急救援队伍应当配备必要的应急救援装备和物资,并定期组织训练。

第十二条 生产经营单位应当及时将本单位应急救援队伍建立情况按照国家有关规定报送县级以上人民政府负有安全生产监督管理职责的部门,并依法向社会公布。

县级以上人民政府负有安全生产监督管理职责的部门应当定期将本行业、本领域的应急救援队伍建立情况报送本级人民政府,并依法向社会公布。

第十三条 县级以上地方人民政府应当根据本行政区域内可能发生的生产安全事故的特点和危害,储备必要的应急救援装备和物资,并及时更新和补充。

易燃易爆物品、危险化学品等危险物品的生产、经营、储存、运输单位,矿山、金属冶炼、城市轨道交通运营、建筑施工单位,以及宾馆、商场、娱乐场所、旅游景区等人员密集场所经营单位,应当根据本单位可能发生的生产安全事故的特点和危害,配备必要的灭火、排水、通风以及危险物品稀释、掩埋、收集等应急救援器材、设备和物资,并进行经常性维护、保养,保证正常运转。

第十四条 下列单位应当建立应急值班制度,配备应急值班人员:

(一)县级以上人民政府及其负有安全生产监督管理职责的部门;

(二)危险物品的生产、经营、储存、运输单位以及矿山、金属冶炼、城市轨道交通运营、建筑施工单位;

(三)应急救援队伍。

规模较大、危险性较高的易燃易爆物品、危险化学品等危险物品的生产、经营、储存、运输单位应当成立应急处置技术组,实行24小时应急值班。

第十五条 生产经营单位应当对从业人员进行应急教育和培训,保证从业人员具备必要的应急知识,掌握风险防范技能和事故应急措施。

第十六条 国务院负有安全生产监督管理职责的部门应当按照国家有关规定建立生产安全事故应急救援信息系统,并采取有效措施,实现数据互联互通、信息共享。

生产经营单位可以通过生产安全事故应急救援信息系统办理生产安全事故应急救援预案备案手续,报送应急救援预案演练情况和应急救援队伍建设情况;但依法需要保密的除外。

第三章 应急救援

第十七条 发生生产安全事故后,生产经营单位应当立即启动生产安全事故应急救援预案,采取下列一项或者多项应急救援措施,并按照国家有关规定报告事故情况:

(一)迅速控制危险源,组织抢救遇险人员;

(二)根据事故危害程度,组织现场人员撤离或者采取可能的应急措施后撤离;

(三)及时通知可能受到事故影响的单位和人员;

(四)采取必要措施,防止事故危害扩大和次生、衍生灾害发生;

(五)根据需要请求邻近的应急救援队伍参加救援,并向参加救援的应急救援队伍提供相关技术资料、信息和处置方法;

(六)维护事故现场秩序,保护事故现场和相关证据;

（七）法律、法规规定的其他应急救援措施。

第十八条　有关地方人民政府及其部门接到生产安全事故报告后，应当按照国家有关规定上报事故情况，启动相应的生产安全事故应急救援预案，并按照应急救援预案的规定采取下列一项或者多项应急救援措施：

（一）组织抢救遇险人员，救治受伤人员，研判事故发展趋势以及可能造成的危害；

（二）通知可能受到事故影响的单位和人员，隔离事故现场，划定警戒区域，疏散受到威胁的人员，实施交通管制；

（三）采取必要措施，防止事故危害扩大和次生、衍生灾害发生，避免或者减少事故对环境造成的危害；

（四）依法发布调用和征用应急资源的决定；

（五）依法向应急救援队伍下达救援命令；

（六）维护事故现场秩序，组织安抚遇险人员和遇险遇难人员亲属；

（七）依法发布有关事故情况和应急救援工作的信息；

（八）法律、法规规定的其他应急救援措施。

有关地方人民政府不能有效控制生产安全事故的，应当及时向上级人民政府报告。上级人民政府应当及时采取措施，统一指挥应急救援。

第十九条　应急救援队伍接到有关人民政府及其部门的救援命令或者签有应急救援协议的生产经营单位的救援请求后，应当立即参加生产安全事故应急救援。

应急救援队伍根据救援命令参加生产安全事故应急救援所耗费用，由事故责任单位承担；事故责任单位无力承担的，由有关人民政府协调解决。

第二十条　发生生产安全事故后，有关人民政府认为有必要的，可以设立由本级人民政府及其有关部门负责人、应急救援专家、应急救援队伍负责人、事故发生单位负责人等人员组成的应急救援现场指挥部，并指定现场指挥部总指挥。

第二十一条　现场指挥部实行总指挥负责制，按照本级人民政府的授权组织制定并实施生产安全事故现场应急救援方案，协调、指挥有关单位和个人参加现场应急救援。

参加生产安全事故现场应急救援的单位和个人应当服从现场指挥部的统一指挥。

第二十二条　在生产安全事故应急救援过程中，发现可能直接危及应急救援人员生命安全的紧急情况时，现场指挥部或者统一指挥应急救援的人民政府应当立即采取相应措施消除隐患，降低或者化解风险，必要时可以暂时撤离应急救援人员。

第二十三条　生产安全事故发生地人民政府应当为应急救援人员提供必需的后勤保障，并组织通信、交通运输、医疗卫生、气象、水文、地质、电力、供水等单位协助应急救援。

第二十四条　现场指挥部或者统一指挥生产安全事故应急救援的人民政府及其有关部门应当完整、准确地记录应急救援的重要事项，妥善保存相关原始资料和证据。

第二十五条　生产安全事故的威胁和危害得到控制或者消除后，有关人民政府应当决定停止执行依照本条例和有关法律、法规采取的全部或者部分应急救援措施。

第二十六条　有关人民政府及其部门根据生产安全事故应急救援需要依法调用和征用的财产，在使用完毕或者应急救援结束后，应当及时归还。财产被调用、征用或者调用、征用后毁损、灭失的，有关人民政府及其部门应当按照国家有关规定给予补偿。

第二十七条 按照国家有关规定成立的生产安全事故调查组应当对应急救援工作进行评估,并在事故调查报告中作出评估结论。

第二十八条 县级以上地方人民政府应当按照国家有关规定,对在生产安全事故应急救援中伤亡的人员及时给予救治和抚恤;符合烈士评定条件的,按照国家有关规定评定为烈士。

第四章 法律责任

第二十九条 地方各级人民政府和街道办事处等地方人民政府派出机关以及县级以上人民政府有关部门违反本条例规定的,由其上级行政机关责令改正;情节严重的,对直接负责的主管人员和其他直接责任人员依法给予处分。

第三十条 生产经营单位未制定生产安全事故应急救援预案、未定期组织应急救援预案演练、未对从业人员进行应急教育和培训,生产经营单位的主要负责人在本单位发生生产安全事故时不立即组织抢救的,由县级以上人民政府负有安全生产监督管理职责的部门依照《中华人民共和国安全生产法》有关规定追究法律责任。

第三十一条 生产经营单位未对应急救援器材、设备和物资进行经常性维护、保养,导致发生严重生产安全事故或者生产安全事故危害扩大,或者在本单位发生生产安全事故后未立即采取相应的应急救援措施,造成严重后果的,由县级以上人民政府负有安全生产监督管理职责的部门依照《中华人民共和国突发事件应对法》有关规定追究法律责任。

第三十二条 生产经营单位未将生产安全事故应急救援预案报送备案、未建立应急值班制度或者配备应急值班人员的,由县级以上人民政府负有安全生产监督管理职责的部门责令限期改正;逾期未改正的,处 3 万元以上 5 万元以下的罚款,对直接负责的主管人员和其他直接责任人员处 1 万元以上 2 万元以下的罚款。

第三十三条 违反本条例规定,构成违反治安管理行为的,由公安机关依法给予处罚;构成犯罪的,依法追究刑事责任。

第五章 附 则

第三十四条 储存、使用易燃易爆物品、危险化学品等危险物品的科研机构、学校、医院等单位的安全事故应急工作,参照本条例有关规定执行。

第三十五条 本条例自 2019 年 4 月 1 日起施行。

第二部分
水利安全生产规章和规范性文件

水利工程建设安全生产管理规定

（本规定于2019年第三次修正，修正后施行日期：2019年5月10日）

第一章　总　则

第一条　为了加强水利工程建设安全生产监督管理，明确安全生产责任，防止和减少安全生产事故，保障人民群众生命和财产安全，根据《中华人民共和国安全生产法》、《建设工程安全生产管理条例》等法律、法规，结合水利工程的特点，制定本规定。

第二条　本规定适用于水利工程的新建、扩建、改建、加固和拆除等活动及水利工程建设安全生产的监督管理。前款所称水利工程，是指防洪、除涝、灌溉、水力发电、供水、围垦等（包括配套与附属工程）各类水利工程。

第三条　水利工程建设安全生产管理，坚持安全第一，预防为主的方针。

第四条　发生生产安全事故，必须查清事故原因，查明事故责任，落实整改措施，做好事故处理工作，并依法追究有关人员的责任。

第五条　项目法人（或者建设单位，下同）、勘察（测）单位、设计单位、施工单位、建设监理单位及其他与水利工程建设安全生产有关的单位，必须遵守安全生产法律、法规和本规定，保证水利工程建设安全生产，依法承担水利工程建设安全生产责任。

第二章　项目法人的安全责任

第六条　项目法人在对施工投标单位进行资格审查时，应当对投标单位的主要负责人、项目负责人以及专职安全生产管理人员是否经水行政主管部门安全生产考核合格进行审查。有关人员未经考核合格的，不得认定投标单位的投标资格。

第七条　项目法人应当向施工单位提供施工现场及施工可能影响的毗邻区域内供水、排水、供电、供气、供热、通讯、广播电视等地下管线资料，气象和水文观测资料，拟建工程可能影响的相邻建筑物和构筑物、地下工程的有关资料，并保证有关资料的真实、准确、完整，满足有关技术规范的要求。对可能影响施工报价的资料，应当在招标时提供。

第八条　项目法人不得调减或挪用批准概算中所确定的水利工程建设有关安全作业

环境及安全施工措施等所需费用。工程承包合同中应当明确安全作业环境及安全施工措施所需费用。

第九条　项目法人应当组织编制保证安全生产的措施方案,并自工程开工之日起 15 个工作日内报有管辖权的水行政主管部门、流域管理机构或者其委托的水利工程建设安全生产监督机构(以下简称安全生产监督机构)备案。建设过程中安全生产的情况发生变化时,应当及时对保证安全生产的措施方案进行调整,并报原备案机关。保证安全生产的措施方案应当根据有关法律法规、强制性标准和技术规范的要求并结合工程的具体情况编制,应当包括以下内容:

(一)项目概况;

(二)编制依据;

(三)安全生产管理机构及相关负责人;

(四)安全生产的有关规章制度制定情况;

(五)安全生产管理人员及特种作业人员持证上岗情况等;

(六)生产安全事故的应急救援预案;

(七)工程度汛方案、措施;

(八)其他有关事项。

第十条　项目法人在水利工程开工前,应当就落实保证安全生产的措施进行全面系统的布置,明确施工单位的安全生产责任。

第十一条　项目法人应当将水利工程中的拆除工程和爆破工程发包给具有相应水利水电工程施工资质等级的施工单位。

项目法人应当在拆除工程或者爆破工程施工 15 日前,将下列资料报送水行政主管部门、流域管理机构或者其委托的安全生产监督机构备案:

(一)拟拆除或拟爆破的工程及可能危及毗邻建筑物的说明;

(二)施工组织方案;

(三)堆放、清除废弃物的措施;

(四)生产安全事故的应急救援预案。

第三章　勘察(测)、设计、建设监理及其他有关单位的安全责任

第十二条　勘察(测)单位应当按照法律、法规和工程建设强制性标准进行勘察(测),提供的勘察(测)文件必须真实、准确,满足水利工程建设安全生产的需要。

勘察(测)单位在勘察(测)作业时,应当严格执行操作规程,采取措施保证各类管线、设施和周边建筑物、构筑物的安全。勘察(测)单位和有关勘察(测)人员应当对其勘察(测)成果负责。

第十三条　设计单位应当按照法律、法规和工程建设强制性标准进行设计,并考虑项目周边环境对施工安全的影响,防止因设计不合理导致生产安全事故的发生。

设计单位应当考虑施工安全操作和防护的需要,对涉及施工安全的重点部位和环节在设计文件中注明,并对防范生产安全事故提出指导意见。

采用新结构、新材料、新工艺以及特殊结构的水利工程,设计单位应当在设计中提出

保障施工作业人员安全和预防生产安全事故的措施建议。

设计单位和有关设计人员应当对其设计成果负责。

设计单位应当参与与设计有关的生产安全事故分析，并承担相应的责任。

第十四条　建设监理单位和监理人员应当按照法律、法规和工程建设强制性标准实施监理，并对水利工程建设安全生产承担监理责任。

建设监理单位应当审查施工组织设计中的安全技术措施或者专项施工方案是否符合工程建设强制性标准。

建设监理单位在实施监理过程中，发现存在生产安全事故隐患的，应当要求施工单位整改；对情况严重的，应当要求施工单位暂时停止施工，并及时向水行政主管部门、流域管理机构或者其委托的安全生产监督机构以及项目法人报告。

第十五条　为水利工程提供机械设备和配件的单位，应当按照安全施工的要求提供机械设备和配件，配备齐全有效的保险、限位等安全设施和装置，提供有关安全操作的说明，保证其提供的机械设备和配件等产品的质量和安全性能达到国家有关技术标准。

第四章　施工单位的安全责任

第十六条　施工单位从事水利工程的新建、扩建、改建、加固和拆除等活动，应当具备国家规定的注册资本、专业技术人员、技术装备和安全生产等条件，依法取得相应等级的资质证书，并在其资质等级许可的范围内承揽工程。

第十七条　施工单位应当依法取得安全生产许可证后，方可从事水利工程施工活动。

第十八条　施工单位主要负责人依法对本单位的安全生产工作全面负责。施工单位应当建立健全安全生产责任制度和安全生产教育培训制度，制定安全生产规章制度和操作规程，保证本单位建立和完善安全生产条件所需资金的投入，对所承担的水利工程进行定期和专项安全检查，并做好安全检查记录。

施工单位的项目负责人应当由取得相应执业资格的人员担任，对水利工程建设项目的安全施工负责，落实安全生产责任制度、安全生产规章制度和操作规程，确保安全生产费用的有效使用，并根据工程的特点组织制定安全施工措施，消除安全事故隐患，及时、如实报告生产安全事故。

第十九条　施工单位在工程报价中应当包含工程施工的安全作业环境及安全施工措施所需费用。对列入建设工程概算的上述费用，应当用于施工安全防护用具及设施的采购和更新、安全施工措施的落实、安全生产条件的改善，不得挪作他用。

第二十条　施工单位应当设立安全生产管理机构，按照国家有关规定配备专职安全生产管理人员。施工现场必须有专职安全生产管理人员。专职安全生产管理人员负责对安全生产进行现场监督检查。发现生产安全事故隐患，应当及时向项目负责人和安全生产管理机构报告；对违章指挥、违章操作的，应当立即制止。

第二十一条　施工单位在建设有度汛要求的水利工程时，应当根据项目法人编制的工程度汛方案、措施制定相应的度汛方案，报项目法人批准；涉及防汛调度或者影响其他工程、设施度汛安全的，由项目法人报有管辖权的防汛指挥机构批准。

第二十二条　垂直运输机械作业人员、安装拆卸工、爆破作业人员、起重信号工、登高架设作业人员等特种作业人员，必须按照国家有关规定经过专门的安全作业培训，并取得特种作业操作资格证书后，方可上岗作业。

第二十三条 施工单位应当在施工组织设计中编制安全技术措施和施工现场临时用电方案，对下列达到一定规模的危险性较大的工程应当编制专项施工方案，并附具安全验算结果，经施工单位技术负责人签字以及总监理工程师核签后实施，由专职安全生产管理人员进行现场监督：

（一）基坑支护与降水工程；

（二）土方和石方开挖工程；

（三）模板工程；

（四）起重吊装工程；

（五）脚手架工程；

（六）拆除、爆破工程；

（七）围堰工程；

（八）其他危险性较大的工程。

对前款所列工程中涉及高边坡、深基坑、地下暗挖工程、高大模板工程的专项施工方案，施工单位还应当组织专家进行论证、审查。

第二十四条 施工单位在使用施工起重机械和整体提升脚手架、模板等自升式架设设施前，应当组织有关单位进行验收，也可以委托具有相应资质的检验检测机构进行验收；使用承租的机械设备和施工机具及配件的，由施工总承包单位、分包单位、出租单位和安装单位共同进行验收。验收合格的方可使用。

第二十五条 施工单位的主要负责人、项目负责人、专职安全生产管理人员应当经水行政主管部门对其安全生产知识和管理能力考核合格。

施工单位应当对管理人员和作业人员每年至少进行一次安全生产教育培训，其教育培训情况记入个人工作档案。安全生产教育培训考核不合格的人员，不得上岗。

施工单位在采用新技术、新工艺、新设备、新材料时，应当对作业人员进行相应的安全生产教育培训。

第五章　监督管理

第二十六条 水行政主管部门和流域管理机构按照分级管理权限，负责水利工程建设安全生产的监督管理。水行政主管部门或者流域管理机构委托的安全生产监督机构，负责水利工程施工现场的具体监督检查工作。

第二十七条 水利部负责全国水利工程建设安全生产的监督管理工作，其主要职责是：

（一）贯彻、执行国家有关安全生产的法律、法规和政策，制定有关水利工程建设安全生产的规章、规范性文件和技术标准；

（二）监督、指导全国水利工程建设安全生产工作，组织开展对全国水利工程建设安全生产情况的监督检查；

（三）组织、指导全国水利工程建设安全生产监督机构的建设、管理以及水利水电工程施工单位的主要负责人、项目负责人和专职安全生产管理人员的安全生产考核工作。

第二十八条　流域管理机构负责所管辖的水利工程建设项目的安全生产监督工作。

第二十九条　省、自治区、直辖市人民政府水行政主管部门负责本行政区域内所管辖的水利工程建设安全生产的监督管理工作，其主要职责是：

（一）贯彻、执行有关安全生产的法律、法规、规章、政策和技术标准，制定地方有关水利工程建设安全生产的规范性文件；

（二）监督、指导本行政区域内所管辖的水利工程建设安全生产工作，组织开展对本行政区域内所管辖的水利工程建设安全生产情况的监督检查；

（三）组织、指导本行政区域内水利工程建设安全生产监督机构的建设工作以及有关的水利水电工程施工单位的主要负责人、项目负责人和专职安全生产管理人员的安全生产考核工作。

市、县级人民政府水行政主管部门水利工程建设安全生产的监督管理职责，由省、自治区、直辖市人民政府水行政主管部门规定。

第三十条　水行政主管部门或者流域管理机构委托的安全生产监督机构，应当严格按照有关安全生产的法律、法规、规章和技术标准，对水利工程施工现场实施监督检查。

安全生产监督机构应当配备一定数量的专职安全生产监督人员。

第三十一条　水行政主管部门或者其委托的安全生产监督机构应当自收到本规定第九条和第十一条规定的有关备案资料后20日内，将有关备案资料抄送同级安全生产监督管理部门。流域管理机构抄送项目所在地省级安全生产监督管理部门，并报水利部备案。

第三十二条　水行政主管部门、流域管理机构或者其委托的安全生产监督机构依法履行安全生产监督检查职责时，有权采取下列措施：

（一）要求被检查单位提供有关安全生产的文件和资料。

（二）进入被检查单位施工现场进行检查。

（三）纠正施工中违反安全生产要求的行为。

（四）对检查中发现的安全事故隐患，责令立即排除；重大安全事故隐患排除前或者排除过程中无法保证安全的，责令从危险区域内撤出作业人员或者暂时停止施工。

第三十三条　各级水行政主管部门和流域管理机构应当建立举报制度，及时受理对水利工程建设生产安全事故及安全事故隐患的检举、控告和投诉；对超出管理权限的，应当及时转送有管理权限的部门。举报制度应当包括以下内容：

（一）公布举报电话、信箱或者电子邮件地址，受理对水利工程建设安全生产的举报；

（二）对举报事项进行调查核实，并形成书面材料；

（三）督促落实整顿措施，依法作出处理。

第六章　生产安全事故的应急救援和调查处理

第三十四条　各级地方人民政府水行政主管部门应当根据本级人民政府的要求，制定本行政区域内水利工程建设特大生产安全事故应急救援预案，并报上一级人民政府水行政主管部门备案。流域管理机构应当编制所管辖的水利工程建设特大生产安全事故应急救援预案，并报水利部备案。

第三十五条 项目法人应当组织制定本建设项目的生产安全事故应急救援预案,并定期组织演练。应急救援预案应当包括紧急救援的组织机构、人员配备、物资准备、人员财产救援措施、事故分析与报告等方面的方案。

第三十六条 施工单位应当根据水利工程施工的特点和范围,对施工现场易发生重大事故的部位、环节进行监控,制定施工现场生产安全事故应急救援预案。实行施工总承包的,由总承包单位统一组织编制水利工程建设生产安全事故应急救援预案,工程总承包单位和分包单位按照应急救援预案,各自建立应急救援组织或者配备应急救援人员,配备救援器材、设备,并定期组织演练。

第三十七条 施工单位发生生产安全事故,应当按照国家有关伤亡事故报告和调查处理的规定,及时、如实地向负责安全生产监督管理的部门以及水行政主管部门或者流域管理机构报告;特种设备发生事故的,还应当同时向特种设备安全监督管理部门报告。接到报告的部门应当按照国家有关规定,如实上报。

实行施工总承包的建设工程,由总承包单位负责上报事故。

发生生产安全事故,项目法人及其他有关单位应当及时、如实地向负责安全生产监督管理的部门以及水行政主管部门或者流域管理机构报告。

第三十八条 发生生产安全事故后,有关单位应当采取措施防止事故扩大,保护事故现场。需要移动现场物品时,应当做出标记和书面记录,妥善保管有关证物。

第三十九条 水利工程建设生产安全事故的调查、对事故责任单位和责任人的处罚与处理,按照有关法律、法规的规定执行。

第七章 附 则

第四十条 违反本规定,需要实施行政处罚的,由水行政主管部门或者流域管理机构按照《建设工程安全生产管理条例》的规定执行。

第四十一条 省、自治区、直辖市人民政府水行政主管部门可以结合本地区实际制定本规定的实施办法,报水利部备案。

第四十二条 本规定自 2005 年 9 月 1 日起施行。

水利水电工程施工危险源辨识与风险评价导则(试行)

(施行日期:2018年12月7日)

1　总　则

1.1　为科学辨识与评价水利水电工程施工危险源及其风险等级,有效防范施工生产安全事故,根据《中华人民共和国安全生产法》《国务院安委会办公室关于印发标本兼治遏制重特大事故工作指南的通知》(安委办〔2016〕3号)和《国务院安委会办公室关于实施遏制重特大事故工作指南构建双重预防机制的意见》(安委办〔2016〕11号)等,制定本导则。

1.2　本导则适用于水利水电工程施工危险源的辨识与风险评价。

1.3　水利水电工程施工危险源(以下简称危险源)是指在水利水电工程施工过程中有潜在能量和物质释放危险的、可造成人员伤亡、健康损害、财产损失、环境破坏,在一定的触发因素作用下可转化为事故的部位、区域、场所、空间、岗位、设备及其位置。

水利水电工程施工重大危险源(以下简称重大危险源)是指在水利水电工程施工过程中有潜在能量和物质释放危险的、可能导致人员死亡、健康严重损害、财产严重损失、环境严重破坏,在一定的触发因素作用下可转化为事故的部位、区域、场所、空间、岗位、设备及其位置。

重大危险源包含《安全生产法》定义的危险物品重大危险源。工程区域内危险物品的生产、储存、使用及运输,其危险源辨识与风险评价参照国家和行业有关法律法规和技术标准。

1.4　危险源辨识与风险评价应严格执行国家和水利行业有关法律法规、技术标准和本导则。

1.5　水利工程建设项目法人和勘测、设计、施工、监理等参建单位(以下一并简称为各单位)是危险源辨识、风险评价和管控的主体。各单位应结合本工程实际,根据工程施工现场情况和管理特点,全面开展危险源辨识与风险评价,严格落实相关管理责任和管控措施,有效防范和减少安全生产事故。

水行政主管部门和流域管理机构依据有关法律法规、技术标准和本导则对危险源辨识与风险评价工作进行指导、监督与检查。

1.6　危险源的辨识与风险等级评价按阶段划分为工程开工前和施工期两个阶段。

1.7　开工前,项目法人应组织其他参建单位研究制定危险源辨识与风险管理制度,明确监理、施工、设计等单位的职责、辨识范围、流程、方法等;施工单位应按要求组织开展本标段危险源辨识及风险等级评价工作,并将成果及时报送项目法人和监理单位;项目法人应开展本工程危险源辨识和风险等级评价，编制危险源辨识与风险评价报告，主要内容及要求详见附件 1。

危险源辨识与风险评价报告应经本单位安全生产管理部门负责人和主要负责人签字确认，必要时组织专家进行审查后确认。

1.8　施工期，各单位应对危险源实施动态管理，及时掌握危险源及风险状态和变化趋势，实时更新危险源及风险等级，并根据危险源及风险状态制定针对性防控措施。

1.9　各单位应对危险源进行登记，其中重大危险源和风险等级为重大的一般危险源应建立专项档案，明确管理的责任部门和责任人。重大危险源应按有关规定报项目主管部门和有关部门备案。

1.10　各单位可依照有关法律法规和技术标准，结合本单位和工程实际适当增补危险源内容，按照本标准的方法判定风险。

2　危险源类别、级别与风险等级

2.1　危险源分五个类别，分别为施工作业类、机械设备类、设施场所类、作业环境类和其他类，各类的辨识与评价对象主要有：

2.1.1　施工作业类：明挖施工，洞挖施工，石方爆破，填筑工程，灌浆工程，斜井竖井开挖，地质缺陷处理，砂石料生产，混凝土生产，混凝土浇筑，脚手架工程，模板工程及支撑体系，钢筋制安，金属结构制作、安装及机电设备安装，建筑物拆除，配套电网工程，降排水，水上（下）作业，有限空间作业，高空作业，管道安装，其他单项工程等。

2.1.2　机械设备类：运输车辆，特种设备，起重吊装及安装拆卸等。

2.1.3　设施场所类：存弃渣场，基坑，爆破器材库，油库油罐区，材料设备仓库，供水系统，通风系统，供电系统，修理厂、钢筋厂及模具加工厂等金属结构制作加工厂场所，预制构件场所，施工道路、桥梁，隧洞，围堰等。

2.1.4　作业环境类：不良地质地段，潜在滑坡区，超标准洪水，粉尘，有毒有害气体及有毒化学品泄漏环境等。

2.1.5　其他类：野外施工，消防安全，营地选址等。

对首次采用的新技术、新工艺、新设备、新材料及尚无相关技术标准的危险性较大的单项工程应作为危险源对象进行辨识与风险评价。

2.2　危险源分两个级别，分别为重大危险源和一般危险源。

2.3　危险源的风险等级分为四级，由高到低依次为重大风险、较大风险、一般风险和低风险。

2.3.1　重大风险：发生风险事件概率、危害程度均为大，或危害程度为大、发生风险事件概率为中；极其危险，由项目法人组织监理单位、施工单位共同管控，主管部门重点监督检查。

2.3.2　较大风险：发生风险事件概率、危害程度均为中，或危害程度为中、发生风险事件概率为小；高度危险，由监理单位组织施工单位共同管控，项目法人监督。

2.3.3　一般风险：发生风险事件概率为中、危害程度为小；中度危险，由施工单位管控，监理单位监督。

2.3.4　低风险:发生风险事件概率、危害程度均为小;轻度危险,由施工单位自行管控。

3　危险源辨识

3.1　危险源辨识是指对危险因素进行分析,识别危险源的存在并确定其特性的过程,包括辨识出危险源以及判定危险源类别与级别。

3.2　危险源辨识应由经验丰富、熟悉工程安全技术的专业人员,采用科学、有效及适用的方法,辨识出本工程的危险源,对其进行分类和分级,汇总制定危险源清单,确定危险源名称、类别、级别、可能导致事故类型及责任人等内容。必要时可进行集体讨论或专家技术论证。

3.3　危险源辨识可采取直接判定法、安全检查表法、预先危险性分析法及因果分析法等方法。

危险源辨识应考虑工程区域内的生活、生产、施工作业场所等危险发生的可能性,暴露于危险环境频率和持续时间,储存物质的危险特性、数量以及仓储条件,环境、设备的危险特性以及可能发生事故的后果严重性等因素,综合分析判定。

3.4　危险源辨识应先采用直接判定法,不能用直接判定法辨识的,可采用其他方法进行判定。当本工程区域内出现符合《水利水电工程施工重大危险源清单》(附件2)中的任何一条要素的,可直接判定为重大危险源。

3.5　各单位应定期开展危险源辨识,当有新规程规范发布(修订),或施工条件、环境、要素或危险源致险因素发生较大变化,或发生生产安全事故时,应及时组织重新辨识。

4　风险评价

4.1　风险评价是对危险源的各种危险因素、发生事故的可能性及损失与伤害程度等进行调查、分析、论证等,以判断危险源风险等级的过程。

4.2　危险源的风险等级评价可采取直接评定法、安全检查表法、作业条件危险性评价法(LEC)等方法,推荐使用作业条件危险性评价法(LEC)。

4.3　重大危险源的风险等级直接评定为重大风险等级;危险源风险等级评价主要对一般危险源进行风险评价,可结合工程施工实际选取适当的评价方法。

4.4　作业条件危险性评价法(LEC)。

4.4.1　作业条件危险性评价法适用于各个阶段。

4.4.2　作业条件危险性评价法中危险性大小值 D 按下式计算:

$$D=LEC$$

式中　D——危险性大小值;

L——发生事故或危险事件的可能性大小;

E——人体暴露于危险环境的频率;

C——危险严重程度。

4.4.3　事故或危险性事件发生的可能性 L 值与作业类型有关,可根据施工工期制定出相应的 L 值判定指标,L 值可按表4.1的规定确定。

表 4.1　事故或危险性事件发生的可能性 L 值对照表

L 值	事故发生的可能性
10	完全可以预料
6	相当可能
3	可能,但不经常
1	可能性小,完全意外
0.5	很不可能,可以设想
0.2	极不可能

4.4.4　人体暴露于危险环境的频率 E 值与工程类型无关,仅与施工作业时间长短有关,可从人体暴露于危险环境的频率,或危险环境人员的分布及人员出入的多少,或设备及装置的影响因素,分析、确定 E 值的大小,可按表 4.2 的规定确定。

表 4.2　暴露于危险环境的频率因素 E 值对照表

E 值	暴露于危险环境的频繁程度
10	连续暴露
6	每天工作时间内暴露
3	每周 1 次,或偶然暴露
2	每月 1 次暴露
1	每年几次暴露
0.5	非常罕见暴露

4.4.5　发生事故可能造成的后果,即危险严重度因素 C 值与危险源在触发因素作用下发生事故时产生后果的严重程度有关,可从人身安全、财产及经济损失、社会影响等因素,分析危险源发生事故可能产生的后果确定 C 值,可按表 4.3 的规定确定。

表 4.3　危险严重度因素 C 值对照表

C 值	危险严重度因素
100	造成 30 人以上(含 30 人)死亡,或者 100 人以上重伤(包括急性工业中毒,下同),或者 1 亿元以上直接经济损失
40	造成 10~29 人死亡,或者 50~99 人重伤,或者 5 000 万元以上 1 亿元以下直接经济损失
15	造成 3~9 人死亡,或者 10~49 人重伤,或者 1 000 万元以上 5 000 万元以下直接经济损失
7	造成 3 人以下死亡,或者 10 人以下重伤,或者 1 000 万元以下直接经济损失
3	无人员死亡,致残或重伤,或很小的财产损失
1	引人注目,不利于基本的安全卫生要求

4.4.6　危险源风险等级划分以作业条件危险性大小 D 值作为标准，按表 4.4 的规定确定。

表 4.4　作业条件危险性评价法危险性等级划分标准

D 值区间	危险程度	风险等级
$D>320$	极其危险，不能继续作业	重大风险
$320\geqslant D>160$	高度危险，需立即整改	较大风险
$160\geqslant D>70$	一般危险（或显著危险），需要整改	一般风险
$D\leqslant 70$	稍有危险，需要注意（或可以接受）	低风险

4.4.7　各单位应结合本单位实际，根据工程施工现场情况和管理特点，合理确定 L、E 和 C 值。各类一般危险源的 L、E 和 C 值赋分参考取值范围及判定风险等级范围见附件 3《水利水电工程施工一般危险源 LEC 法风险评价赋分表》。

5　附　则

5.1　本导则自发布之日起施行。

（附件略）

水利水电工程(水库、水闸)运行危险源辨识与风险评价导则

(施行日期:2019 年 12 月 30 日)

1 总 则

1.1 为科学辨识与评价水利水电工程运行危险源及其风险等级,有效防范生产安全事故,根据《中华人民共和国安全生产法》《国务院安委会办公室关于印发标本兼治遏制重特大事故工作指南的通知》(安委办〔2016〕3 号)、《国务院安委会办公室关于实施遏制重特大事故工作指南构建双重预防机制的意见》(安委办〔2016〕11 号)和《水利部关于开展水利安全风险分级管控的指导意见》(水监督〔2018〕323 号)等,制定本导则。

1.2 本导则适用于水库、水闸工程运行危险源的辨识与风险评价。

1.3 水库、水闸工程运行危险源(以下简称危险源)是指在水库、水闸工程运行管理过程中存在的,可能导致人员伤亡、健康损害、财产损失或环境破坏,在一定的触发因素作用下可转化为事故的根源或状态。

水库、水闸工程运行重大危险源(以下简称重大危险源)是指在水库、水闸工程运行管理过程中存在的,可能导致人员重大伤亡、健康严重损害、财产重大损失或环境严重破坏,在一定的触发因素作用下可转化为事故的根源或状态。

重大危险源包含《中华人民共和国安全生产法》定义的危险物品重大危险源。在工程管理范围内危险物品的生产、搬运、使用或者储存,其危险源辨识与风险评价参照国家和行业有关法律法规和技术标准。

1.4 危险源辨识与风险评价应严格执行国家和水利行业有关法律法规、技术标准和本导则。

1.5 水库、水闸工程运行管理单位或承担运行管理职责的单位是危险源辨识、风险评价和管控的责任主体。农村集体经济组织所属的小型水库、水闸,其所在地乡镇人民政府或其有关部门是危险源辨识、风险评价和管控的责任主体(以上统称管理单位)。

管理单位应结合本单位实际,根据工程运行情况和管理特点,科学、系统、全面地开展危险源辨识与风险评价,严格落实相关管理责任和管控措施,有效防范和减少生产安全事故。

县级以上水行政主管部门、流域管理机构和水库主管部门依据有关法律法规、技术标准和本导则对危险源辨识与风险评价工作进行技术指导、培训、监督与检查。

1.6 管理单位应组织制定危险源辨识与风险评价管理制度,明确有关部门的职责、辨识范围、流程、方法、频次等,在此基础上组织专业技术人员开展危险源辨识和风险评价,编制危险源辨识与风险评价报告,主要内容及要求详见附件 1。

危险源辨识与风险评价报告应经管理单位运管和安全管理部门负责人、分管运管和

安全管理部门的负责人以及主要负责人签字确认,必要时应先组织专家进行审查。

1.7　管理单位应全方位、全过程开展危险源辨识与风险评价,至少每个季度开展1次(含汛前、汛后),对危险源实施动态管理,及时掌握危险源的状态及其风险的变化趋势,更新危险源及其风险等级。

1.8　管理单位应对危险源进行登记,明确责任部门、责任人、安全措施和应急措施,并于每季度第一个月6日前通过水利安全生产信息系统报送相关信息。对重大危险源和风险等级为重大的一般危险源应建立专项档案,并报主管部门备案。危险物品重大危险源应按照规定同时报应急管理部门备案。

1.9　管理单位可依照有关法律法规和技术标准,结合本单位和工程实际增减危险源内容,按照本导则的方法判定风险。

1.10　危险源辨识与风险评价工作情况作为安全评价中运行管理评价的重要依据。

2　危险源类别、级别与风险等级

2.1　危险源分六个类别,分别为构(建)筑物类、金属结构类、设备设施类、作业活动类、管理类和环境类,各类的辨识与评价对象主要有:

2.1.1　构(建)筑物类(水库):挡水建筑物,泄水建筑物,输水建筑物,过船建筑物,桥梁,坝基,近坝岸坡等。

构(建)筑物类(水闸):闸室段,上下游连接段,地基等。

2.1.2　金属结构类:闸门,启闭机械等。

2.1.3　设备设施类:电气设备,特种设备,管理设施等。

2.1.4　作业活动类:作业活动等。

2.1.5　管理类:管理体系,运行管理等。

2.1.6　环境类:自然环境,工作环境等。

2.2　危险源辨识分两个级别,分别为重大危险源和一般危险源。

2.3　危险源的风险评价分为四级,由高到低依次为重大风险、较大风险、一般风险和低风险,分别用红、橙、黄、蓝四种颜色标示。

2.3.1　重大风险:极其危险,由管理单位主要负责人组织管控,上级主管部门重点监督检查。必要时,管理单位应报请上级主管部门并与当地应急管理部门沟通,协调相关单位共同管控。

2.3.2　较大风险:高度危险,由管理单位分管运管或有关部门的领导组织管控,分管安全管理部门的领导协助主要负责人监督。

2.3.3　一般风险:中度危险,由管理单位运管或有关部门负责人组织管控,安全管理部门负责人协助其分管领导监督。

2.3.4　低风险:轻度危险,由管理单位有关部门或班组自行管控。

3　危险源辨识

3.1　危险源辨识是指对有可能产生危险的根源或状态进行分析,识别危险源的存在并确定其特性的过程,包括辨识出危险源以及判定危险源类别与级别。

危险源辨识应考虑工程正常运行受到影响或工程结构受到破坏的可能性,以及相关人员在工程管理范围内发生危险的可能性,储存物质的危险特性、数量以及仓储条件,环境、设备的危险特性等因素,综合分析判定。

3.2　危险源应由在工程运行管理和(或)安全管理方面经验丰富的专业人员及基层管理人员(技术骨干),采用科学、有效及相适应的方法进行辨识,对其进行分类和分级,汇总制定危险源清单,并确定危险源名称、类别、级别、事故诱因、可能导致的事故等内容,必要时可进行集体讨论或专家技术论证。

3.3　危险源辨识方法主要有直接判定法、安全检查表法、预先危险性分析法、因果分析法等。

3.4　危险源辨识应优先采用直接判定法,不能用直接判定法辨识的,应采用其他方法进行判定。当本工程出现符合《水库工程运行重大危险源清单》(附件2)、《水闸工程运行重大危险源清单》(附件3)中的任何一条要素的,可直接判定为重大危险源。

3.5　当相关法律法规、规程规范、技术标准发布(修订)后,或构(建)筑物、金属结构、设备设施、作业活动、管理、环境等相关要素发生变化后,或发生生产安全事故后,管理单位应及时组织辨识。

4　危险源风险评价

4.1　危险源风险评价是对危险源在一定触发因素作用下导致事故发生的可能性及危害程度进行调查、分析、论证等,以判断危险源风险程度,确定风险等级的过程。

4.2　危险源风险评价方法主要有直接评定法、作业条件危险性评价法(LEC法)、风险矩阵法(LS法)等。

4.3　对于重大危险源,其风险等级应直接评定为重大风险;对于一般危险源,其风险等级应结合实际选取适当的评价方法确定。

4.4　对于工程维修养护等作业活动或工程管理范围内可能影响人身安全的一般危险源,评价方法推荐采用作业条件危险性评价法(LEC法),见《水利水电工程施工危险源辨识与风险评价导则(试行)》(办监督函〔2018〕1693号)。

4.5　对于可能影响工程正常运行或导致工程破坏的一般危险源,应由管理单位不同管理层级以及多个相关部门的人员共同进行风险评价,评价方法推荐采用风险矩阵法(LS法),见附件4《一般危险源风险评价方法—风险矩阵法(LS法)》。

4.6　一般危险源的L、E、C值(作业条件危险性评价法)或L、S值(风险矩阵法)参考取值范围及风险等级范围见《水库工程运行一般危险源风险评价赋分表(指南)》(附件5)和《水闸工程运行一般危险源风险评价赋分表(指南)》(附件6)。

5　附　则

5.1　本导则自发布之日起施行。

(附件略)

水利部关于开展水利安全风险分级管控的指导意见

（施行日期:2018 年 12 月 21 日）

部机关各司局，部直属各单位，各省、自治区、直辖市水利（水务）厅（局），各计划单列市水利（水务）局，新疆生产建设兵团水利局：

为贯彻落实党中央、国务院关于安全生产工作的决策部署和《安全生产法》要求，构建安全风险分级管控和隐患排查治理双重预防机制，进一步规范和强化水利行业安全风险分级管控工作，依据中共中央、国务院《关于推进安全生产领域改革发展的意见》、《国务院安委会办公室关于印发标本兼治遏制重特大事故工作指南的通知》（安委办〔2016〕3号）和《国务院安委会办公室关于实施遏制重特大事故工作指南构建双重预防机制的意见》（安委办〔2016〕11 号）等，现制定水利安全风险分级管控指导意见如下：

一、总体要求

坚持“安全第一、预防为主、综合治理”方针，推动水利安全风险预控、关口前移，建立水利安全风险管控体系，健全水利工程安全风险分级管控工作制度和规范，实现水利生产经营单位安全风险自辨自控、水行政主管部门有效监管的安全风险管控工作格局，提升水利安全风险防控能力，科学防范和有效遏制水利生产安全事故。

二、着力构建水利生产经营单位安全风险管控机制

水利生产经营单位是本单位安全风险管控工作的责任主体。各级水行政主管部门要督促水利生产经营单位落实安全风险管控责任，按照有关制度和规范，针对单位特点，建立安全风险分级管控制度，制定危险源辨识和风险评价程序，明确要求和方法，全面开展危险源辨识和风险评价，强化安全风险管控措施，切实做好安全风险管控各项工作。

（一）全面开展危险源辨识。水利生产经营单位应每年全方位、全过程开展危险源辨识，做到系统、全面、无遗漏，并持续更新完善。一般地，可从施工作业类、机械设备类、设施场所类、作业环境类、生产工艺类等几个类型进行危险源辨识，查找具有潜在能量和物质释放危险的、可造成人员伤亡、健康损害、财产损失、环境破坏，在一定的触发因素作用下可转化为事故的部位、区域、场所、空间、岗位、设备及其位置，列出危险源清单，并按重大和一般两个级别对危险源进行分级。在建工程按《水利水电工程施工危险源辨识与风险评价导则（试行）》（办监督函〔2018〕1693 号）进行辨识。

（二）科学评定风险等级。水利生产经营单位要根据危险源类型，采用相适应的风险评价方法，确定危险源风险等级。安全风险等级从高到低划分为重大风险、较大风险、一般风险和低风险，分别用红、橙、黄、蓝四种颜色标示。要依据危险源类型和风险等级建立

风险数据库,绘制水利生产经营单位“红橙黄蓝”四色安全风险空间分布图。其中,水利水电工程施工危险源辨识评价及风险空间分布图绘制,由项目法人组织有关参建单位开展。

(三)分级实施风险管控。水利生产经营单位要按安全风险等级实行分级管理,落实各级单位、部门、车间(施工项目部)、班组(施工现场)、岗位(各工序施工作业面)的管控责任。各管控责任单位要根据危险源辨识和风险评价结果,针对安全风险的特点,通过隔离危险源、采取技术手段、实施个体防护、设置监控设施和安全警示标志等措施,达到监测、规避、降低和控制风险的目的。要强化对重大安全风险的重点管控,风险等级为重大的一般危险源和重大危险源要按照职责范围报属地水行政主管部门备案,危险物品重大危险源要按照规定同时报有关应急管理部门备案。

(四)动态进行风险管控。水利生产经营单位要高度关注危险源风险的变化情况,动态调整危险源、风险等级和管控措施,确保安全风险始终处于受控范围内。要建立专项档案,按照有关规定定期对安全防范设施和安全监测监控系统进行检测、检验,组织进行经常性维护、保养并做好记录。要针对本单位风险可能引发的事故完善应急预案体系,明确应急措施,对风险等级为重大的一般危险源和重大危险源要实现“一源一案”。要保障监测管控投入,确保所需人员、经费与设施设备满足需要。

(五)强化风险公告警示。水利生产经营单位要建立安全风险公告制度,定期组织风险教育和技能培训,确保本单位从业人员和进入风险工作区域的外来人员掌握安全风险的基本情况及防范、应急措施。要在醒目位置和重点区域分别设置安全风险公告栏,制作岗位安全风险告知卡,标明工程或单位的主要安全风险名称、等级、所在工程部位、可能引发的事故隐患类别、事故后果、管控措施、应急措施及报告方式等内容。对存在重大安全风险的工作场所和岗位,要设置明显警示标志,并强化监测和预警。要将安全防范与应急措施告知可能直接影响范围内的相关单位和人员。

三、健全水行政主管部门安全风险监管机制

(一)分级分类实施监管。水利安全风险实行分级监管。水利部指导水利行业安全风险管控工作,负责对直属单位、水利工程安全风险管控工作进行监督检查。县级以上地方人民政府水行政主管部门指导本地区的水利安全风险管控工作,负责对直属单位、水利工程安全风险管控工作进行监督检查。各级水行政主管部门应根据所属单位、水利工程的风险情况,确定不同的监督检查频次、重点内容等,实行差异化、精准化动态监管。对备案的风险等级为重大的一般危险源和重大危险源,要明确监管责任,制定监管措施,督促指导水利生产经营单位强化管控;对未有效实施监测和控制的风险等级为重大的一般危险源和重大危险源,应作为重大隐患挂牌督办。对安全风险管控不力的水利生产经营单位、水行政主管部门,要视情况实行严肃问责,违法的要严格依法查处。

(二)完善相关政策措施。水利部制定水利安全风险分级管控指导标准,明确水利危险源辨识和风险评价方法。地方各级水行政主管部门应结合实际,制定本地区水利安全风险分级管控工作制度、实施细则和具体标准。生产经营单位结合本单位工作实际,制定本单位安全风险管控措施。各级水行政主管部门要加大政策引导力度,综合运用法律、经

济和行政手段，以重要时段、重点领域、高风险区域、关键环节为重点，支持推动水利生产经营单位强化安全措施，鼓励使用新工艺、新技术、新设备、新材料等，有效降低安全风险。要按照有关规定，推进实施安全生产责任保险制度。安全风险分级管控工作的相关费用应纳入安全生产措施费或安全生产经费。

（三）强化风险信息管理。水利部依托安全生产监督管理信息系统，建立区域和水利工程安全风险数据库，加强基础信息管理，实现安全风险信息报送、统计分析、分级管理和动态管控等功能。地方各级水行政主管部门要加强信息报送及监督工作，强化对本地区信息上报工作的督导，每季度按要求上报水利生产经营单位录入的危险源辨识和风险评价相关信息，省级水行政主管部门每季度首月 6 日前将本行政区域内危险源辨识和风险评价相关信息上报到部安全生产信息系统。要实施智能化技术管理，积极推进对重点区域、重要部位和关键环节的远程监控、自动化控制、自动预警等工作，强化技术安全防范措施。

四、工作要求

（一）提高认识、加强领导。各地区各单位要将构建安全风险分级管控机制摆上重要议事日程，切实加强组织领导，周密安排部署，全面开展水利安全风险分级管控工作。要落实责任部门，加强工作力量，保障工作经费，推动各项标准、制度和措施落实到位。

（二）以点带面、稳步推进。各地区各单位可以选取一定数量具有区域代表性的水利工程、水利生产经营单位先行先试，积极探索总结风险分级管控的有效做法，形成一套可复制、可推广的成功经验，在此基础上逐步将工作全面开展，实现风险可控，有效防范水利生产安全事故。水行政主管部门和水利生产经营单位在安全风险技术标准、危险源辨识和风险评价、管控措施制定、信息技术应用等方面可通过购买服务的方式，委托第三方服务机构实施。

（三）强化监督、重在落实。各地区各单位要加强对水利生产经营单位建立安全风险分级管控机制情况的督促检查，积极协调和组织专家力量，帮助和指导开展安全风险分级管控工作。我部将水利安全风险分级管控工作情况作为水利安全生产监督管理工作重点，加强检查指导，对消极应付、工作落后的，要通报批评、督促整改。

水利工程生产安全重大事故隐患判定标准(试行)

(施行日期:2017 年 10 月 27 日)

1 总 则

1.1 为科学判定水利工程生产安全事故隐患,防范水利工程生产安全事故,根据《中华人民共和国安全生产法》等法律法规,制定本判定标准。

1.2 本标准适用于水利工程建设期和运行管理期的生产安全重大事故隐患判定。

事故隐患判定应严格执行国家和水利行业有关法律法规、技术标准,有关法律法规、技术标准对相关隐患判定另有规定的,适用其规定。

1.3 水利工程建设各参建单位和水利工程运行管理单位是事故隐患排查治理的主体。

水行政主管部门和流域管理机构在安全生产监督检查过程中可依有关法律法规、技术标准和本标准判定重大事故隐患。

1.4 水利工程生产安全重大事故隐患判定分为直接判定法和综合判定法,应先采用直接判定法,不能用直接判定法的,采用综合判定法判定。

1.5 水利工程建设各参建单位和水利工程运行管理单位可根据判定清单(指南)所列隐患的危害程度,依照有关法律法规和技术标准,结合本单位和工程实际适当增补隐患内容,按照本标准的方法判定。

2 判定要求

2.1 隐患判定应认真查阅有关文字、影像资料和会议记录,并进行现场核实。

2.2 对于涉及面较广、复杂程度较高的事故隐患,水利工程建设各参建单位和水利工程运行管理单位可进行集体讨论或专家技术论证。

2.3 集体讨论或专家技术论证在判定重大事故隐患的同时,应当明确重大事故隐患的治理措施、治理时限以及治理前应采取的防范措施。

3 水利工程建设项目重大隐患判定

3.1 直接判定。符合附件 1《水利工程建设项目生产安全重大事故隐患直接判定清单(指南)》中的任何一条要素的,可判定为重大事故隐患。

3.2 综合判定。符合附件 2《水利工程建设项目生产安全重大事故隐患综合判定清单(指南)》重大隐患判据的,可判定为重大事故隐患。

4　水利工程运行管理重大隐患判定

4.1　直接判定。符合附件3《水利工程运行管理生产安全重大事故隐患直接判定清单(指南)》中的任何一条要素的,可判定为重大事故隐患。

4.2　综合判定。符合附件4《水利工程运行管理生产安全重大事故隐患综合判定清单(指南)》重大隐患判据的,可判定为重大事故隐患。

5　附　则

5.1　本标准自发布之日起施行。

(附件略)

河湖管理监督检查办法(试行)

(施行日期:2019 年 12 月 26 日)

第一章　总　则

第一条　为规范河湖监督检查工作,督促各级河长湖长和河湖管理有关部门履职尽责,全面强化河湖管理,持续改善河湖面貌,依据法律法规及有关规定,制定本办法。

第二条　本办法适用于水利部及其流域管理机构组织的河湖管理监督检查。地方各级河长制办公室、水行政主管部门依照法定职责开展河湖管理监督检查时参照执行。

第三条　河湖管理监督检查坚持务实、高效、管用原则,实行分级负责,按照经有关部门批准的年度督查计划依法依规开展。

第四条　水利部负责组织指导全国河湖管理监督检查工作。

水利部河长制湖长制工作领导小组办公室负责统筹协调、具体组织实施全国河湖管理监督检查工作。

流域管理机构根据职责和水利部授权,负责本流域或指定范围内的河湖管理监督检查工作。

地方各级河长制办公室、县级以上地方人民政府水行政主管部门负责组织本行政区域内河湖管理监督检查工作。

第五条　水利部每年组织流域管理机构开展常规性河湖管理监督检查,对全国 31 个省(自治区、直辖市)的所有设区市实现全覆盖,对除无人区、交通特别不便地区以外的流域面积 1 000 平方公里以上河流、水面面积 1 平方公里以上湖泊实现全覆盖。

关于领导批示办理、群众举报调查、媒体曝光问题调查等专项调查或督查随机安排。

第六条　监督检查单位应当培养一支作风过硬、责任心强、业务水平高、专业化、规范化的监督检查队伍。

监督检查单位及其工作人员应当依法依规履行监督检查职责,严格执行中央八项规定精神,严格执行有关回避制度,不得违规透露监督检查相关信息,不得干扰被检查地方和单位的正常工作秩序。

被检查地方和单位有义务接受并配合河湖管理监督检查。

第二章　监督检查内容

第七条　监督检查内容主要包括河湖形象面貌及影响河湖功能的问题、河湖管理情况、河长制湖长制工作情况、河湖问题整改落实情况等。

水利部根据河湖管理及河长制湖长制工作进展情况,确定水利部组织的监督检查年度重点。

第八条　河湖形象面貌及影响河湖功能的问题主要包括乱占、乱采、乱堆、乱建等涉河湖违法违规问题：

（一）“乱占”问题。围垦湖泊；未依法经省级以上人民政府批准围垦河道；非法侵占水域、滩地；种植阻碍行洪的林木及高秆作物。

（二）“乱采”问题。未经许可在河道管理范围内采砂，不按许可要求采砂，在禁采区、禁采期采砂；未经批准在河道管理范围内取土。

（三）“乱堆”问题。河湖管理范围内乱扔乱堆垃圾；倾倒、填埋、贮存、堆放固体废物；弃置、堆放阻碍行洪的物体。

（四）“乱建”问题。水域岸线长期占而不用、多占少用、滥占滥用；未经许可和不按许可要求建设涉河项目；河道管理范围内修建阻碍行洪的建筑物、构筑物。

（五）其他有关问题。未经许可设置排污口；向河湖超标或直接排放污水；在河湖管理范围内清洗装贮过油类或者有毒污染物的车辆、容器；河湖水体出现黑臭现象；其他影响防洪安全、河势稳定及水环境、水生态的问题。

第九条　河湖管理情况主要包括：

（一）河湖管理制度建立及执行情况，主要包括日常巡查维护制度、监督检查制度、涉河建设项目审批管理制度、河道采砂审批管理制度等。

（二）水域岸线保护利用情况，主要包括涉河建设项目审批管理是否规范，涉河建设项目监督检查是否到位。

（三）河道采砂管理情况，主要包括采砂管理责任制是否落实，河道采砂许可是否规范，采砂现场监管是否到位，堆砂场设置是否符合要求。

（四）河湖管理基础工作情况，主要包括河湖管理范围划定、水域岸线保护利用规划、采砂管理规划、河湖管理信息化建设等。

（五）河湖管理保护相关专项行动开展情况，涉河湖违法违规行为执法打击情况。

（六）河湖管理维护及监督检查经费保障情况。

（七）其他河湖管理情况。

第十条　河长制湖长制工作情况主要包括：

（一）河长制湖长制工作年度部署情况。

（二）河长湖长巡河（湖）调研、检查及发现问题处置情况。

（三）河长湖长牵头组织对侵占河道、围垦湖泊、超标排污、非法采砂、破坏航道、电毒炸鱼等突出问题依法进行清理整治情况。

（四）河长湖长协调解决河湖管理保护重大问题情况，明晰跨行政区域河湖管理责任，协调上下游、左右岸实行联防联控机制情况；部门协调联动和社会参与河长制湖长制工作情况。

（五）县级及以上河长湖长组织对相关部门和下一级河长湖长履职情况进行督导考核及激励问责情况。

（六）河长湖长组织体系情况，河长湖长公示牌设立情况；河长制办公室日常管理工作情况，组织、协调、分办、督办等职责落实情况。

（七）出台并落实河长制湖长制政策措施及相关工作制度情况；“一河（湖）一档”建

立情况,“一河(湖)一策”编制及实施情况,河长制湖长制管理信息系统建设运行情况。

(八)其他河长制湖长制工作情况。

第十一条 河湖问题整改情况主要包括:

(一)党中央、国务院交办水利部或地方查处的河湖问题整改情况。

(二)水利部或地方党委政府领导批示查处的河湖问题整改情况。

(三)历次监督检查发现的河湖问题整改情况。

(四)媒体曝光的河湖问题整改情况。

(五)公众信访、举报的河湖问题整改情况。

(六)其他涉河湖问题整改情况。

第三章 监督检查方式与程序

第十二条 根据年度监督检查计划组织开展的河湖管理监督检查,主要采取暗访方式。媒体曝光、公众信访举报、上级单位交办、领导批示的河湖突出问题,可以采取暗访与明查相结合的方式开展专项调查、检查、督查等。

暗访应当采取“四不两直”方式开展,即检查前不发通知、不向被检查地方和单位告知行动路线、不要求被检查地方和单位陪同、不要求被检查地方和单位汇报,直赴现场、直接接触一线工作人员。

第十三条 河湖管理监督检查按照“查、认、改、罚”四个环节开展,实行闭环管理,主要工作流程如下:

(一)查。实地查看河湖面貌,拨打监督电话,查阅档案资料,问询河长湖长和相关工作人员,走访群众,填写检查记录,留取影像资料。充分运用卫星遥感、无人机无人船、视频监控等科技手段,提高监督检查效率和成果质量。

(二)认。监督检查结束后,监督检查单位应当及时通过河长制督查系统向被检查地方反馈发现问题情况,被检查地方对疑似问题作进一步调查核实,对认定结果有异议的,可提交佐证材料,由省级水行政主管部门在10个工作日内向监督检查单位申请复核。

(三)改。对确认为违法违规的问题,被检查地方按照整改标准和时限要求,及时组织对问题进行整改,按时报送整改结果。

(四)罚。有关地方依法依规对违法违规单位和个人给予处罚,对相关责任单位和责任人进行责任追究。

第十四条 监督检查单位应当制定监督检查工作方案,明确监督检查的目标、任务、范围、方法等;对监督检查人员进行相关政策、法律法规、技术标准、安全知识、纪律要求培训;及时保存监督检查中产生的文字、图片、影像等资料。

监督检查工作完成后,监督检查单位应当按要求及时向监督检查组织部门提交监督检查报告。

第四章 问题分类及处理

第十五条 河湖管理监督检查发现的问题,按照严重程度分为重大问题、较严重问题和一般问题。河湖管理监督检查发现问题严重程度分类表见附件1。

监督检查单位按前款规定对发现问题的严重程度进行初步认定。本办法未作出规定的，由监督检查单位根据实际情况依法依规对问题严重程度进行认定。

第十六条　水利部组织的常规性河湖管理监督检查发现的问题全部上传水利部河长制督查系统（http://yymh.mwr.gov.cn），经有关各方核实认定后，按分类要求形成问题台账。

第十七条　水利部组织的常规性河湖管理监督检查，一般问题由监督检查单位通过河长制督查系统反馈问题清单，提示按时限要求组织整改。

能够立行立改的问题可现场反馈，同时上传至河长制督查系统。

第十八条　水利部组织的常规性河湖管理监督检查，较严重问题由实施检查的流域管理机构印发“一省一单”，及时向省级河长制办公室、水行政主管部门通报（通报内容应当载明问题所在河湖分级分段河长湖长），要求限期组织整改。

第十九条　水利部组织的常规性河湖管理监督检查，重大问题由水利部向有关地方发函，通报问题情况（通报内容应当载明问题所在河湖分级分段河长湖长），提出整改要求，抄送问题所在河湖最高层级河长湖长，并予以挂牌督办。

第二十条　被检查地方收到问题反馈或通报后，应及时组织对问题进行整改。能立行立改的问题要立即整改；不能按期完成整改的问题，要制定切实可行的整改计划，并按计划整改到位。

第二十一条　问题整改到位后，被检查地方应当及时上报整改结果。水利部组织的常规性河湖管理监督检查，一般问题，由省级河长制办公室或水行政主管部门通过河长制督查系统及时反馈整改结果；重大或较严重问题，应按整改通知要求，以正式文件向水利部或有关流域管理机构上报整改结果。

第二十二条　监督检查组织部门、监督检查单位收到整改结果反馈后，应及时组织进行核实，对于确已整改到位的问题予以销号；对于尚未整改到位的问题，责成相关地方继续整改。

第二十三条　水利部实行河湖管理监督检查年度通报制度。每年第一季度，在水利部网站和官方微信公众号通报上一年度全国河湖管理监督检查及问题整改情况。

第五章　责任追究

第二十四条　责任追究对象主要包括涉河湖违法违规单位、组织和个人，河长、湖长，河湖所在地各级有关行业主管部门、河长制办公室、有关管理单位及其工作人员。

第二十五条　责任追究主体及方式：

（一）责令整改。由监督检查组织部门或监督检查单位按照第十七条、第十八条、第十九条规定责令被检查地方组织整改。

（二）警示约谈。对于河湖重大问题多、问题整改不力或整改不到位、较严重及以上问题反复出现的，由监督检查组织部门或委托相关单位约谈相关地方河长湖长、河长制办公室负责人、水行政主管部门负责人。

（三）通报批评。对于社会影响较大、性质恶劣的重大问题，由监督检查组织部门在一定范围内进行通报批评。

河湖管理监督检查发现问题责任追究分类见附件2、附件3。

第二十六条　被检查地方按照管理权限依法依规对涉河湖违法违规单位、组织和个人进行行政处罚，并追究责任。追究违法违规单位和组织的领导责任人、直接责任人的责任主要包括通报批评、停职、调整岗位、党纪政纪处分或解除劳动合同等。

针对河湖重大问题多、问题整改不力或整改不到位、较严重及以上问题反复出现的，监督检查组织部门或监督检查单位建议有关地方按照管理权限依法依规追究相关河长湖长，河长制办公室、有关行业主管部门、管理单位及其工作人员的管理责任。

第二十七条　受到警示约谈、通报批评的，由监督检查组织部门在其官方网站或微信公众号公示不少于1个月。

第二十八条　监督检查人员有违规违纪行为的，按照有关规定予以处理。

第六章　附　则

第二十九条　各地可结合本地实际，制定河湖管理监督检查的具体办法或实施细则。

第三十条　本办法由水利部负责解释。

第三十一条　本办法自印发之日起实施。

（附件略）

水利工程建设质量与安全生产监督检查办法(试行)

(施行日期:2019年5月6日)

第一章　总　则

第一条　为落实水利工程建设质量、安全生产管理责任,根据《中华人民共和国安全生产法》、《建设工程质量管理条例》、《建设工程安全生产管理条例》等法律、法规、规章,制定本办法。

第二条　本办法适用于水利工程建设质量与安全生产的监督检查、问题认定和责任追究。

本办法所称水利工程,是指由国家投资、中央和地方共同投资、地方投资以及其他投资方式兴建的防洪、除涝、灌溉、水力发电、供水、围垦、采用工程措施的水土保持等(包括新建、续建、改建、扩建、加固、修复)工程建设项目。

第三条　本办法所称质量管理是指建设、勘察设计、监理、施工、质量检测等参建单位按照法律、法规、规章、技术标准和设计文件开展的质量策划、质量控制、质量保证、质量服务和质量改进等工作。

本办法所称安全生产管理是指建设、勘察设计、监理、施工、质量检测等参建单位按照法律、法规、规章、技术标准和设计文件开展安全策划、安全预防、安全治理、安全改善、安全保障等工作。

质量与安全生产管理职责是指各参建单位履行质量、安全生产管理应承担的责任和义务。

第四条　本办法所称水利工程建设质量、安全生产问题,包括质量管理违规行为、安全生产管理违规行为、质量缺陷。

水利工程质量与生产安全事故的分类、报告、调查、处理、处罚等工作按照《水利工程质量事故处理暂行规定》和《生产安全事故报告和调查处理条例》执行。

第五条　水利工程项目法人(建设单位)、勘察设计、监理、施工、质量检测等参建单位是质量、安全生产问题的责任单位。

项目法人(建设单位)对工程建设质量、安全生产管理负总责,其他参建单位作为责任主体,依照法律、法规、规章和合同对水利工程建设质量、安全生产管理负责。

第六条　水利部、各流域管理机构、县级以上地方人民政府水行政主管部门是水利工程建设质量、安全生产监督检查单位。

水利部对全国的水利工程建设质量、安全生产实施统一监督管理,指导各级地方水行政主管部门的质量与安全生产管理工作,负责组织对质量、安全生产问题进行监督检查、问题认定和责任追究。

县级以上地方人民政府水行政主管部门对本行政区域内有管辖权的水利工程建设质量与安全生产实施监督管理，负责组织对质量、安全生产问题进行监督检查、问题认定和责任追究。

各流域管理机构对本流域内有管辖权的水利工程建设质量、安全生产实施监督管理，指导地方水行政主管部门的质量与安全生产管理工作，负责组织对质量、安全生产问题进行监督检查、问题认定和责任追究。

第二章　问题分类

第七条　质量、安全生产管理违规行为是指水利工程建设参建单位及其人员违反法律、法规、规章、技术标准、设计文件和合同要求的各类行为。

第八条　质量管理违规行为分为一般质量管理违规行为、较重质量管理违规行为、严重质量管理违规行为。

安全生产管理违规行为分为一般安全生产管理违规行为、较重安全生产管理违规行为、严重安全生产管理违规行为。

质量管理违规行为分类标准见附件1，安全生产管理违规行为分类标准见附件2。

第九条　质量缺陷是指未能及时对不符合技术标准和设计要求的工程实体质量进行处理的质量问题，或者是经过处理后不影响工程正常使用和工程合理使用年限的质量问题。

第十条　质量缺陷分为一般质量缺陷、较重质量缺陷、严重质量缺陷。

质量缺陷分类标准见附件3。

第三章　问题认定

第十一条　对检查中发现的质量、安全生产管理违规行为，按照质量管理违规行为、安全生产管理违规行为分类标准进行问题认定。

第十二条　对检查中发现的质量缺陷，按照质量缺陷分类标准进行问题认定。

第十三条　对需要进行质量问题鉴定的质量缺陷，委托有关单位开展常规鉴定或权威鉴定。

常规鉴定是指项目法人或现场监督检查组利用快速检测手段进行检测，或委托有资质的检测单位对质量缺陷进行检测，认定问题性质。

权威鉴定是指水利部、流域管理机构、省级地方人民政府水行政主管部门等监督检查单位委托工程建设专业领域甲级资质的检测单位，对可能造成质量事故的质量缺陷进行检测，认定问题性质。

第十四条　各级监督检查单位对检查现场发现的质量、生产安全事故进行初步调查，督促建设及有关单位及时履行事故报告、处理程序。

第十五条　监督检查单位在对质量、安全生产问题进行责任认定时，应听取被检查单位的陈述和申辩，对其提出的理由和证据予以复核。

第四章　责任追究

第十六条　水利部按照“一省一单”或“一项一单”的方式，对有关质量、安全生产问题责任单位印发整改通知并对项目法人（建设单位）、勘察设计、监理、施工、质量检测等参建单位实施责任追究；按年度汇总分析责任追究结果，对流域管理机构、各级地方人民政府水行政主管部门实施行政管理责任追究。

第十七条　对责任单位的责任追究方式分为：

（一）责令整改。责令责任单位限期整改质量、安全生产问题。

（二）约谈。就责任单位的质量、安全生产问题约谈责任单位负责人，要求其限期整改。

（三）停工整改。责成项目法人（建设单位）、监理机构依据《建设工程安全生产管理条例》《水利工程建设项目施工监理规范》等对责任单位承担的水利工程项目责令其停工整改。

（四）经济责任。对责任单位依法处以罚款，或者责成项目法人（建设单位）对责任单位依据合同追究责任单位违约责任。

（五）通报批评。就责任单位的质量、安全生产问题在水利系统通报批评。

（六）建议解除合同。按照工程隶属关系，向项目主管部门或者项目法人出具解除合同建议书。视具体情节，建议书可以规定不长于90天的观察期，观察期内完成整改的，建议书终止执行。

（七）降低资质。依照《建设工程质量管理条例》、《建设工程安全生产管理条例》规定，提请资质审批机关对有关责任单位降低资质等级，情节严重的，吊销资质证书。

（八）相关法律、法规、规章规定的其他责任追究方式。

第十八条　根据发生质量管理违规行为、安全生产管理违规行为、质量缺陷的数量、类别等，对责任单位采用本办法第十七条中的一项或多项措施实施责任追究。

质量与安全生产问题责任单位责任追究标准见附件4。

第十九条　对被水利部实施责任追究的单位存在的质量、安全生产问题，责成或建议建设项目上级行政主管部门或项目法人（建设单位）对直接责任人和领导责任人实施责任追究。

本办法所称直接责任人是指被责任追究单位负责质量、安全生产管理的具体人员；领导责任人包括：被责任追究单位主要负责人、分管负责人，项目法人（建设单位）分管负责人、质量与安全生产管理部门负责人等。

质量与安全生产问题责任人的责任追究标准见附件5。

第二十条　对违反《建设工程质量管理条例》、《建设工程勘察设计管理条例》、《建设工程安全生产管理条例》规定且造成后果的特别严重问题，按照相关法律、法规规定进行处罚。

第二十一条　一年内，水利部对流域管理机构、各级地方人民政府水行政主管部门在其管辖范围内存在多家责任单位被实施责任追究的，追究其行政管理责任。

同一个建设项目的勘察设计、监理、施工、质量检测等参建单位，按照本办法第十七条、十八条规定被水利部实施通报批评(含)以上责任追究的,其项目法人(建设单位)也应被实施主体责任追究。

对管辖范围内水利工程建设质量、安全生产管理混乱,质量、安全生产管理失职的水行政管理负责人和项目法人负责人,责成或建议上级行政主管部门给予其行政处分。

行政管理责任追究和主体责任追究标准见附件6。

第二十二条　有下列情况之一的,予以从重一级责任追究:

(一)对危及工程结构、运行安全等严重隐患未采取措施或措施不当的;

(二)隐瞒质量、安全生产问题的;

(三)拒不整改质量、安全生产问题的;

(四)一年内被责任追究三次及以上的;

(五)其他依法依规应予以从重责任追究的。

第二十三条　责任单位主动自查自纠质量、安全生产问题或有其他依规应予以减轻或免于责任追究情况的,予以减轻或免于责任追究。

第二十四条　对责任单位予以从重、减轻或免于责任追究时,应提供客观、准确并经核实的文件、记录、图片或声像等相关资料。

第二十五条　水利部可责成或建议流域管理机构、县级以上人民政府水行政主管部门、项目法人(建设单位)按照法律法规规定和合同约定督促有关责任单位和责任人履行合同义务。

第二十六条　对项目法人(建设单位)、勘察设计、监理、施工、质量检测等责任单位的责任追究,依据有关规定由相关部门及时记入水利工程建设信用档案;由水利部实施通报批评(含)以上的责任追究,在全国水利建设市场监管服务平台公示6个月。

第五章　附　则

第二十七条　水利部、各流域管理机构、县级以上人民政府水行政主管部门监督检查发现的问题,项目法人(建设单位)应按要求组织限期整改,并及时报告整改情况。

第二十八条　按照本办法第十七条、十八条规定被水利部实施通报批评(含)以上责任追究的责任单位,不得参加当年质量、安全生产管理先进单位评审。

第二十九条　县级以上地方人民政府水行政主管部门参照本办法执行。

第三十条　本办法自印发之日起施行。

(附件略)

小型水库安全运行监督检查办法(试行)

(施行日期:2019年4月15日)

第一条　为加强小型水库工程运行监管,落实安全运行责任,根据《水库大坝安全管理条例》《小型水库安全管理办法》《关于深化小型水利工程管理体制改革的指导意见》《水利工程运行管理监督检查办法(试行)》和《关于落实水库安全度汛应急抢护措施的通知》等有关法律、法规、规章、政策文件和技术标准,制定本办法。

第二条　本办法适用于水利部组织的小型水库工程安全运行监督检查,各级水行政主管部门可参照执行。

第三条　水利部、各流域管理机构是小型水库工程安全运行的监督检查单位,负责监督检查、问题认定和责任追究。

第四条　各级地方人民政府按照职责划分对管辖范围内小型水库安全运行负总责,组织、监督和指导小型水库"三个责任人"(安全度汛行政责任人、抢险技术责任人、值守巡查责任人,下同)、"三个重点环节"[监测预报预警通信措施、调度(运用)方案、安全管理(防汛)应急预案,下同]和工程安全运行问题整改等工作的落实。

第五条　小型水库主管部门(或业主)、产权所有者和管理单位负责所属水库的安全管理、运行和维护,具体落实抢险技术责任人、值守巡查责任人和"三个重点环节",严格履行各项职责,保证水库安全和效益发挥;小型水库管理单位是所属水库安全运行问题的第一责任人,承担对安全运行问题进行自查自纠、整改销号和信息建档等工作。

第六条　对检查发现的安全运行问题按照小型水库工程安全运行问题分类标准进行认定。

安全运行问题分类标准见附件1和附件2。

第七条　小型水库管理单位应对所属工程开展定期排查与日常检查,对发现的问题要逐一登记、整改处理、建立台账、定期更新并按要求上报相关小型水库主管部门(或业主)。

定期上报并已制订整改计划的安全运行问题,在提供证明材料后,原则上不计入责任追究问题数量统计。

第八条　水利部可直接实施责任追究或责成流域管理机构、省级人民政府水行政主管部门实施责任追究,必要时可向地方人民政府提出责任追究建议,并可建议相关企、事业单位按照有关规定或合同约定实施进一步责任追究。

第九条　责任追究包括对单位责任追究和对个人责任追究。

第十条　单位包括直接责任单位和领导责任单位。

直接责任单位包括小型水库管理单位、产权所有者、水库主管部门(或业主)、工程维修养护单位等;领导责任单位包括负有领导责任的各级行政主管单位或业务主管部门。

第十一条 个人包括直接责任人和领导责任人。

直接责任人包括“三个责任人”、运行管理人员、工程维修养护单位工作人员等；领导责任人包括直接责任单位和领导责任单位的主要领导、分管领导、主管领导等。

第十二条 对责任单位的责任追究方式分为：

(一)责令整改；

(二)警示约谈；

(三)通报批评(含向省级人民政府水行政主管部门通报、水利行业内通报、向省级人民政府通报等,下同)；

(四)其他相关法律、法规、规章等规定的责任追究。

第十三条 对责任人的责任追究方式分为：

(一)责令整改；

(二)警示约谈；

(三)通报批评；

(四)建议调离岗位；

(五)建议降职或降级；

(六)建议开除或解除劳动合同；

(七)其他相关法律、法规、规章等规定的责任追究。

第十四条 根据安全运行问题的数量与类别,按责任追究标准对责任单位和责任人实施责任追究。

责任追究标准见附件 3。

第十五条 责任单位或责任人有下列情况之一,从重责任追究：

(一)对危及小型水库安全平稳运行的严重隐患未采取有效措施或措施不当；

(二)造假、隐瞒安全运行问题等恶劣行为；

(三)无特殊情况,安全运行问题未按规定时限完成整改或整改不到位；

(四)一年内,同一直接责任单位被责任追究三次(含)及以上,领导责任单位管辖范围内被责任追究三家次(含)及以上；

(五)其他依法依规应予以从重责任追究的情形。

第十六条 责任单位或责任人有下列情况之一,可予以减轻或免于责任追究：

(一)主动自查自纠安全运行问题；

(二)其他依法依规可予减轻或免于责任追究的情形。

第十七条 由水利部实施水利行业内通报(含)以上的责任追究,将按要求在“中国水利部网站”公示 6 个月。

第十八条 小型水库工程安全运行问题分类、检查、认定、责任追究和整改等工作的相关要求和程序未在本办法规定的,按照《水利工程运行管理监督检查办法(试行)》有关规定执行。

第十九条 本办法自印发之日起施行。

(附件略)

水利工程运行管理监督检查办法(试行)

(施行日期:2019年4月15日)

第一章　总　则

第一条　为加强水利工程运行监管,落实运行管理责任,确保工程安全平稳运行,根据《中华人民共和国水法》《中华人民共和国防洪法》《水利工程管理体制改革实施意见》《关于深化小型水利工程管理体制改革的指导意见》等有关法律、法规、规章、政策文件和技术标准,制定本办法。

第二条　本办法适用于水利工程运行管理的监督检查、问题认定和责任追究。

第三条　水利部、各流域管理机构、县级以上人民政府水行政主管部门是水利工程运行管理的监督检查单位,负责监督检查、问题认定和责任追究。

第四条　水利工程管理单位(以下简称水管单位,含纯公益性、准公益性和经营性水管单位)负责所属工程的管理、运行和维护,严格履行各项职责,保证工程安全和效益发挥;水管单位是水利工程运行管理问题的第一责任人,承担对问题进行自查自纠、整改销号和信息建档等工作。

水利工程主管部门(含各级地方人民政府以及水利、能源、建设、交通、农业等有关部门)对所属工程的运行安全和水管单位负有领导责任,负责对水利工程运行管理进行监督指导、组织并督促各类检查发现问题的整改落实、按要求严格履行各项职责及落实责任追究等工作。

第五条　各级水行政主管部门对管辖范围内的水利工程及运行管理问题负有行业监管责任。

第二章　问题分类

第六条　水利工程运行管理问题包括运行管理违规行为和工程缺陷。

第七条　运行管理违规行为是指有关工作人员违反或未严格执行工程运行管理有关法律、法规、规章、政策文件、技术标准和合同等各类运行管理行为。

第八条　运行管理违规行为分一般运行管理违规行为、较重运行管理违规行为、严重运行管理违规行为、特别严重运行管理违规行为。

运行管理违规行为分类标准见附件1。

第九条　工程缺陷是指因正常损耗老化、除险加固不及时、维修养护缺失或运行管理不当等造成水利工程实体、设施设备等残破、损坏或失去应有效能,影响水利工程运行或构成隐患的问题。

第十条　工程缺陷分一般工程缺陷、较重工程缺陷、严重工程缺陷。

工程缺陷分类标准见附件 2。

第三章　问题认定与责任追究

第十一条　对检查发现的运行管理问题按照运行管理违规行为分类标准和工程缺陷分类标准进行认定。

第十二条　对运行管理问题进行认定时，被检查单位可现场或在 48 小时内提供相关材料进行陈述、申辩，各监督检查单位应听取被检查单位的陈述、申辩，对其提出的理由和材料予以复核。

第十三条　水管单位应对所属工程开展定期排查与日常检查，对发现的问题逐一登记、整改处理、建立台账、定期更新并按要求上报相关主管部门。

定期上报并已制订整改计划的运行管理问题，在提供证明材料后，原则上不计入问题数量统计。

第十四条　水利部可直接实施责任追究或责成流域管理机构、省级人民政府水行政主管部门实施责任追究，必要时可向地方人民政府提出责任追究建议，并可建议相关企业、事业单位按照有关规定或合同约定实施进一步责任追究。

第十五条　责任追究包括对单位责任追究和对个人责任追究。

单位包括直接责任单位和领导责任单位，其中直接责任单位包括水管单位、工程维修养护单位等；领导责任单位包括负有领导责任的各级行政主管单位或业务主管部门。

个人包括直接责任人和领导责任人，其中直接责任人包括运行管理人员、工程维修养护单位工作人员等；领导责任人包括直接责任单位和领导责任单位的主要领导、分管领导、主管领导等。

第十六条　对责任单位的责任追究方式分为：

（一）责令整改；

（二）警示约谈；

（三）通报批评（含向省级人民政府水行政主管部门通报、水利行业内通报、向省级人民政府通报等，下同）；

（四）其他相关法律、法规、规章等规定的责任追究。

第十七条　对责任人的责任追究方式分为：

（一）责令整改；

（二）警示约谈；

（三）通报批评；

（四）建议调离岗位；

（五）建议降职或降级；

（六）建议开除或解除劳动合同；

（七）其他相关法律、法规、规章等规定的责任追究。

第十八条　根据运行管理问题的数量与类别，按责任追究标准对责任单位和责任人实施责任追究。

第十九条　责任单位或责任人有下列情况之一，从重责任追究：

（一）对危及工程安全平稳运行的严重隐患未采取有效措施或措施不当；

（二）造假、隐瞒运行管理问题等恶劣行为；

（三）举报的运行管理问题经调查属实；

（四）无特殊情况，运行管理问题未按规定时限完成整改或整改不到位；

（五）一年内，同一直接责任单位被责任追究三次（含）及以上，领导责任单位管辖范围内被责任追究三家次（含）及以上；

（六）其他依法依规应予以从重责任追究的情形。

第二十条　责任单位或责任人有下列情况之一，可予以减轻或免于责任追究：

（一）主动自查自纠运行管理问题；

（二）其他依法依规应予以减轻或免于责任追究的情形。

第二十一条　对责任单位或责任人予以从重、减轻或免于责任追究时，应提供客观、准确并经核实的文件、记录、图片或声像等相关资料。

第二十二条　由水利部实施水利行业内通报（含）以上的责任追究，将按要求在"中国水利部网站"公示6个月。

第二十三条　对水利工程运行维修养护、功能完善、除险加固等项目建设过程中出现的质量问题和合同问题，可参照《水利工程建设质量与安全生产监督检查办法（试行）》《水利工程合同监督检查办法（试行）》有关规定实施责任追究；对运行管理中出现的资金问题，可参照《水利资金监督检查办法（试行）》有关规定实施责任追究。

第四章　附　则

第二十四条　根据运行管理问题的数量与类别，水利部下发"问题整改通知"，对威胁工程安全或不立即处理可能影响工程运行和使用寿命的运行管理问题，水利部委托或责成相关主管部门实施驻点监管，跟踪问题整改落实。

第二十五条　水管单位对照"问题整改通知"要求组织整改，明确整改措施、整改时限、整改责任单位和责任人等，并按要求将整改结果上报。

第二十六条　本办法自印发之日起施行。

（附件略）

水利部安全生产领导小组工作规则

（施行日期:2018年10月11日）

为进一步加强水利安全生产工作,落实安全生产监管责任,健全安全生产工作机制,促进水利安全生产形势持续向好,依照《国务院安全生产委员会工作规则》的有关要求,根据《水利部职能配置、内设机构和人员编制规定》,特制定本规则。

一、指导思想和工作目标

以习近平新时代中国特色社会主义思想为指导,牢固树立“四个意识”,深入贯彻以人为本、安全发展理念,坚持“安全第一、预防为主、综合治理”的方针,按照综合监管与专业监管相结合、多管齐下、标本兼治的原则,采取有效措施,落实安全生产责任,健全安全规章制度,加大安全生产投入,创新管理体制机制,强化行业安全监管,构建安全生产长效机制,坚决杜绝重特大生产安全事故,进一步减少较大和一般生产安全事故,保证水利安全生产形势持续向好,为水利事业发展提供坚实保障。

二、部安全生产领导小组工作职责

（一）贯彻落实党中央、国务院关于安全生产工作的各项决策部署,并加强督查检查;

（二）分析水利行业安全生产形势,研究提出水利安全生产工作目标;

（三）研究制定水利安全生产规章制度;

（四）审定年度安全生产工作要点和任务分工;

（五）解决水利安全生产工作中的重大问题;

（六）依法指导和组织协调水利重特大生产安全事故调查处理和应急救援工作;

（七）完成国务院安全生产委员会交办的有关工作。

三、部安全生产领导小组办公室工作职责

（一）研究提出水利安全生产年度工作要点和任务分工方案,并跟踪督促落实;

（二）综合汇总、通报报告水利安全生产形势,开展水利安全生产重大方针政策和重要措施研究,拟订安全生产监管相关制度、规范;

（三）监督检查、指导水利行业安全生产和职业健康工作,督促检查和组织协调水利部有关司局和直属单位涉及安全生产的相关工作;

（四）组织水利行业安全生产综合性监督检查和开展水利安全生产宣传教育培训工作;

（五）承办部安全生产领导小组召开的会议和重要活动,检查督促安全生产领导小组决定事项的贯彻落实;

（六）承办部安全生产领导小组交办的其他事项。

四、部安全生产领导小组各成员单位职责分工

按照管行业必须管安全、管业务必须管安全、管生产经营必须管安全和谁主管谁负责的原则，部安全生产领导小组成员单位安全生产工作的主要职责分工如下：

（一）办公厅：指导协调水利行业安全生产的宣传工作；按要求向国务院报告水利重特大生产安全事故信息。

（二）规划计划司：指导国家重大水利工程项目、部直属基建项目前期工作中有关安全生产建设内容的编制工作。

（三）政策法规司：指导协调水利安全生产法律法规、规章制度的制修订工作，指导水利行业安全生产执法工作。

（四）财务司：负责部机关和部直属单位安全生产工作经费保障工作，监督检查经费使用情况。

（五）人事司：组织指导部直属单位职工劳动保护；指导督促部直属单位落实因工（公）伤残抚恤有关政策；指导安全生产教育培训工作。

（六）水资源管理司：指导水资源管理、保护中的安全生产工作，指导河湖水生态保护与修复以及水系连通项目安全生产工作。

（七）全国节约用水办公室：指导城市污水处理回用等非常规水源开发利用的安全生产工作。

（八）水利工程建设司：指导水利工程建设安全生产工作，指导大江大河干堤、重要病险水库、重要水闸除险加固工作，组织指导水利工程蓄水安全鉴定和验收。

（九）运行管理司：指导水库、堤防、水闸等水利工程运行的安全管理工作。

（十）河湖管理司：指导水域岸线管理和保护中的安全生产有关工作，监督管理河道采砂工作。

（十一）水土保持司：指导水土保持工程建设安全生产工作；指导和监督淤地坝工程建设安全生产管理。

（十二）农村水利水电司：指导大中型灌排工程建设与改造安全生产工作，指导农村饮水安全工程建设管理安全生产工作，指导农村水电站及其水库大坝的安全监督工作。

（十三）水库移民司：指导水利工程移民管理和后期扶持中的安全生产工作。

（十四）监督司：指导水利行业安全生产工作；组织拟订水利安全生产的政策、法规、规章和技术标准并组织实施；组织开展水利行业综合性安全生产监督检查；组织实施水利工程安全监督；组织开展水利安全生产宣传教育培训工作；依法组织或参与重特大生产安全事故的调查处理。

（十五）水旱灾害防御司：负责防御洪水、抗御旱灾安全生产工作。

（十六）水文司：指导全国水文安全生产工作。

（十七）三峡工程管理司：指导监督三峡工程运行安全生产工作。

（十八）南水北调工程管理司：指导监督南水北调工程运行安全生产工作。

（十九）调水管理司：指导跨区域、跨流域调水工程调度的安全生产工作。

（二十）国际合作与科技司：归口管理水利安全生产技术标准并监督实施；负责水利安全生产科技项目组织和科技成果管理工作，指导水利安全生产技术推广工作；指导水利科研单位安全生产工作。

（二十一）机关党委：指导直属机关工会对安全生产的监督工作。

（二十二）综合事业局：指导水利机电产品安全管理工作，负责所属单位安全生产管理工作。

（二十三）机关服务局：负责部机关消防、交通安全工作，指导和监督检查在京直属单位消防、交通安全工作。

（二十四）水利水电规划设计总院：承担部委托涉及劳动安全的技术标准的编制，承担由部委托审查项目的劳动安全与工业卫生篇章的技术审查，负责所属单位安全生产管理工作。

（二十五）中国水利水电科学研究院：负责所属单位安全生产管理工作。

（二十六）水利部建设管理与质量安全中心：承担有关水利工程建设项目安全生产监督的具体工作，参与水利工程建设安全生产和水库、水电站大坝等水工程安全的监督检查，承担水利水电工程施工企业有关管理人员考核具体工作。

（二十七）中国水利水电出版社：负责所属单位安全生产管理工作。

（二十八）南水北调中线干线工程建设管理局：负责南水北调中线干线工程的安全生产管理工作。

（二十九）南水北调东线总公司：负责做好南水北调东线工程运行管理工作，对工程运行安全管理工作进行监督检查。

水利水电工程施工企业主要负责人、项目负责人和专职安全生产管理人员安全生产考核管理办法

（施行日期:2019 年 5 月 9 日）

第一章　总　则

第一条　为规范水利水电工程施工企业主要负责人、项目负责人和专职安全生产管理人员的安全生产考核管理,保障水利水电工程施工安全,根据《中华人民共和国安全生产法》、《安全生产许可证条例》、《水利工程建设安全生产管理规定》,制定本办法。

第二条　在中华人民共和国境内从事水利水电工程施工活动的施工企业管理人员以及实施水利水电工程施工企业管理人员安全生产考核管理的,必须遵守本规定。

第三条　本办法所称企业主要负责人,是指对本企业日常生产经营活动和安全生产工作全面负责、有生产经营决策权的人员,包括企业法定代表人、经理、企业分管安全生产工作副经理等。

项目负责人,是指由企业法定代表人授权,负责水利水电工程项目施工管理的负责人。

专职安全生产管理人员,是指在企业专职从事安全生产管理工作的人员,包括企业安全生产管理机构的负责人及其工作人员和施工现场专职安全员。

企业主要负责人、项目负责人和专职安全生产管理人员以下统称为“安全生产管理三类人员”。

第四条　安全生产管理三类人员安全生产考核实行分类考核。

企业主要负责人、项目负责人不得同时参加专职安全生产管理人员安全生产考核。

第五条　考核分为安全管理能力考核（以下简称“能力考核”）和安全生产知识考试（以下简称“知识考试”）两部分。

能力考核是对申请人与所从事水利水电工程活动相应的文化程度、工作经历、业绩等资格的审核。

知识考试是对申请人具备法律法规、安全生产管理、安全生产技术知识情况的测试。

第六条　安全生产管理三类人员必须经过水行政主管部门组织的能力考核和知识考试,考核合格后,取得《安全生产考核合格证书》（以下简称“考核合格证书”）,方可参与水利水电工程投标,从事施工活动。

考核合格证书在全国水利水电工程建设领域适用。

第二章　考核管理

第七条　安全生产管理三类人员考核按照统一规划、分级管理的原则实施。

水利部负责全国水利水电工程施工企业管理人员的安全生产考核工作的统一管理，并负责全国水利水电工程施工总承包一级(含一级)以上资质、专业承包一级资质施工企业以及水利部直属施工企业的安全生产管理三类人员的考核。

省级水行政主管部门负责本行政区域内水利水电工程施工总承包二级(含二级)以下资质以及专业承包二级(含二级)以下资质施工企业的安全生产管理三类人员的考核。

第八条　水利部和省级水行政主管部门应建立水利水电工程施工企业安全生产管理三类人员安全生产考核管理制度，并向社会公布安全生产管理三类人员的考核情况。

水利部建立"水利水电工程施工企业安全生产管理人员信息管理系统"(以下简称"管理系统")，用于水利部负责考核的安全生产管理三类人员的申请受理、培训考试、岗位登记、考核审查、信息查询和系统管理等。水利部负责考核的企业须登录"管理系统"，在线填报相关信息。

各省(自治区、直辖市)可参照水利部安全生产管理三类人员"管理系统"，建立本行政区域的安全生产管理三类人员安全生产考核管理系统。

第九条　安全生产管理三类人员考核申请、证书延期与变更等事项由施工企业统一组织申报，具有管辖权限的水行政主管部门不接受个人申请。施工企业对申请材料的真实性负责。

第十条　施工企业申请考核，应向水行政主管部门提交以下信息材料：

(一)企业出具的申请函；

(二)企业施工资质证书复印件；

(三)个人考核申请表及考核申请汇总表(见附录1、附录2)；

(四)企业聘用劳动合同复印件或劳动人事部门出具的劳动人事关系证明；

(五)申请人的有效身份证件及学历证书或职称证书等复印件，并附申请人1寸免冠彩色正面照片1张。

第十一条　能力考核应包括以下内容：

(一)具有完全民事行为能力，身体健康。

(二)与申报企业有正式劳动关系。

(三)项目负责人，年龄不超过65周岁；专职安全生产管理人员，年龄不超过60周岁。

(四)申请人的学历、职称和工作经历应分别满足以下要求：

1. 企业主要负责人：法定代表人应满足水利水电工程承包企业资质等级标准的要求。除法定代表人之外的其他企业主要负责人，应具有大专及以上学历或中级及以上技术职称，且具有3年及以上的水利水电工程建设经历；

2. 项目负责人，应具有大专及以上学历或中级及以上技术职称，且具有3年及以上的水利水电工程建设经历；

3. 专职安全生产管理人员，应具有中专或同等学历且具有3年及以上的水利水电工程建设经历,或大专及以上学历且具有2年及以上的水利水电工程建设经历。

(五)在申请考核之日前1年内,申请人没有在一般及以上等级安全责任事故中负有责任的记录。

(六)符合国家有关法律法规规定的要求。

能力考核通过后,方可参加知识考试。

第十二条　对于申请材料不齐或者不符合申报要求的,水行政主管部门应告知申报企业予以补充。未补充或补充后仍不符合要求的,将不予受理。

第十三条　知识考试由有考核管辖权的水行政主管部门或其委托的有关机构具体组织。知识考试采取闭卷形式,考试时间180分钟。

第十四条　申请人知识考试合格,经公示后无异议的,由相应水行政主管部门(以下简称“发证机关”)按照考核管理权限在20日内核发考核合格证书。考核合格证书有效期为3年。

第十五条　考核合格证书有效期满后,可申请2次延期,每次延期期限为3年。施工企业应于有效期截止日前5个月内,向原发证机关提出延期申请。有效期满而未申请延期的考核合格证书自动失效。

考核合格证书失效或已经过2次延期的,需重新参加原发证机关组织的考核。

第十六条　安全生产管理三类人员在考核合格证书的每一个有效期内,应当至少参加一次由原发证机关组织的、不低于8个学时的安全生产继续教育。发证机关应及时对安全生产继续教育情况进行建档、备案。

第十七条　申请考核合格证书延期的,由施工企业向发证机关提交以下材料:

(一)企业出具的延期申请函;

(二)个人延期申请表及延期申请汇总表(见附录3、附录4);

(三)个人参加企业组织的年度安全生产教育培训证明和发证机关组织的安全生产继续教育证明;

(四)原考核合格证书;

(五)考核合格证书有效期内,企业如发生过生产安全责任事故,提供有关部门出具的事故认定报告或者处罚、通报文件等。

第十八条　在考核合格证书有效期内,安全生产管理三类人员有下列情况之一的,不予延期:

(一)本人受到水利部或省级水行政主管部门及各级安全监管行政主管部门处罚或者通报批评的;

(二)未参加本企业组织的年度安全生产教育培训或未参加原发证机关组织的安全生产继续教育的;

(三)项目负责人年满65周岁的,专职安全生产管理人员年满60周岁的。

第十九条　安全生产管理三类人员因所在施工企业名称、施工企业资质、个人信息改变等原因需要更换证书或补办证书的,应由所在企业向发证机关提出考核合格证书变更申请。

(一)施工企业名称变更

因施工企业名称变更需要更换证书的,应向发证机关提交以下材料:

1. 企业出具的变更申请函和变更申请表(见附录5);

2. 企业上级主管部门关于企业名称变更的批复文件或者工商行政管理部门出具的变更核准通知书等相关证明材料复印件;

3. 企业新的施工资质证书复印件;

4. 原考核合格证书。

(二)施工企业资质变更

施工企业资质等级变更需要更换证书的,应向发证机关提交以下材料:

1. 企业出具的变更申请函和变更申请表(见附录5);

2. 施工企业资质变更的有效证明文件复印件;

3. 原考核合格证书。

(三)个人信息变更

个人信息变更需要更换证书的,应向发证机关提交以下材料:

1. 企业出具的变更申请函和变更申请表(见附录5);

2. 变更信息的有效证明文件复印件;

3. 原考核合格证书。

(四)个人工作单位调动

个人工作单位调动需要更换证书的,应向发证机关提交以下材料:

1. 新企业出具的变更申请函和变更申请表(见附录5、附录6);

2. 原企业解聘证明文件、新企业聘用或者任用证明文件等复印件;

3. 原考核合格证书。

(五)考核合格证书污损

考核合格证书污损需要更换证书的,应向发证机关提交以下材料:

1. 企业出具的污损补办申请函和变更申请表(见附录5);

2. 原考核合格证书。

(六)考核合格证书遗失

考核合格证书遗失需要补办证书的,应向发证机关提交以下材料:

1. 企业出具的遗失补办申请函和变更申请表(见附录5);

2. 水利部负责考核的安全生产管理三类人员,应由申请人所在企业通过"管理系统"在水利安全监督网上登载遗失作废声明;省级水行政主管部门负责考核的安全生产管理三类人员,申请人应在省级媒体上登载遗失作废声明。

第三章 证书管理

第二十条 考核合格证书采用建设行政主管部门规定的统一样式。考核合格证书加盖发证机关公章及专用钢印。

第二十一条 考核合格证书采用统一的编号规则。

水利部颁发的考核合格证书编号规则为:水安+管理类别代号+证书颁发年份+证书

颁发当年5位流水次序号。

省级水行政主管部门颁发的考核合格证书编号规则为:省(自治区、直辖市)简称+水安+管理类别代号+证书颁发年份+证书颁发当年5位流水次序号。

其中,管理类别代号分为A(企业主要负责人)、B(项目负责人)、C(专职安全生产管理人员)三类。

第二十二条 经审核准予延期的,由原发证机关在考核合格证书上加盖公章。

第二十三条 因信息变更和证书污损换发的考核合格证书,有效期不变,证书编号不变,原证书收回。因遗失补发的考核合格证书编号更新,其他信息不变。

第二十四条 施工企业应当加强项目负责人及专职安全生产管理人员的上岗登记和离岗核销管理。

对由水利部负责考核的施工企业,工程开工前,施工企业应当在“管理系统”中将参与工程建设的项目负责人及专职安全生产管理人员进行上岗登记。工程结束后或上述两类人员离岗时,应在“管理系统”中进行评价并核销。从业记录将作为考核合格证书延期审查的依据。

第二十五条 水利部和省级水行政主管部门应当加强对建设项目安全生产管理三类人员岗位登记情况以及履行安全管理职责情况的监督检查,做好安全生产管理三类人员的违法违规行为或者受到其他处罚的信息管理和公开工作。

任何单位或个人均有权举报安全生产管理三类人员违法违规行为。

第二十六条 有下列情形之一的,发证机关应及时收回证书并重新考核:

(一)企业主要负责人所在企业发生1起及以上重大、特大等级生产安全事故或2起及以上较大生产安全事故,且本人负有责任的;

(二)项目负责人所在工程项目发生过1起及以上一般及以上等级生产安全事故,且本人负有责任的;

(三)专职安全管理人员所在工程项目发生过1起及以上一般及以上等级生产安全事故,且本人负有责任的。

第二十七条 在施工各项活动中伪造、仿冒安全生产合格证书的,发证机关应吊销安全生产合格证书,2年内不得重考,构成犯罪的,依照有关规定追究其法律责任。

第四章 附 则

第二十八条 各省级水行政主管部门可根据本办法结合本地实际制定实施细则。

第二十九条 各省级水行政主管部门应在每年12月31日前向水利部报告本行政区域内安全生产管理三类人员考核、培训情况,安全生产管理三类人员的违法违规行为或者受到其他处罚的情况等。

第三十条 本办法由水利部负责解释。本办法自发布之日起施行。水利部《关于印发〈水利水电工程施工企业主要负责人、项目负责人和专职安全生产管理人员安全生产考核管理暂行规定〉的通知》(水建管〔2004〕168号)及水利部办公厅《关于做好水利水电工程施工企业主要负责人、项目负责人和专职安全生产管理人员安全生产考核合格证书有效期满延期工作的通知》(办建管〔2007〕77号)同时废止。

(附录略)

重大水利工程建设安全生产巡查工作制度

（施行日期:2016年6月14日）

为全面加强重大水利工程建设安全生产管理工作，确保工程建设生产安全，根据《安全生产法》、《建设工程安全生产管理条例》（国务院令第393号）和《水利工程建设安全生产管理规定》（水利部令第26号），依据国务院安委会安全生产巡查精神，制定本工作制度。

一、巡查目标

坚持"安全第一、预防为主、综合治理"的方针，按照谁主管、谁负责的原则，督促水行政主管部门和工程参建单位严格落实安全生产责任，切实加强安全防范措施，不断提高安全生产管理水平，全面防范生产安全事故发生，确保重大水利工程建设顺利实施。

二、巡查组织

按照分级负责的原则，组织巡查工作。水利部负责组织实施由部批准初步设计的全国重大水利工程和部直属工程（打捆项目、地下水监测和小基建项目除外）建设安全生产巡查工作，其他重大水利工程建设安全生产巡查工作由省级水行政主管部门负责组织实施。

水利部建设管理与质量安全中心和水利部所属流域管理机构配合水利部开展安全生产巡查工作。巡查组织单位应保障巡查工作经费。水利部和省级水行政主管部门应根据重大水利工程建设进展情况，制定年度安全生产巡查工作计划，有针对性地开展巡查工作。原则上，水利部每年开展2轮巡查工作。每轮组织若干个巡查组，巡查组实行组长负责制，对巡查工作质量负责。组长由司局级干部担任，组员由有关工作人员和安全生产专家组成。省级水行政主管部门可结合实际制订重大水利工程巡查工作制度实施细则，负责组织实施本行政区域内重大水利工程建设安全生产巡查工作。省级水行政主管部门可采取直接巡查和委托市县水行政主管部门巡查的方式，做到本行政区域内重大水利工程建设安全生产巡查年度全覆盖。

三、巡查内容

巡查工作主要内容为巡查水行政主管部门重大水利工程建设安全生产监督管理履职情况，并根据工程建设进展情况，选取在建重大水利工程进行巡查。

（一）对水行政主管部门安全生产监督管理工作巡查内容

（1）贯彻落实水利部关于重大水利工程建设安全生产决策部署情况；

（2）重大水利工程建设安全生产监督责任体系建立情况；

(3)重大水利工程建设安全生产监督工作机制建立情况,监管机构、人员落实情况;

(4)重大水利工程建设安全生产工作巡查落实情况;

(5)重大水利工程建设生产安全事故重大隐患治理督办制度建立及落实情况,监督检查中发现隐患及问题的整改落实情况;

(6)重大水利工程建设“打非治违”、专项整治、安全风险辨识、重大危险源管控等情况;

(7)推动水利安全生产标准化建设情况;

(8)其他需要巡查的内容。

(二)对项目法人安全生产工作巡查内容

(1)安全生产管理制度建立情况;

(2)安全生产管理机构设立及人员配置情况;

(3)安全生产责任制建立及落实情况;

(4)安全生产例会制度、安全生产检查制度、教育培训制度、职业卫生制度、事故报告制度等执行情况;

(5)安全生产措施方案的制定、备案与执行情况;

(6)危险性较大单项工程、拆除爆破工程施工方案的审核及备案情况;

(7)工程度汛方案和超标准洪水应急预案的制定、批准或备案、落实情况;

(8)施工单位安全生产许可证、安全生产“三类人员”和特种作业人员持证上岗等核查情况;

(9)安全生产措施费用落实及管理情况;

(10)安全生产应急处置能力建设情况;

(11)事故隐患排查治理、重大危险源辨识管控等情况;

(12)开展水利安全生产标准化建设情况;

(13)其他需要巡查的内容。

(三)对勘察(测)设计单位安全生产工作巡查内容

(1)安全生产措施费用计列情况;

(2)设计交底涉及安全生产的情况;

(3)对工程重点部位和关键环节防范生产安全事故的指导意见或建议;

(4)新结构、新材料、新工艺及特殊结构防范生产安全事故措施建议;

(5)其他需要巡查的内容。

(四)对建设监理单位安全生产工作巡查内容

(1)安全生产管理制度建立情况;

(2)安全生产责任制落实情况;

(3)监理例会制度、教育培训制度、事故报告制度等执行情况;

(4)施工组织设计中的安全技术措施及专项施工方案审查和监督落实情况;

(5)监理大纲、监理规划、监理细则中有关安全生产措施执行情况;

(6)监理巡视检查记录和对历次检查发现隐患整改落实的督促情况;

(7)其他需要巡查的内容。

(五)对施工单位安全生产工作巡查内容

(1)安全生产管理制度建立情况；

(2)安全生产许可证的有效性；

(3)安全生产管理机构设立及人员配置情况；

(4)安全生产责任制落实情况；

(5)安全生产例会制度、安全生产检查制度、教育培训制度、职业卫生制度、事故报告制度等执行情况；

(6)安全生产有关操作规程制定及执行情况；

(7)施工组织设计中的安全技术措施及专项施工方案制定和审查情况；

(8)安全施工交底情况；

(9)安全生产“三类人员”和特种作业人员持证上岗情况；

(10)安全生产措施费用提取及使用情况；

(11)安全生产应急处置能力建设情况；

(12)隐患排查治理、重大危险源辨识管控等情况；

(13)其他需要巡查的内容。

(六)对施工现场安全生产工作巡查内容

(1)安全技术措施及专项施工方案落实情况；

(2)施工支护、脚手架、爆破、吊装、临时用电、安全防护设施和文明施工等情况；

(3)安全生产操作规程执行情况；

(4)安全生产“三类人员”和特种作业人员持证上岗情况；

(5)个体防护与劳动防护用品使用情况；

(6)应急预案中有关救援设备、物资落实情况；

(7)特种设备检验与维护状况；

(8)消防、防汛设施等落实及完好情况；

(9)其他需要巡查的内容。

四、巡查程序

(一)巡查组召开座谈会，听取被巡查单位安全生产工作汇报，对有关情况进行问询。

(二)巡查组查阅有关文件、档案、会议记录等资料。

(三)巡查组现场检查工程建设安全生产情况。

(四)巡查组及时向被巡查单位(工程)反馈相关巡查情况，指出问题和隐患，有针对性地提出整改意见。

(五)巡查组在巡查工作结束后7日内，向巡查组织单位报送巡查工作报告。

(六)巡查组织单位根据巡查工作报告向被巡查单位印发巡查整改工作通知，提出整改意见。巡查中发现的重大事故隐患，交由项目主管部门或上级水行政主管部门挂牌督办。

五、有关工作要求

（一）巡查工作要坚持原则、深入细致、严谨求实、客观公正。巡查人员应严格执行工作纪律，不得擅自泄露巡查检查掌握的内部资料和情况，并严守廉洁自律各项规定。

（二）被巡查单位（工程）要自觉接受巡查，积极配合，如实反映工程建设管理实际情况并认真提供巡查工作所需文件资料；对巡查发现的隐患和问题，立即组织整改，并按要求将整改情况及时报送巡查组织单位和有关部门。

（三）项目主管部门或上级水行政主管部门应认真组织做好巡查发现的重大事故隐患挂牌督办工作。对于隐患排除前或排除过程中无法保证安全的，项目主管部门或上级水行政主管部门应责令从危险区域内撤出作业人员、暂时停工或停止使用相关设施设备等。

（四）项目法人应及时将巡查时间、巡查组别以及发现的隐患和问题、整改进展情况登录到水利安全生产信息上报系统。未发现隐患和问题的，应登录巡查时间和巡查组别。

（五）各级水行政主管部门对巡查发现的问题和隐患要督促整改落实，问题严重、整改不力的要依法依规追究相关单位和人员的责任。水利部对存在严重问题和整改落实不彻底、责任追究不严格的水行政主管部门、项目法人等进行重点约谈，视情进行全国通报，必要时建议省级人民政府督促整改落实。巡查整改落实情况纳入省级水行政主管部门安全生产监管工作考核成绩。有关违法违规违纪行为问题线索，移交有关部门进一步调查处理。

水利部生产安全事故应急预案

（施行日期：2016 年 12 月 21 日）

1 总 则

1.1 编制目的

规范水利部生产安全事故应急管理和应急响应程序，提高防范和应对生产安全事故的能力，最大限度减少人员伤亡和财产损失，保障人民群众生命财产安全。

1.2 编制依据

（1）《中华人民共和国突发事件应对法》（2007 年）；

（2）《中华人民共和国安全生产法》（2014 年）；

（3）《生产安全事故报告和调查处理条例》（2007 年）；

（4）《国家安全生产事故灾难应急预案》（2006 年）；

（5）《国务院安委会办公室关于进一步加强安全生产应急预案管理工作的通知》（安委办〔2015〕11 号）；

（6）《生产安全事故应急预案管理办法》（国家安全生产监督管理总局令第 88 号，2016 年）；

（7）《水利安全生产信息报告和处置规则》（水安监〔2016〕220 号）；

（8）其他有关法律、法规、部门规章和规定。

1.3 适用范围

本预案适用于以下范围内发生生产安全事故或较大涉险事故时水利部的应对工作：

（1）水利部直属单位负责的水利工程建设与运行活动；

（2）水利部直属单位生产经营和后勤保障活动、水利部机关办公及后勤保障活动；

（3）地方水利工程建设与运行活动。

1.4 工作原则

（1）以人为本，安全第一。把保障人民群众生命安全、最大程度地减少人员伤亡作为首要任务。

（2）属地为主，部门协调。按照国家有关规定，生产安全事故救援处置的领导和指挥以地方人民政府为主，水利部发挥指导、协调、督促和配合作用。

（3）分工负责，协同应对。综合监管与专业监管相结合，安全监督司负责统筹协调，各司局和单位按照业务分工负责，协同处置水利生产安全事故。

（4）专业指导，技术支撑。统筹利用行业资源，协调水利应急专家和专业救援队伍，为科学处置提供专业技术支持。

（5）预防为主，平战结合。建立健全安全风险分级管控和隐患排查治理双重预防性工作机制,坚持事故预防和应急处置相结合,加强教育培训、预测预警、预案演练和保障能力建设。

1.5 事故分级

根据现行有关规定,生产安全事故分为特别重大事故、重大事故、较大事故和一般事故 4 个等级,分级标准见附录 1。

较大涉险事故,是指发生涉险 10 人以上,或者造成 3 人以上被困或下落不明,或者需要紧急疏散 500 人以上,或者危及重要场所和设施(电站、重要水利设施、危化品库、油气田和车站、码头、港口、机场及其他人员密集场所)的事故。

1.6 预案体系

本预案与以下应急预案、应急工作方案共同构成水利部生产安全事故应急预案体系:

(1)水利部直属单位针对负责的水利工程建设与运行活动编制的生产安全事故应急预案;

(2)水利部直属单位针对生产经营和后勤保障活动编制的生产安全事故应急预案;

(3)水利部有关司局针对各自业务领域组织编制的生产安全事故专业(专项)应急工作方案。

部直属单位(工程)生产安全事故应急预案和有关司局专业(专项)应急工作方案清单见附录 2。

上述预案、工作方案以及省级水行政主管部门生产安全事故应急预案应与本预案相衔接,按照相关规定做好评审备案工作,并应及时进行动态调整修订。

有关直属单位(工程)生产安全事故应急预案、有关业务司局应急工作方案应向安全监督司备案,并应在本预案启动时相应启动。

2 风险分级管控和隐患排查治理

2.1 风险分级管控

各地、各单位应按照水利行业特点和多年工作实际,参照《企业职工伤亡事故分类》(GB 6441—86)的相关规定,分析事故风险易发领域和事故风险类型,及时对各类风险分级并加强管控。

水利部直属单位和地方水利工程的建设与运行管理单位应对重大危险源做好登记建档,实施安全风险差异化动态管理,明确落实每一处重大危险源的安全管理与监管责任,定期检测、评估、监控,制定应急预案,告知从业人员和相关人员在紧急情况下应当采取的应急措施,报备地方人民政府有关部门。

水利部有关司局、单位应加强部直属单位(工程)重大危险源监管,及时掌握和发布安全生产风险动态。

县级以上地方各级水行政主管部门应加强本行政区域内重大危险源监管,及时掌握和发布安全生产风险动态。

2.2 预警

2.2.1 发布预警

水利部直属单位对可能引发事故的险情信息应及时报告上级主管部门及当地人民政

府；地方水利工程的建设与运行管理单位对可能引发事故的险情信息应及时报告所在地水行政主管部门及当地人民政府。预警信息由地方人民政府按照有关规定发布。

2.2.2 预警行动

事故险情信息报告单位应及时组织开展应急准备工作，密切监控事故险情发展变化，加强相关重要设施设备检查和工程巡查，采取有效措施控制事态发展。

有关水利主管部门或地方人民政府应视情况制定预警行动方案，组织有关单位采取有效应急处置措施，做好应急资源调运准备。

2.2.3 预警终止

当险情得到有效控制后，由预警信息发布单位宣布解除预警。

2.3 隐患排查治理

水利部直属单位和地方水利工程的建设与运行管理单位应建立事故隐患排查治理制度，定期开展工程设施巡查监测和隐患排查，建立隐患清单；对发现的安全隐患，第一时间组织开展治理，及时消除隐患；对于情况复杂、不能立即完成治理的隐患，必须逐级落实责任部门和责任人，做好应急防护措施，制定周密方案限期消除。

安全监督司和有关业务司局应督促部直属单位消除重大事故隐患；县级以上地方各级水行政主管部门应督促生产经营单位消除重大事故隐患。

3 信息报告和先期处置

3.1 事故信息报告

3.1.1 报告方式

事故报告方式分快报和书面报告。

3.1.2 报告程序和时限

水利部直属单位(工程)或地方水利工程发生重特大事故，各单位应力争20分钟内快报、40分钟内书面报告水利部；水利部在接到事故报告后30分钟内快报、1小时内书面报告国务院总值班室。

水利部直属单位(工程)发生较大生产安全事故和有人员死亡的一般生产安全事故、地方水利工程发生较大生产安全事故，应在事故发生1小时内快报、2小时内书面报告至安全监督司。

接到国务院总值班室要求核报的信息，电话反馈时间不得超过30分钟，要求报送书面信息的，反馈时间不得超过1小时。各单位接到水利部要求核报的信息，应通过各种渠道迅速核实，按照时限要求反馈相关情况。原则上，电话反馈时间不得超过20分钟，要求报送书面信息的，反馈时间不得超过40分钟。

事故报告后出现新情况的，应按有关规定及时补报相关信息。

除上报水行政主管部门外，各单位还应按照相关法律法规将事故信息报告地方政府及其有关部门。

3.1.3 报告内容和要求

1. 快报

快报可采用电话、手机短信、微信、电子邮件等多种方式，但须通过电话确认。

快报内容应包含事故发生单位名称、地址、负责人姓名和联系方式，发生时间、具体地点，已经造成的伤亡、失踪、失联人数和损失情况，可视情况附现场照片等信息资料。

2. 书面报告

书面报告内容应包含事故发生单位概况，发生单位负责人和联系人姓名及联系方式，发生时间、地点以及事故现场情况，发生经过，已经造成伤亡、失踪、失联人数，初步估计的直接经济损失，已经采取的应对措施，事故当前状态以及其他应报告的情况。

3.1.4　报告受理

联系方式：

电话：010-63202048；传真：010-63205273；

电子邮箱：anquan@ mwr. gov. cn。

备用联系方式：

电话：010-63203069；传真：010-63203070。

安全监督司负责受理全国水利生产安全事故信息。办公厅、有关司局和单位收到有关单位报告的事故信息后，应立即告知安全监督司。

3.2　先期处置

水利部接到生产安全事故或较大涉险事故信息报告后，安全监督司和有关司局、单位应做好以下先期处置工作：

(1)安全监督司立即会同有关司局、单位核实事故情况，预判事故级别，根据事故情况及时报告部领导，提出响应建议。

(2)安全监督司及时畅通水利部与事故发生单位、有关主管部门和地方人民政府的联系渠道，及时沟通有关情况。

(3)及时收集掌握相关信息，做好信息汇总与传递，跟踪事故发展态势。

(4)对于重特大生产安全事故，安全监督司通知有关应急专家、专业救援队伍进入待命状态。

(5)其他需要开展的先期处置工作。

4　水利部直属单位(工程)生产安全事故应急响应

4.1　应急响应分级

根据水利生产安全事故级别和发展态势，将水利部应对部直属单位(工程)生产安全事故应急响应设定为一级、二级、三级三个等级。

(1)发生特别重大生产安全事故，启动一级应急响应；

(2)发生重大生产安全事故，启动二级应急响应；

(3)发生较大生产安全事故，启动三级应急响应。

水利部直属单位(工程)发生一般生产安全事故或较大涉险事故，由安全监督司会同相关业务司局、单位跟踪事故处置进展情况，通报事故处置信息。

4.2　一级应急响应

4.2.1　启动响应

判断水利部直属单位(工程)发生特别重大生产安全事故时，安全监督司报告部长和分管安全生产副部长;水利部立即召开紧急会议,通报事故基本情况,审定应急响应级别,启动一级响应,响应流程图见附录3。

4.2.2 成立应急指挥部

成立水利部生产安全事故应急指挥部(以下简称应急指挥部),领导生产安全事故的应急响应工作。应急指挥部组成:

指挥长:水利部部长

副指挥长:水利部分管安全生产的副部长和分管相关业务的副部长、事故发生地人民政府分管领导

成员:水利部安全生产领导小组成员单位主要负责人或主持工作的负责人、事故发生地相关部门负责人

指挥长因公不在国内时,按照水利部工作规则,由主持工作的副部长行使指挥长职责。

应急指挥部下设办公室,办公室设在安全监督司。应急组织体系见附录3。

4.2.3 会商研究部署

应急指挥部组织有关成员单位和地方相关部门召开会商会议,通报事故态势和现场处置情况,研究部署事故应对措施。

4.2.4 派遣现场工作组

组成现场应急工作组,立即赶赴事故现场指导协调直属单位开展应急处置工作。现场应急工作组组长由水利部部长或委托副部长担任;组员由安全监督司、相关业务司局或单位负责人、地方相关部门负责人以及专家组成。根据需要,现场应急工作组下设综合协调、技术支持、信息处理和保障服务等小组。

现场应急工作组应及时传达上级领导指示,迅速了解事故情况和现场处置情况,及时向指挥部汇报事故处置进展情况。

4.2.5 跟踪事态进展

应急指挥部办公室与地方人民政府、有关主管部门和事故发生单位等保持24小时通信畅通,接收、处理、传递事故信息和救援进展情况,定时报告事故态势和处置进展情况。

4.2.6 调配应急资源

根据需要,应急指挥部办公室统筹调配应急专家、专业救援队伍和有关物资、器材等。

4.2.7 及时发布信息

办公厅会同地方人民政府立即组织开展事故舆情分析工作,及时组织发布生产安全事故相关信息。

4.2.8 配合国务院或有关部门开展工作

国务院或国务院有关部门派出工作组指导事故处置时,现场应急工作组应主动配合做好调查工作,加强沟通衔接,及时向水利部应急指挥部报告国务院或国务院有关部门的要求和意见。

4.2.9 其他应急工作

配合有关单位或部门做好技术甄别工作等。

4.2.10 响应终止

当事故应急工作基本结束时，现场应急工作组适时提出应急响应终止的建议，报应急指挥部或分管安全生产的副部长批准后，应急响应终止。

4.3 二级应急响应

4.3.1 启动响应

判断水利部直属单位（工程）发生重大生产安全事故时，安全监督司报告部长和分管安全生产副部长；水利部立即召开紧急会议，通报事故基本情况，审定应急响应级别，启动二级响应，响应流程图见附录3。

4.3.2 成立应急指挥部

成立应急指挥部，领导生产安全事故的应急响应工作。应急指挥部组成如下：

指挥长：水利部分管安全生产的副部长或分管相关业务的副部长

副指挥长：安全监督司司长、相关业务司（局）司（局）长、事故发生地人民政府分管领导

成员：水利部安全生产领导小组成员单位主要负责人或主持工作的负责人、事故发生地相关部门负责人

应急指挥部下设办公室，办公室设在安全监督司。应急组织体系见附录3。

4.3.3 会商研究部署

应急指挥部组织有关成员单位召开会商会议，通报事故态势和现场处置情况，研究部署事故应对措施。

4.3.4 派遣现场工作组

组成现场应急工作组，立即赶赴事故现场指导协调直属单位开展应急处置工作。现场应急工作组组长由副部长或安全监督司、相关业务司（局）的司（局）长担任；组员由相关业务司（局）或单位负责人、地方相关部门负责人以及专家组成。根据需要，现场应急工作组下设综合协调、技术支持、信息处理和保障服务等小组。

现场应急工作组应及时传达上级领导指示，迅速了解事故情况和现场处置情况，及时向指挥部汇报事故处置进展情况。

4.3.5 跟踪事态进展

应急指挥部办公室与地方人民政府、有关主管部门和事故发生单位等保持通信畅通，接收、处理、传递事故信息和救援进展情况，及时报告事故态势和处置进展情况。

4.3.6 调配应急资源

根据需要，应急指挥部办公室统筹调配应急专家、专业救援队伍和有关物资、器材等。

4.3.7 及时发布信息

办公厅会同地方人民政府组织开展事故舆情分析工作，组织发布生产安全事故相关信息。

4.3.8 配合国务院或有关部门开展工作

国务院或国务院有关部门派出工作组指导事故处置时，现场应急工作组应主动配合做好调查工作，加强沟通衔接，及时向水利部应急指挥部报告应急处置工作进展情况。

4.3.9　其他应急工作

配合有关单位或部门做好技术甄别工作等。

4.3.10　响应终止

当事故应急工作基本结束时，现场应急工作组适时提出应急响应终止的建议，报应急指挥部或分管安全生产的副部长批准后，应急响应终止。

4.4　三级应急响应

4.4.1　启动响应

判断水利部直属单位（工程）发生较大生产安全事故时，安全监督司报告分管安全生产副部长；安全监督司会同有关司局、单位应急会商，通报事故基本情况，启动三级响应。

4.4.2　派遣现场工作组

组成现场应急工作组，赴事故现场指导协调直属单位开展应急处置工作。现场应急工作组组长由安全监督司、相关业务司局的司（局）长或副司（局）长担任；组员由安全监督司、相关业务司（局）或单位人员、地方相关部门人员以及专家组成。

现场应急工作组应及时传达上级领导指示，迅速了解事故情况和现场处置情况。

4.4.3　跟踪事态进展

安全监督司应及时掌握事故信息和救援进展情况。

4.4.4　其他应急工作

配合有关单位或部门做好技术甄别工作等。

4.4.5　响应终止

当事故应急工作基本结束时，现场应急工作组适时提出应急响应终止的建议，报安全监督司批准后，应急响应终止。

5　地方水利工程生产安全事故应急响应

5.1　应急响应分级

根据水利生产安全事故级别和发展态势，将水利部应对地方水利工程生产安全事故应急响应设定为一级、二级、三级三个等级。

（1）发生特别重大生产安全事故，启动一级应急响应；

（2）发生重大生产安全事故，启动二级应急响应；

（3）发生较大生产安全事故，启动三级应急响应。

地方水利工程发生一般生产安全事故或较大涉险事故，由安全监督司会同相关业务司局、单位跟踪事故处置进展情况，通报事故处置信息。

5.2　一级应急响应

5.2.1　启动响应

判断地方水利工程发生特别重大生产安全事故时，安全监督司报告部长和分管安全生产的副部长；水利部召开紧急会议，通报事故基本情况，启动一级响应，研究部署水利部应对事故措施，响应流程见附录3。

5.2.2　派遣现场工作组

组成现场应急工作组，赴事故现场协助配合地方人民政府、有关主管部门以及事故发生单位开展处置工作。现场应急工作组组长由部领导或委托安全监督司、相关业务司(局)的司(局)长担任;组员由安全监督司、相关业务司(局)或单位负责人、地方人民政府分管领导以及专家组成。根据需要,现场应急工作组下设综合协调、技术支持、信息处理和保障服务等小组。

现场应急工作组应及时传达上级领导指示,迅速了解事故情况和现场处置情况,及时向部领导汇报事故处置进展情况。

5.2.3　跟踪事态进展

安全监督司与地方人民政府、有关主管部门和事故发生单位等保持24小时通信畅通,接收、处理、传递事故信息和救援进展情况,定时报告事故态势和处置进展情况。

5.2.4　调配应急资源

根据需要,安全监督司协调水利应急专家、专业救援队伍和有关专业物资、器材等支援事故救援工作。

5.2.5　舆情分析

办公厅会同地方人民政府及时组织开展事故舆情分析工作。

5.2.6　配合国务院或有关部门开展工作

国务院或国务院有关部门派出工作组指导事故处置时,现场应急工作组应主动配合做好调查工作,加强沟通衔接,及时向水利部报告应急处置工作进展情况。

5.2.7　其他应急工作

配合有关单位或部门做好技术甄别工作等。

5.2.8　响应终止

当事故应急工作基本结束时,现场应急工作组适时提出应急响应终止的建议,报水利部批准后,应急响应终止。

5.3　二级应急响应

5.3.1　启动响应

判断地方水利工程发生重大生产安全事故时,安全监督司报告部长和分管安全生产副部长,水利部召开应急会议,通报事故基本情况,启动二级响应,响应流程见附录3。

5.3.2　派遣现场工作组

组成现场应急工作组,赴事故现场协助配合地方人民政府、有关主管部门以及事故发生单位开展处置工作。现场应急工作组组长由安全监督司、相关业务司(局)的司(局)长担任;组员由安全监督司、相关业务司(局)或单位负责人、地方相关部门负责人以及专家组成。根据需要,现场应急工作组下设综合协调、技术支持、信息处理和保障服务等小组。

现场应急工作组应及时传达上级领导指示,迅速了解事故情况和现场处置情况,及时向部领导汇报事故处置进展。

5.3.3　跟踪事态进展

安全监督司与地方人民政府、有关主管部门和事故发生单位等保持通信畅通,接收、处理、传递事故信息救援进展情况,定时报告事故态势和处置进展情况。

5.3.4　调配应急资源

根据需要,安全监督司协调水利应急专家、专业救援队伍和有关专业物资、器材等支援事故救援工作。

5.3.5　其他应急工作

配合有关单位或部门做好技术甄别工作等。

5.3.6　响应终止

当事故应急工作基本结束时，现场应急工作组适时提出应急响应终止的建议，报水利部批准后，应急响应终止。

5.4　三级应急响应

5.4.1　启动响应

判断地方水利工程发生较大生产安全事故时，安全监督司会同有关司局、单位应急会商，通报事故基本情况，启动三级响应。

5.4.2　派遣现场工作组

根据事故情况，安全监督司商有关司局、单位组成现场应急工作组，赴事故现场开展协助配合工作。现场应急工作组组长由安全监督司、相关业务司局副司（局）长担任；组员由安全监督司或相关业务司局人员、地方相关部门人员以及专家组成。

5.4.3　跟踪事态进展

安全监督司与地方人民政府、有关主管部门和事故发生单位等保持通信畅通，接收、处理事故信息和救援进展情况，及时将有关情况和水利部应对措施建议报告分管安全生产的副部长。

5.4.4　其他应急工作

配合有关单位或部门做好技术甄别工作等。

5.4.5　响应终止

当事故应急工作基本结束时，现场应急工作组适时提出应急响应终止的建议，报安全监督司批准后，应急响应终止。

6　信息公开与舆情应对

6.1　信息发布

对于直属单位（工程）发生的重特大生产安全事故，办公厅会同地方人民政府有关部门及时跟踪社会舆情态势，及时组织向社会发布有关信息。

6.2　舆情应对

办公厅、有关司局和单位会同地方人民政府，采取适当方式，及时回应生产安全事故引发的社会关切。

7　后期处置

7.1　善后处置

直属单位（工程）发生生产安全事故的，安监司会同相关司局指导直属单位做好伤残抚恤、修复重建和生产恢复工作。

地方发生生产安全事故的，按照有关法律法规规定由地方人民政府处置。

7.2 应急处置总结

安全监督司会同有关司局和单位对事故基本情况、事故信息接收处理与传递报送情况、应急处置组织与领导、应急预案执行情况、应急响应措施及实施情况、信息公开与舆情应对情况进行梳理分析,总结经验教训,提出相关建议并形成总结报告。

8 保障措施

8.1 信息与通信保障

水利部水利信息中心和有关单位应为应急响应工作提供信息畅通相关支持。相关司局和单位的工作人员在水利生产安全事故应急响应期间应保持通信畅通。

各地、各单位应保持应急期间通信畅通,在正常通信设备不能工作时,迅速抢修损坏的通信设施,启用备用应急通信设备,为本预案实施提供通信保障。

8.2 人力资源保障

安全监督司应会同建设管理与质量安全中心加强水利生产安全事故应急专家库的建设与管理工作。专家库中应包括从事科研、勘察、设计、施工、监理、安全监督等工作的技术人员,应保持与专家的及时沟通,充分发挥专家的技术支撑作用。

应充分依托和发挥所在地和水利部现有专业救援队伍的作用,加强专业救援队伍救援能力建设,做到专业过硬、作风优良、服从指挥、机动灵活。

各地、各单位应建立地方应急救援协作机制,充分发挥中国人民解放军应急救援力量的作用,为本预案实施提供人力资源保障。

8.3 应急经费保障

财务司、安全监督司根据需求安排年度应急管理经费,用于水利部应对生产安全事故、应急培训、预案宣传演练等工作。

各地、各单位应积极争取应急管理经费安排,用于应对生产安全事故、应急培训、预案宣传演练等工作。

8.4 物资与装备保障

各地、各单位应根据有关法律、法规和专项应急预案的规定,组织工程有关施工单位配备适量应急机械、设备、器材等物资装备,配齐救援物资,配好救援装备,做好生产安全事故应急救援必需保护、防护器具储备工作;建立应急物资与装备管理制度,加强应急物资与装备的日常管理。

各地、各单位生产安全事故应急预案中应包含与地方公安、消防、卫生以及其他社会资源的调度协作方案,为第一时间开展应急救援提供物资与装备保障。

9 培训与演练

9.1 预案培训

安全监督司应将本预案培训纳入安全生产培训工作计划,定期组织举办应急预案培训工作,指导各单位定期组织应急预案、应急知识、自救互救和避险逃生技能的培训活动。

9.2 预案演练

本预案应定期演练,确保相关工作人员了解应急预案内容和生产安全事故避险、自救互救知识,熟悉应急职责、应急处置程序和措施。各单位应及时对演练效果进行总结评估,查找、分析预案存在的问题并及时改进。

10 附 则

10.1 预案管理

本预案由水利部安全监督司负责解释和管理并根据实际及时进行动态调整修订。

10.2 施行日期

本预案自印发之日起施行。

(附录略)

水利部关于进一步加强水利生产安全事故隐患排查治理工作的意见

（施行日期:2017年11月27日）

部机关有关司局，部直属各单位，各省、自治区、直辖市水利（水务）厅（局），各计划单列市水利（水务）局，新疆生产建设兵团水利局：

生产安全事故隐患（以下简称事故隐患）排查治理是生产经营单位防范事故、保障安全的前提条件和核心环节，是《安全生产法》关于生产经营单位安全生产管理和行业部门监管的法定职责。加强水利行业事故隐患排查治理工作，是水利行业贯彻落实《中共中央 国务院关于推进安全生产领域改革发展的意见》的重要内容，也是建立安全生产双预防机制的基本要求。当前，水利行业事故隐患排查治理工作中仍然存在制度不健全、排查不彻底、治理不到位、管理不闭合等问题。为深入贯彻落实党中央 国务院决策部署和《安全生产法》要求，进一步规范和强化水利行业事故隐患排查治理工作，有效防范生产安全事故，现提出如下意见。

一、总体要求

坚持“安全第一、预防为主、综合治理”方针，牢固树立安全发展理念，按照有关法律法规要求，建立健全事故隐患排查治理制度，严格落实水利生产经营单位主体责任，加大事故隐患排查治理力度，全面排查和及时治理事故隐患，强化水行政主管部门监督管理职责，加强检查督导和整改督办，确保水利行业生产安全。

二、建立健全排查治理制度

水利生产经营单位应依法建立健全事故隐患排查治理制度，明确各级负责人、各部门、各岗位事故隐患排查治理职责范围和工作要求；明确事故隐患排查治理内容、工作程序、排查周期和治理方案编制要求；明确隐患信息通报、报送和台账管理等相关要求，按有关规定建立资金使用专项制度。

水利工程建设项目法人应组织有关参建单位制订项目事故隐患排查治理制度，各参建单位应在此基础上制订本单位的事故隐患排查治理制度。工程运行管理单位应根据工程运行管理工作实际，制订符合本单位特点的事故隐患排查治理制度。水文监测、勘测设计、科研实验等单位也要根据单位特点制订本单位的事故隐患排查治理制度。

地方各级水行政主管部门应当建立健全重大事故隐患治理督办制度，明确重大事故隐患督办范围、内容和程序，督促水利生产经营单位排查和消除事故隐患。

三、严格落实主体责任

水利生产经营单位是事故隐患排查治理的责任主体，应实行全员责任制，落实从主要负责人到每位从业人员的事故隐患排查治理责任。主要负责人对本单位事故隐患排查治理工作全面负责，各分管负责人对分管业务范围内的事故隐患排查治理工作负责，部门、工区、班组等（以下简称部门）和岗位人员负责本部门和本岗位事故隐患排查治理工作。水利生产经营单位应当加强对隐患排查治理情况的监督考核，保证工作责任的全面落实。

水利生产经营单位将工程建设项目、生产经营项目、场所发包或者出租给其他单位的，应与承包单位、承租单位签订专门的安全生产管理协议，或者在承包合同、租赁合同中约定各自的安全生产管理职责；对承包单位、承租单位的安全生产工作进行统一协调、管理，定期进行安全检查，发现安全问题的，应当及时督促整改。

四、全面排查事故隐患

水利生产经营单位应结合实际，从物的不安全状态、人的不安全行为和管理上的缺陷等方面，明确事故隐患排查事项和具体内容，编制事故隐患排查清单，组织安全生产管理人员、工程技术人员和其他相关人员排查事故隐患。事故隐患排查应坚持日常排查与定期排查相结合，专业排查与综合检查相结合，突出重点部位、关键环节、重要时段，排查必须全面彻底，不留盲区和死角。

水利建设各参建单位和运行管理单位要按照《水利工程生产安全重大事故隐患判定标准（试行）》，其他水利生产经营单位按照相关事故隐患判定标准，对本单位存在的事故隐患级别作出判定，建立事故隐患信息档案，将排查出的事故隐患向从业人员通报。重大事故隐患须经本单位主要负责人同意，报告上级水行政主管部门。

五、及时治理事故隐患

水利生产经营单位对排查出的事故隐患，必须及时消除。属一般事故隐患的，由责任部门或责任人立即治理；对于重大事故隐患，由生产经营单位主要负责人组织制定并实施事故隐患治理方案，治理进展情况应及时报告上级水行政主管部门。

重大事故隐患治理方案应当包括治理的目标和任务、采取的方法和措施、经费和物资的落实、负责治理的机构和人员、治理的时限和要求、治理过程中的安全防范措施以及应急预案。

事故隐患排除前或者排除过程中无法保证安全的，应当从危险区域内撤出作业人员，设置警戒标志，暂时全部或局部停建停用治理，涉及上下游、左右岸等地区群众的，应依法报告当地人民政府采取措施；对暂时难以停止运行的水利工程、设施和设备，应当采取降等报废、应急处置、监测监控等妥善防范措施，防止事故发生。治理工作结束后，水利生产经营单位应组织对隐患治理情况进行评估，及时销号。上级水行政主管部门挂牌督办并责令停建停用治理的重大事故隐患，评估报告经上级水行政主管部门审查同意方可销号。

六、严格落实监管责任

各级水行政主管部门应全面掌握辖区内水利生产经营单位事故隐患排查治理情况，强化对事故隐患排查治理工作的监督检查。按照分级分类监管的要求，进一步明确监管责任，加强督促指导和综合协调，将事故隐患排查治理工作不力和存在重大事故隐患的直属单位或工程确定为本级监督检查的重点，同时督导下级做好相关监督检查工作。

地方各级水行政主管部门应当根据重大事故隐患治理督办制度，督促水利生产经营单位消除重大事故隐患。对重大事故隐患整改不力的要实行约谈告诫、公开曝光；情节严重的依法依规严肃问责。

地方各级水行政主管部门应将事故隐患排查治理作为水利安全生产执法工作的重要内容，对检查中发现的事故隐患，应当责令立即排除；对未建立事故隐患排查治理制度的，未如实记录事故隐患排查治理情况或者未向从业人员通报的，未采取措施消除事故隐患的，以及拒绝、阻碍依法实施监督检查等，严格依法追究法律责任。

七、强化工作保障有关要求

各级水行政主管部门和水利生产经营单位要进一步提高认识，把思想统一到"隐患就是事故"的高度上来，切实加强组织领导，周密部署、强化措施、狠抓落实，全面做好隐患排查治理工作。要进一步加大水利安全生产监管人员和水利从业人员的培训力度，努力提高水利行业隐患排查治理工作能力和水平。

水利生产经营单位要保障事故隐患排查治理工作经费足额投入。对于在建工程，事故隐患排查治理经费在安全生产措施费中列支；对已建公益性工程，有关部门和单位要足额保障工程维修养护经费，及时治理事故隐患，对不能立即整改的重大事故隐患，要设立应急处置资金，保障应急防范措施及时实施。

水利生产经营单位应加强事故隐患排查治理信息管理，对本单位排查及上级主管部门监督检查发现的事故隐患及时在水利安全生产信息系统中登记，建立事故隐患排查治理电子和纸质台账。

各级水行政主管部门要进一步加大对隐患排查治理工作的检查督导力度，强化水利安全生产监督执法，认真做好重大事故隐患督办工作，切实督促水利生产经营单位及早发现隐患，及时消除隐患，有效防范事故，确保生产安全。

小型水库安全管理办法

（施行日期：2010 年 5 月 31 日）

第一章　总　则

第一条　为加强小型水库安全管理，确保工程安全运行，保障人民生命财产安全，依据《水法》、《防洪法》、《安全生产法》和《水库大坝安全管理条例》等法律、法规，制定本办法。

第二条　本办法适用于总库容 10 万立方米以上、1 000 万立方米以下（不含）的小型水库安全管理。

第三条　小型水库安全管理实行地方人民政府行政首长负责制。

第四条　小型水库安全管理责任主体为相应的地方人民政府、水行政主管部门、水库主管部门（或业主）以及水库管理单位。

农村集体经济组织所属小型水库安全的主管部门职责由所在地乡、镇人民政府承担。

第五条　县级水行政主管部门会同有关主管部门对辖区内小型水库安全实施监督，上级水行政主管部门应加强对小型水库安全监督工作的指导。

第六条　小型水库防汛安全管理按照防汛管理有关规定执行，并服从防汛指挥机构的指挥调度。

第七条　小型水库安全管理工作贯彻"安全第一、预防为主、综合治理"的方针，任何单位和个人都有依法保护小型水库安全的义务。

第二章　管理责任

第八条　地方人民政府负责落实本行政区域内小型水库安全行政管理责任人，并明确其职责，协调有关部门做好小型水库安全管理工作，落实管理经费，划定工程管理范围与保护范围，组织重大安全事故应急处置。

第九条　县级以上水行政主管部门负责建立小型水库安全监督管理规章制度，组织实施安全监督检查，负责注册登记资料汇总工作，对管理（管护）人员进行技术指导与安全培训。

第十条　水库主管部门（或业主）负责所属小型水库安全管理，明确水库管理单位或管护人员，制定并落实水库安全管理各项制度，筹措水库管理经费，对所属水库大坝进行注册登记，申请划定工程管理范围与保护范围，督促水库管理单位或管护人员履行职责。

第十一条　水库管理单位或管护人员按照水库管理制度要求，实施水库调度运用，开展水库日常安全管理与工程维护，进行大坝安全巡视检查，报告大坝安全情况。

第十二条　小型水库租赁、承包或从事其他经营活动不得影响水库安全管理工作。

租赁、承包后的小型水库安全管理责任仍由原水库主管部门（或业主）承担，水库承租人应协助做好水库安全管理有关工作。

第三章　工程设施

第十三条　小型水库工程建筑物应满足安全运用要求，不满足要求的应依据有关管理办法和技术标准进行改造、加固，或采取限制运用的措施。

第十四条　挡水建筑物顶高程应满足防洪安全及调度运用要求，大坝结构、渗流及抗震安全符合有关规范规定，近坝库岸稳定。

第十五条　泄洪建筑物要满足防洪安全运用要求。对调蓄能力差的小型水库，应设置具有足够泄洪能力的溢洪道或其他泄洪设施，下游泄洪通道应保持畅通。泄洪建筑物的结构及抗震安全应符合有关规范规定，控制设施应满足安全运用要求。

第十六条　放水建筑物的结构及抗震安全应符合有关规范规定。对下游有重要影响的小型水库，放水建筑物应满足紧急情况下降低水库水位的要求。

第十七条　小型水库应有到达枢纽主要建筑物的必要交通条件，配备必要的管理用房。防汛道路应到达坝肩或坝下，道路标准应满足防汛抢险要求。

第十八条　小型水库应配备必要的通信设施，满足汛期报汛或紧急情况下报警的要求。对重要小型水库应具备两种以上的有效通信手段，其他小型水库应具备一种以上的有效通信手段。

第四章　管理措施

第十九条　对重要小型水库，水库主管部门（或业主）应明确水库管理单位；其他小型水库应有专人管理，明确管护人员。小型水库管理（管护）人员应参加水行政主管部门组织的岗位技术培训。

第二十条　小型水库应建立调度运用、巡视检查、维修养护、防汛抢险、闸门操作、技术档案等管理制度并严格执行。

第二十一条　水库主管部门（或业主）应根据水库情况编制调度运用方案，按有关规定报批并严格执行。

第二十二条　水库管理单位或管护人员应按照有关规定开展日常巡视检查，重点检查水库水位、渗流和主要建筑物工况等，做好工程安全检查记录、分析、报告和存档等工作。重要小型水库应设置必要的安全监测设施。

第二十三条　水库主管部门（或业主）应按规定组织所属小型水库工程开展维修养护，对枢纽建筑物、启闭设备及备用电源等加强检查维护，对影响大坝安全的白蚁危害等安全隐患及时进行处理。

第二十四条　水库主管部门（或业主）应按规定组织所属小型水库进行大坝安全鉴定。对存在病险的水库应采取有效措施，限期消除安全隐患，确保水库大坝安全。水行政主管部门应根据水库病险情况决定限制水位运行或空库运行。对符合降等或报废条件的小型水库按规定实施降等或报废。

第二十五条　重要小型水库应建立工程基本情况、建设与改造、运行与维护、检查与观测、安全鉴定、管理制度等技术档案，对存在问题或缺失的资料应查清补齐。其他小型水库应加强技术资料积累与管理。

第五章 应急管理

第二十六条 水库主管部门（或业主）应组织所属小型水库编制大坝安全管理应急预案，报县级以上水行政主管部门备案；大坝安全管理应急预案应与防汛抢险应急预案协调一致。

第二十七条 水库管理单位或管护人员发现大坝险情时应立即报告水库主管部门（或业主）、地方人民政府，并加强观测，及时发出警报。

第二十八条 水库主管部门（或业主）应结合防汛抢险需要，成立应急抢险与救援队伍，储备必要的防汛抢险与应急救援物料器材。

第二十九条 地方人民政府、水行政主管部门、水库主管部门（或业主）应加强对应急预案的宣传，按照应急预案中确定的撤离信号、路线、方式及避难场所，适时组织群众进行撤离演练。

第六章 监督检查

第三十条 县级以上水行政主管部门应会同有关主管部门对小型水库安全责任制、机构人员、工程设施、管理制度、应急预案等落实情况进行监督检查，掌握辖区内小型水库安全总体状况，对存在问题提出整改要求，对重大安全隐患实行挂牌督办，督促水库主管部门（或业主）改进小型水库安全管理。

第三十一条 水库主管部门（或业主）应对存在的安全隐患明确治理责任，落实治理经费，按要求进行整改，限期消除安全隐患。

第三十二条 县级以上水行政主管部门每年应汇总小型水库安全监督检查和隐患整改资料信息，报上级水行政主管部门备案。县级以上水行政主管部门应督促并指导水库主管部门（或业主）加强工程管理范围与保护范围内有关活动的安全管理。

第七章 附 则

第三十三条 本办法自公布之日起施行。

水闸安全鉴定管理办法

(施行日期:2008年6月18日)

第一章 总 则

第一条 为加强水闸安全管理,规范水闸安全鉴定工作,保障水闸安全运行,根据《中华人民共和国水法》、《中华人民共和国防洪法》及《中华人民共和国河道管理条例》、《中华人民共和国防汛条例》,以及水闸安全管理的有关规定,制定本办法。

第二条 本办法适用于全国河道(包括湖泊、人工水道、行洪区、蓄滞洪区)、灌排渠系、堤防(包括海堤)上依法修建的,由水利部门管理的大、中型水闸。

小型水闸、船闸和其他部门管辖的各类水闸参照执行。

第三条 水闸实行定期安全鉴定制度。首次安全鉴定应在竣工验收后5年内进行,以后应每隔10年进行一次全面安全鉴定。运行中遭遇超标准洪水、强烈地震、增水高度超过校核潮位的风暴潮、工程发生重大事故后,应及时进行安全检查,如出现影响安全的异常现象的,应及时进行安全鉴定。闸门等单项工程达到折旧年限,应按有关规定和规范适时进行单项安全鉴定。

第四条 国务院水行政主管部门负责全国水闸安全鉴定工作的监督管理。

县级以上地方人民政府水行政主管部门负责本行政区域内所辖的水闸安全鉴定工作的监督管理。

流域管理机构负责其直属水闸安全鉴定工作的监督管理,并对所管辖范围内的水闸安全鉴定工作进行监督检查。

第五条 水闸管理单位负责组织所管辖水闸的安全鉴定工作(以下称鉴定组织单位)。水闸主管部门应督促鉴定组织单位及时进行安全鉴定工作。

第六条 县级以上地方人民政府水行政主管部门和流域管理机构按分级管理原则对水闸安全鉴定意见进行审定(以下称鉴定审定部门)。

省级地方人民政府水行政主管部门审定大型及其直属水闸的安全鉴定意见;市(地)级及以上地方人民政府水行政主管部门审定中型水闸安全鉴定意见。

流域管理机构审定其直属水闸的安全鉴定意见。

第七条 水闸安全类别划分为四类:

一类闸:运用指标能达到设计标准,无影响正常运行的缺陷,按常规维修养护即可保证正常运行。

二类闸:运用指标基本达到设计标准,工程存在一定损坏,经大修后,可达到正常运行。

三类闸:运用指标达不到设计标准,工程存在严重损坏,经除险加固后,才能达到正常运行。

四类闸：运用指标无法达到设计标准，工程存在严重安全问题，需降低标准运用或报废重建。

第二章 基本程序及组织

第八条 水闸安全鉴定包括水闸安全评价、水闸安全评价成果审查和水闸安全鉴定报告书审定三个基本程序。

（一）水闸安全评价：鉴定组织单位进行水闸工程现状调查，委托符合第十二条要求的有关单位开展水闸安全评价（以下称鉴定承担单位）。鉴定承担单位对水闸安全状况进行分析评价，提出水闸安全评价报告。

（二）水闸安全评价成果审查：由鉴定审定部门或委托有关单位，主持召开水闸安全鉴定审查会，组织成立专家组，对水闸安全评价报告进行审查，形成水闸安全鉴定报告书。

（三）水闸安全鉴定报告书审定：鉴定审定部门审定并印发水闸安全鉴定报告书。

第九条 鉴定组织单位的职责：

（一）制订水闸安全鉴定工作计划；

（二）委托鉴定承担单位进行水闸安全评价工作；

（三）进行工程现状调查；

（四）向鉴定承担单位提供必要的基础资料；

（五）筹措水闸安全鉴定经费；

（六）其他相关职责。

第十条 鉴定承担单位的职责：

（一）在鉴定组织单位现状调查的基础上，提出现场安全检测和工程复核计算项目，编写工程现状调查分析报告；

（二）按有关规程进行现场安全检测，评价检测部位和结构的安全状态，编写现场安全检测报告；

（三）按有关规范进行工程复核计算，编写工程复核计算分析报告；

（四）对水闸安全状况进行总体评价，提出工程存在主要问题、水闸安全类别鉴定结果和处理措施建议等，编写水闸安全评价总报告；

（五）按鉴定审定部门的审查意见，补充相关工作，修改水闸安全评价报告；

（六）其他相关职责。

第十一条 鉴定审定部门的职责：

（一）成立水闸安全鉴定专家组；

（二）组织召开水闸安全鉴定审查会；

（三）审查水闸安全评价报告；

（四）审定水闸安全鉴定报告书并及时印发；

（五）其他相关职责。

第十二条 大型水闸的安全评价，由具有水利水电勘测设计甲级资质的单位承担。中型水闸安全评价，由具有水利水电勘测设计乙级以上（含乙级）资质的单位承担。

经水利部认定的水利科研院(所),可承担大、中型水闸的安全评价任务。

第十三条　水闸安全鉴定审定部门组织的专家组应由水闸主管部门的代表、水闸管理单位的技术负责人和从事水利水电专业技术工作的专家组成,并符合下列要求:

(一)水闸安全鉴定专家组应根据需要由水工、地质、金属结构、机电和管理等相关专业的专家组成。

(二)大型水闸安全鉴定专家组由不少于9名专家组成,其中具有高级技术职称的人数不得少于6名;中型水闸安全鉴定专家组由7名及以上专家组成,其中具有高级技术职称的人数不得少于3名。

(三)水闸主管部门所在行政区域以外的专家人数不得少于水闸安全鉴定专家组组成人员的三分之一。

(四)水闸原设计、施工、监理、设备制造等单位的在职人员以及从事过本工程设计、施工、监理、设备制造的人员总数不得超过水闸安全鉴定专家组组成人员的三分之一。

水闸安全鉴定专家组成员应当遵循客观、公正、科学的原则履行职责,审查水闸安全评价报告,形成水闸安全鉴定报告书。

第十四条　流域机构、省级水行政主管部门应按年度汇总所管辖的大、中型水闸安全鉴定报告书,并于每年年底前报送水利部备案。

第三章　工作内容

第十五条　水闸安全鉴定工作内容应按照《水闸安全鉴定规定》(SL 214—98)执行,工作内容包括现状调查、现场安全检测、工程复核计算、安全评价等。

第十六条　现状调查应进行设计、施工、管理等技术资料收集,在了解工程概况、设计和施工、运行管理等基本情况基础上,初步分析工程存在问题,提出现场安全检测和工程复核计算项目,编写工程现状调查分析报告。

第十七条　现场安全检测包括确定检测项目、内容和方法,主要是针对地基土和填料土的基本工程性质,防渗导渗和消能防冲设施的有效性和完整性,混凝土结构的强度、变形和耐久性,闸门、启闭机的安全性,电气设备的安全性,观测设施的有效性等,按有关规程进行检测后,分析检测资料,评价检测部位和结构的安全状态,编写现场安全检测报告。

第十八条　工程复核计算应以最新的规划数据、检查观测资料和安全检测成果为依据,按照有关规范,进行闸室、岸墙和翼墙的整体稳定性、抗渗稳定性、抗震能力、水闸过水能力、消能防冲、结构强度以及闸门、启闭机、电气设备等复核计算,编写工程复核计算分析报告。

第十九条　安全评价应在现状调查、现场安全检测和工程复核计算基础上,充分论证数据资料可靠性和安全检测、复核计算方法及其结果的合理性,提出工程存在的主要问题、水闸安全类别评定结果和处理措施建议,并编制水闸安全评价总报告。

第二十条　水闸主管部门及管理单位对鉴定为三类、四类的水闸,应采取除险加固、降低标准运用或报废等相应处理措施,在此之前必须制定保闸安全应急措施,并限制运用,确保工程安全。

第二十一条　经安全鉴定,水闸安全类别发生改变的,水闸管理单位应在接到水闸安全鉴定报告书之日起 3 个月内,向水闸注册登记机构申请变更注册登记。

第二十二条 鉴定组织单位应当按照档案管理的有关规定,及时对水闸安全评价报告和水闸安全鉴定报告书等资料进行归档,并妥善保管。

第四章 附 则

第二十三条 水闸安全鉴定工作所需费用,由鉴定组织单位及其上级主管部门负责筹措。

第二十四条 各省、自治区、直辖市人民政府水行政主管部门可根据本办法结合本地实际制定实施细则。

第二十五条 本办法自发布之日起施行。《水闸安全鉴定规定》(SL 214—98)与本办法相冲突的,按本办法执行。

水利建设项目稽察办法

（施行日期:2017年10月26日）

第一章　总　则

第一条　为加强水利建设项目稽察,规范水利建设行为,促进水利建设项目顺利实施,保证稽察工作客观、公正、高效开展,特制定本办法。

第二条　本办法所称水利稽察,是指水行政主管部门依据有关法律、法规、规章、规范性文件和技术标准等,对水利建设项目组织实施情况进行监督检查的活动。

第三条　本办法适用于有政府投资的水利建设项目。其他水利建设项目稽察,参照本办法执行。

第四条　水利稽察坚持监督检查与指导帮助并重,遵循依法监督、严格规范、客观公正、廉洁高效的原则。

第二章　机构和人员

第五条　水利稽察实行分级组织、分工负责的工作机制。

水利部负责指导全国水利稽察工作,组织对重大水利工程项目和有中央投资的其他水利建设项目进行稽察,对整改情况进行监督检查。

流域机构负责对所管辖的水利建设项目进行稽察,组织落实整改工作;受水利部委托对地方水利建设项目进行稽察,对流域内水利建设项目稽察整改情况进行监督检查。

省级水行政主管部门负责本行政区域水利稽察工作,对辖区内水利建设项目进行稽察,组织落实整改工作。

省级以下水行政主管部门可参照本办法开展水利稽察工作。

第六条　水利部水利工程建设稽察办公室(以下简称部稽察办)是水利部水利稽察工作机构,设在安全监督司。规划计划司、财务司、建设与管理司、农村水利司、安全监督司和建设管理与质量安全中心有关负责同志为部稽察办成员。

各流域机构、省级水行政主管部门应明确水利稽察工作机构。

第七条　稽察工作机构主要职责是:

(一)组织开展对水利建设项目的稽察;

(二)跟踪稽察发现问题整改情况;

(三)负责稽察特派员、专家的日常管理;

(四)配合有关部门对水利建设项目违规违纪事件进行调查;

(五)完成其他有关工作。

第八条　稽察工作机构负责组织开展现场稽察工作,根据需要派出稽察组具体承担稽察任务,稽察组由稽察特派员或组长(以下统称特派员)、稽察专家和特派员助理等稽察人员组成。

稽察专家应根据任务要求,由相关专业技术人员组成,一般包括前期与设计、建设管理、计划管理、财务管理、工程质量与安全以及其他相关专业技术人员。

第九条 稽察工作机构应建立专家库,制定稽察人员管理办法,加强遴选、培训、考核等工作。

第十条 特派员对现场稽察工作负总责,主要职责是:

(一)负责现场稽察工作;

(二)审核专家稽察意见;

(三)通报现场稽察情况;

(四)参加稽察成果研讨;

(五)负责提交稽察报告;

(六)提出有关意见建议;

(七)负责稽察人员管理;

(八)完成其他有关工作。

第十一条 特派员应当具备下列条件:

(一)坚持原则,认真负责,公道正派,廉洁自律;

(二)身体健康,能承担现场稽察工作,年龄一般在70周岁以下;

(三)具有高级专业技术职称或者相当专业水平;

(四)熟悉有关法律、法规、规章、规范性文件,了解相关技术标准;

(五)具有较丰富的水利建设项目组织管理经验;

(六)具有较强的组织协调和分析判断能力。

第十二条 专家分工负责相应现场稽察工作,主要职责是:

(一)查阅文件资料,检查项目现场;

(二)查清核实项目存在的问题;

(三)提交专家稽察意见;

(四)提出有关意见建议;

(五)完成其他有关工作。

第十三条 专家应当具备下列条件:

(一)坚持原则,认真负责,公道正派,廉洁自律;

(二)身体健康,能承担现场稽察工作,年龄一般在70周岁以下;

(三)具有高级专业技术职称、相关专业执业资格或者相当专业水平;

(四)熟练掌握并能正确运用与本专业相关的法律、法规、规章、规范性文件和技术标准;

(五)从事本专业技术工作或者相关管理工作10年以上。

第十四条 特派员助理协助特派员做好相关工作,主要职责是:

(一)负责现场稽察联络、协调和服务;

(二)起草稽察报告;

（三）起草整改意见通知；

（四）完成其他有关工作。

第十五条　稽察人员执行稽察任务实行回避原则，不得稽察与其有利害关系的项目。

第三章　稽察内容

第十六条　水利稽察内容主要包括：监督检查有关项目的监管和主管部门单位贯彻落实国家水利方针政策、重大决策部署情况，建立完善建设管理制度、组织推动项目建设等工作情况；抽查建设项目前期工作与设计、计划下达与执行、建设管理、资金使用与管理、工程质量与安全等方面实施情况。

第十七条　对前期工作与设计的稽察，包括检查项目建议书、可行性研究报告、初步设计和概算编报、审查审批等情况；检查勘察设计深度和质量、强制性条文及审查意见执行、设计变更、现场设计服务等情况。

第十八条　对计划下达与执行的稽察，包括检查年度计划下达与执行，地方投资落实，投资控制与概预算执行，年度投资完成等情况。

第十九条　对建设管理的稽察，包括检查项目法人责任制、招标投标制、建设监理制及合同管理制的执行，有关参建单位资质和人员资格，工程建设进度，工程建设管理体制等情况。

第二十条　对资金使用与管理的稽察，包括检查资金到位，内部控制制度建立与执行，工程价款结算，会计核算，竣工财务决算、固定资产管理等情况。

第二十一条　对工程质量与安全的稽察，包括检查工程质量现状，参建单位质量与安全责任体系，制度建设与执行，质量控制和检验评定，工程验收，安全技术措施和专项施工方案，施工安全管理，安全隐患排查与治理等情况。

第四章　程序和方法

第二十二条　稽察工作机构要根据年度水利投资情况和水利重点工作安排，结合本单位实际，制定年度稽察工作计划，主要内容包括：目标任务，稽察项目类型、数量，时间安排，整改落实及保障措施等。年度稽察项目安排要避免重复交叉和空白盲区。

流域机构和省级水行政主管部门应当及时将年度稽察工作计划报水利部安全监督司。

第二十三条　稽察工作机构开展稽察前，应下达稽察通知，选定稽察项目，确定稽察时间，明确稽察内容，组建稽察组。

第二十四条　稽察组开展稽察工作，可采取下列方法：

（一）听取有关水行政主管部门项目总体情况汇报；

（二）听取项目法人项目建设管理情况汇报；

（三）查阅文件、合同、记录、报表、账簿及有关资料；

（四）查勘工程现场，检查工程建设情况；

（五）与有关单位和人员座谈，了解情况，听取意见；

（六）就发现的问题进行质询、核实、取证；

（七）其他需要采取的措施。

第二十五条　稽察组应当客观完整地记录稽察重要事项、证据资料，编写专家稽察工作底稿，提出有关意见建议，经充分讨论，形成稽察报告。

第二十六条　稽察组应就稽察情况与有关水行政主管部门及相关部门单位、项目法人、参建单位等交换意见。

第二十七条　稽察组在工作中发现重大问题或遇到紧急情况时，应及时向稽察工作机构报告。

第五章　报告和整改

第二十八条　稽察组应于现场稽察结束5个工作日内，提交由稽察特派员签署的稽察报告。

第二十九条　稽察报告应事实清楚、依据充分、定性准确、文字精炼，主要内容包括：

（一）项目概况；

（二）项目实施情况；

（三）稽察发现的主要问题；

（四）整改意见及相关建议；

（五）其他需要报告的事项。

第三十条　稽察工作机构应及时将稽察工作情况汇总形成报告，报送有关领导，抄送相关业务主管部门单位。

第三十一条　稽察工作机构应根据稽察发现的问题，及时下达整改通知，提出整改要求，必要时可向有关地方人民政府通报相关情况。

第三十二条　被稽察单位应根据整改通知要求，明确责任单位和责任人，制定整改措施，认真整改，在规定时间内上报整改情况。

第三十三条　各级水行政主管部门的业务主管部门单位，负责对稽察发现问题的整改督办，把稽察发现问题的整改工作作为强化管理的重要内容；相关管理部门单位应相互配合、联动联促，督促问题整改。

第三十四条　稽察工作机构对稽察发现的问题要建立台账，跟踪整改落实情况，必要时组织复查，及时通报相关情况。

第六章　权利和义务

第三十五条　稽察人员开展稽察工作，相关单位和个人不得拒绝、阻碍，不得打击报复稽察人员。

第三十六条　稽察人员开展稽察工作，有权采取以下措施：

（一）要求被稽察单位提供有关资料；

（二）进入施工现场查验工程建设情况；

（三）询问被稽察单位及相关人员，要求就相关问题作出实事求是的说明；

（四）对有关问题进行调查、取证、核实。

第三十七条　稽察人员开展稽察工作，应履行以下义务：

（一）严格执行法律法规和规章制度；

（二）客观公正地反映项目实施情况和存在的问题；

（三）遵守廉洁自律有关规定；

（四）保守国家秘密和被稽察单位的商业秘密；

（五）遵守其他有关工作要求。

第三十八条　被稽察单位和人员依法享有以下权利：

（一）对稽察提出的问题进行说明和申辩；

（二）对整改或处理意见有异议的，可向有关稽察工作机构或水行政主管部门提出申诉，申诉期间，仍执行原整改或处理意见；

（三）对稽察人员廉洁自律情况进行监督；

（四）发现稽察人员有本办法第四十三条所列行为的，有权向相应稽察工作机构反映或向有关部门举报。

第三十九条　被稽察单位和人员在被稽察时，应履行以下义务：

（一）积极配合、协助开展稽察工作，为稽察组提供必要的工作条件；

（二）按照要求提供有关会议记录、文件、合同、账簿、报表和影像等资料，对其真实性和准确性负责；

（三）对稽察人员提出的质询作出解释说明。

第七章　处理和处罚

第四十条　对稽察中发现建设项目管理薄弱、监管不力、问题严重和整改落实不到位的相关部门单位和责任人，稽察工作机构可向有关部门单位提出以下处理处罚建议：

（一）通报批评；

（二）约谈主要负责人或者分管负责人；

（三）暂停新建项目审批，暂停或减少下一年度投资计划安排；

（四）追究有关责任人的责任；

（五）法律法规规定可以给予的其他处理处罚措施。

第四十一条　对严重违反建设管理有关法律法规的项目管理和勘察（测）设计、施工、建设监理等参建单位，稽察工作机构可向有关部门单位提出以下处理处罚建议：

（一）责令暂停施工；

（二）追究有关责任人的责任；

（三）将严重违规的施工、监理单位清退出施工现场；

（四）将不良行为记入水利建设市场主体信用档案；

（五）降低有关单位的资质等级或吊销其资质证书；

（六）有关法律法规规定可以给予的其他处理处罚措施。

第四十二条　被稽察单位和人员有下列行为之一的，稽察工作机构可建议有关单位对责任人员给予纪律处分：

（一）拒绝、阻碍稽察人员开展工作或者打击报复稽察人员的；

（二）拒不提供稽察需要的文件、合同、账簿和有关资料的；

(三)隐匿、伪造有关资料或提供虚假数据材料的;

(四)具有其他可能影响稽察工作正常开展行为的。

第四十三条 稽察人员有下列行为之一的,稽察工作机构应视情节轻重,建议有关单位给予纪律处分:

(一)对稽察发现的重大问题隐匿不报,严重失职的;

(二)与被稽察单位串通,编造虚假稽察报告的;

(三)违规干预插手被稽察单位和项目建设管理活动的;

(四)泄露国家秘密和被稽察单位商业秘密的;

(五)履行工作职责不到位,稽察成果存在严重错误的;

(六)严重违反稽察工作纪律的;

(七)具有其他应当依法追究责任行为的。

第四十四条 对稽察过程中发现的重大违纪违法线索,稽察工作机构应移交有关纪检监察或司法机关进行调查处理。

第八章　保障措施

第四十五条 各级水行政主管部门应高度重视稽察工作,保障必要的人员、交通和办公经费等工作条件。

第四十六条 稽察工作机构应加强制度建设、队伍建设,组织业务培训,对稽察人员按照有关规定给予合理的报酬。

第四十七条 稽察工作机构根据工作需要,可购买必要的社会服务开展水利稽察。

第四十八条 稽察人员为保证水利工程质量、提高投资效益、避免重大质量和安全事故等作出突出贡献的,水利部、流域机构和省级水行政主管部门应当给予表彰。

第九章　附　则

第四十九条 本办法由水利部安全监督司负责解释。

第五十条 本办法自印发之日起施行。

水利部关于贯彻落实《中共中央 国务院关于推进安全生产领域改革发展的意见》实施办法

（施行日期：2017年7月31日）

水利安全生产事关人民生命财产安全，事关水利改革发展大局。为深入贯彻落实《中共中央 国务院关于推进安全生产领域改革发展的意见》（中发〔2016〕32号，以下简称《意见》）精神，进一步加强和改进水利安全生产工作，提高水利安全生产管理水平，制定本实施办法。

一、总体要求

认真贯彻“安全第一、预防为主、综合治理”的工作方针，紧扣中央兴水惠民及安全生产决策部署和水利改革发展任务，坚守发展决不能以牺牲安全为代价这条不可逾越的红线，坚持安全发展、改革创新、依法监管、源头防范、系统治理的原则，严格落实“党政同责、一岗双责、齐抓共管、失职追责”要求，以防范重特大事故、减少较大和一般事故为重点，切实增强水利安全生产防范治理能力，为水利改革发展提供坚实的安全保障。

到2020年，水利安全生产监管机制基本成熟，法规规章制度体系基本完善，各级水行政主管部门和流域管理机构安全生产监管机构基本健全，水利安全生产形势保持总体平稳，水利安全生产整体水平与水利改革发展要求相适应。到2030年，全面实现水利安全生产治理体系和治理能力现代化，水利安全生产保障能力显著增强，为水利事业健康发展提供稳固可靠的安全生产基础。

二、健全落实安全生产责任制

（一）严格落实水利生产经营单位主体责任。水利生产经营单位是水利安全生产工作责任的直接承担主体，对本单位安全生产和职业健康工作负全面责任，落实全员安全生产责任制，依法依规设置安全生产管理机构，配备安全生产管理人员，实行全过程安全生产和职业健康管理制度，保证安全生产资金投入，建立健全自我约束、持续改进的内生机制，推进水利安全生产标准化建设，做到安全责任、管理、投入、培训和应急救援“五到位”。

水利建设项目法人、勘察（测）、设计、施工、监理等参建单位要加强施工现场的全时段、全过程和全员安全管理，落实工程专项施工方案和安全技术措施，严格执行安全设施与主体工程同时设计、同时施工、同时投入生产和使用的“三同时”制度，加强生产安全事故防范。水利工程运行管理单位要全面落实安全管理责任制，健全安全管理规章制度，加强水利工程安全监测、风险管控、隐患排查治理等工作，严格执行安全管理规程，保证水利工程运行生产安全。部直属单位要积极落实安全生产责任，切实加强安全生产管理，发挥示范带头作用。

（二）明确部门监管职责。按照管行业必须管安全、管业务必须管安全、管生产经营必须管安全和谁主管谁负责的原则，进一步落实水行政主管部门安全生产和职业健康监督管理职责。水利部安全生产监管部门指导水利行业安全生产工作，负责水利安全生产综合监督管理，有关司局单位按照职责分工履行相关安全生产监督管理职责。地方各级水行政主管部门依法履行本行政区域内水利安全生产监管职责。

（三）健全监督管理考核机制。各级水行政主管部门要建立健全水利安全生产监督管理工作考核机制，完善考核指标体系，实现考核工作与日常管理相结合、专项考核和监督检查相结合、过程考核和结果考核相结合。水利部建立水利安全生产工作考核制度，开展安全生产目标责任考核。各级水行政主管部门和各有关单位要研究建立安全生产绩效与履职评定、职务晋升、奖励惩处挂钩制度，严格落实水利安全生产"一票否决"制度。

（四）严格责任追究制度。各级水行政主管部门要依法依规推进部门安全生产监管权力清单和责任清单制定工作，尽职照单免责、失职照单问责。落实水利生产经营单位生产经营全过程安全生产责任追溯制度，按照"四不放过"原则严格实施责任追究。认真执行事故报告制度，对瞒报、谎报、漏报、迟报事故的单位和个人依法依规追责。对被追究刑事责任的生产经营者依法实施相应的职业禁入，对事故发生负有重大责任的社会服务机构和人员依法严肃追究法律责任，依法实施相应的行业禁入。

三、完善水利安全监管机制

（五）健全监督管理机制。各级水行政主管部门按照分级管理的要求，对本级所属水利生产经营单位安全生产工作进行监管，对下级水行政主管部门安全生产工作进行指导。各级水行政主管部门安全生产委员会（领导小组）要加强组织领导，充分发挥统筹协调作用，切实解决突出矛盾和问题。安全生产监管部门和有关部门单位按照各自职责分工严格落实监管职责，形成水利安全生产监督管理齐抓共管格局。坚持管安全生产必须管职业健康，建立安全生产和职业健康一体化监管机制。

（六）健全应急管理机制。各级水行政主管部门要建立健全安全生产应急管理工作协调机制，明确应急管理和处置工作责任，提高组织协调能力和救援时效。各级水行政主管部门和水利生产经营单位要完善应急预案体系，健全应急管理各项规章制度，加强应急救援能力建设，强化应急救援培训和演练，提高应急处置能力。

四、大力推进依法治理

（七）健全规章制度体系。推进水利安全生产法治化进程，结合水利行业实际，加快推进水利安全生产相关规章立改废释工作，健全完善水利安全生产管理制度，形成较为完备的水利安全生产监管制度体系。地方各级水行政主管部门要针对本地区水利工作实际，进一步完善安全生产制度体系，提高制度科学性、系统性和可操作性。

（八）健全标准规范。梳理涉及安全生产的水利技术标准，完善以国家强制性标准为主体的水利安全生产技术标准体系。加快水利安全生产标准制定、修订和整合，重点围绕各类水利工程建设与运行的安全技术、安全防护、安全设备设施、安全生产条件、职业危害预防治理、危险源辨识、隐患判定、应急管理等方面，分专业制定和完善相应的安全生产标准规范。鼓励水利生产经营单位制定更加严格规范的安全生产标准。

（九）规范监管执法行为。各级水行政主管部门要加大水利安全生产监督检查力度，对本级在建和运行重点水利工程开展全覆盖监督检查，对下级所属的重点水利工程采取“双随机一公开”等方式进行抽查检查，依法严格执行安全准入制度。加强水利安全生产执法体系建设，研究水利安全生产执法范围、执法主体、执法内容、执法程序和自由裁量基准等内容，积极稳妥地推进水利安全生产执法工作。加强与司法机关协调配合，落实安全生产违法线索通报、案件移送与协查机制。对违法行为当事人拒不执行安全生产行政执法决定的，水行政主管部门应依法申请司法机关强制执行。

（十）健全监管执法保障体系。地方各级水行政主管部门要在水行政执法中统筹安排安全生产执法工作，加强水利安全生产执法保障机制建设，明确执法队伍，落实执法人员，配备执法装备，保障执法经费。加强水利安全生产监管执法的制度化、标准化和信息化建设，确保规范高效监管执法。

（十一）完善事故处理督导机制。有关水行政主管部门要配合做好事故调查处理工作，了解掌握事故处理进展情况，督促有关责任单位落实整改，发挥事故查处的警示和促进作用。对事故调查中发现的有漏洞、缺陷的有关规章制度和标准规范，及时启动制定修订工作。

五、建立安全预防控制体系

（十二）加强安全风险管控。水利生产、经营等各项工作必须以安全为前提，实行重大安全风险“一票否决”。加强水利安全风险分级管控，建立水利安全风险分级管控体系，制定水利工程危险源辨识评价标准。

水利生产经营单位要建立风险分级管控制度，加强安全风险评价和管控，重大危险源要进行定期检查、评估、监控并制定应急预案，重大危险源及有关安全措施、应急措施报有关地方人民政府安全生产监督管理部门和水行政主管部门备案。地方各级水行政主管部门要以在建重点工程和病险工程等为重点，分级分类加强监管，督促水利生产经营单位有效管控安全风险。

（十三）加强安全隐患排查治理。制定加强水利生产安全事故隐患排查治理的意见，明确各类水利工程建设和运行过程中事故隐患分级界定标准，强化隐患排查治理监督执法，加强隐患治理工作的监督指导。水利生产经营单位应建立健全隐患排查治理制度，明确隐患排查治理机制，规范隐患排查治理行为；要突出重点部位、关键环节、重要时段，定期组织开展隐患排查，对能够立即整改的隐患要立即整改，对不能立即整改的要做到治理责任、资金、措施、期限和应急预案“五落实”，及早消除隐患；重大隐患排查治理情况要向水行政主管部门和职代会双报告。地方各级水行政主管部门要健全重大隐患治理督办制度，督促水利生产经营单位消除重大隐患，对重大隐患督办整改不力的实行约谈告诫、公开曝光；情节严重的要严肃问责，违反法规的要依法依规严肃处理。

(十四)加强重点工程领域安全管理。要突出节水供水重大水利工程、病险水库水闸除险加固等重点项目的建设安全管理,特别要注重对高空、洞室、高边坡、深基坑、爆破等作业重点部位的现场管理。加强水库、水闸、引调水、堤防、农村水利、水土保持、农村水电站及其配套电网、山洪灾害治理等水利工程运行安全管理。强化勘察(测)设计、水文监测、水利科研与检验等水利生产经营活动的安全管理。

(十五)建立完善职业病防治体系。建立职业病防治机制,实施职业健康促进计划,开展职业病防治工作。加强水利工程建设职业健康监管执法,督促有关企业落实职业病危害告知、日常监测、定期报告、防护保障和职业健康体检等制度措施,加强职业病危害源头治理,落实防治主体责任。将职业健康监管纳入水利安全生产监督管理工作考核范围。

六、加强安全基础保障能力建设

(十六)完善安全投入长效机制。地方各级水行政主管部门要将安全监管费用纳入财政预算。各类水利生产经营单位要落实国家有关部门关于安全生产费用提取管理使用制度和安全投入的激励约束机制,完善和改进安全生产条件,保障生产安全。水利工程设计概算应按规定计列安全生产措施费;项目法人应督促施工单位足额提取并及时规范使用安全生产措施费,专款专用,确保安全生产措施落实到位;工程运行管理单位要保证安全生产投入,及时消除安全隐患。

(十七)健全安全宣传教育体系。构建全媒体、分众化的安全生产宣传教育工作格局,把安全生产管理纳入水利干部职工培训内容,加强一线人员安全技能培训,提高培训的针对性和实效性。严格落实水利生产经营单位教育培训制度,以安全理念、形势任务、措施经验、安全法治、知识技能、警示教育等为重点内容,切实做到先培训、后上岗。推进安全文化建设,加强安全生产公益宣传和社会监督,公开并畅通社会公众投诉举报渠道。

(十八)建立安全科技支撑体系。以法规标准、安全行为、安全文化、安全管理、监督执法等为重点,开展水利安全生产理论研究。加快推进水利安全生产信息系统建设,支持安全生产和职业健康领域科研工作,鼓励科研院所和水利生产经营单位推广应用有关保障生产安全的新设备、新技术、新材料和新工艺,推进水利安全生产技术研究。

(十九)发挥市场机制推动作用。支持发展水利行业安全生产专业化组织,水利生产经营单位可通过购买和运用第三方机构安全生产服务提升安全生产管理能力,水行政主管部门可通过购买必要的安全生产服务提升安全生产监管效能。水利生产经营单位依法参加工伤保险,在水利工程建设施工领域实施安全生产责任保险制度,切实发挥保险机构参与风险管控和事故预防功能。加强水利安全生产不良行为记录管理,落实失信惩戒和守信激励机制。

各级水行政主管部门、部直属各单位要深刻领会《意见》的重大意义,将贯彻《意见》和本实施办法作为水利安全生产工作的重点任务,进一步提高认识,加强组织领导,要结合各自工作实际,制定实施方案或细则,对各项任务进行细化分解,明确具体措施、责任单位和完成时限,确保各项工作落到实处。贯彻落实情况要及时向水利部报告,同时抄送部安全生产领导小组办公室(安全监督司)。

水利部关于进一步加强水利建设项目安全设施“三同时”的通知

（施行日期：2015年7月21日）

按照国务院关于加快推进重大水利工程建设的要求，我部会同有关部门和地方全力推进重大水利工程建设，各项工作进展顺利，取得初步成效。为贯彻落实《安全生产法》中关于建设项目安全设施必须与主体工程同时设计、同时施工、同时投入生产和使用的“三同时”有关要求，确保各地水利工程建设在规模大、项目多、进度要求高形势下保持生产安全平稳态势，经研究，现提出加强水利工程建设项目安全设施“三同时”，要求如下：

一、加强对《劳动安全与工业卫生》专篇的编制和审查工作，确保安全设施设计落实到位。有关设计单位要严格按照《水利水电工程可行性研究报告编制规程》和《水利水电工程初步设计报告编制规程》中关于劳动安全和工业卫生的要求，认真编写《劳动安全与工业卫生》专篇（以下简称“《安全》专篇”），厘清建设工程项目存在的危险、有害因素的种类和程度，提出安全技术设计和建设项目安全管理措施。报告审查单位要切实加强建设项目可行性研究和初步设计阶段中《安全》专篇的审查工作。组织有关专家对《安全》专篇中推荐的设计方案进行分析，严格复核该项目存在的危险有害因素的种类和程度，出具书面意见，提出有效的对策措施。对达不到要求的设计文件，不得通过审查。

二、足额提取安全生产措施费，保证安全保障措施落实到位。为保证工程建设施工现场安全作业环境及安全施工需要，我部在2014年颁布的《水利工程设计概（估）算编制规定》（水总〔2014〕429号）中，专门设置了安全措施费。设计单位应按照文件规定在工程投资估算和设计概算阶段科学计算，足额计列安全措施费，保证安全设施建设资金列支渠道。项目建设单位应充分考虑现场施工现场安全作业的需要，足额提取安全生产措施费，落实安全保障措施，不断改善职工的劳动保护条件和生产作业环境，保证水利工程建设项目配置必要安全生产设施，保障水利建设项目参建人员的劳动安全。各级水行政主管部门要鼓励和支持水利安全生产新技术、新装备、新材料的推广应用。

三、将安全设施列入项目验收重要内容，确保安全设施同步验收。工程验收主持单位应将水利水电建设项目安全设施，作为竣工验收技术鉴定和工程验收的重要内容。有关单位应在鉴定阶段组织安全专家按照有关要求，对该阶段所涉及的安全设施对照《安全》专篇中的设计方案逐一检查、督促落实；在工程验收环节应配备安全专家，按照《水利水电工程劳动安全与工业卫生设计规范》要求，对照《安全》专篇中的设计方案对工程安全设施进行全面检查，发现安全隐患，提出措施建议，为工程总体竣工验收和安全运行提供条件。

四、加强监督检查，保证“三同时”制度落实到位。水利工程建设单位应当认真落实建设项目安全设施“三同时”各项要求，对工程安全生产条件和设施进行综合分析，形成书面报告备查。我部将在今后的工作中对建设项目安全设施“三同时”落实情况和参建单位书面报告备案情况加强监督检查。同时我部将结合现有检查手段,将安全设施“三同时”落实情况作为各单位经常性考核项目,督促建设项目安全设施“三同时”落到实处。

五、按照《安全生产法》关于安全评价工作有关规定,我部结合水利行业实际,决定不再组织开展水利水电建设项目安全评价工作。同时,《关于印发<水利水电建设项目安全评价管理办法(试行)>的通知》(水规计〔2012〕112 号)、《水利部办公厅关于印发<水利水电建设项目安全预评价指导意见>和<水利水电建设项目安全验收评价指导意见>的通知》(办安监〔2013〕139 号)、《水利部办公厅关于进一步做好大型水利枢纽建设项目安全评价工作的通知》(办安监〔2014〕53 号)等 3 份文件即日起废止。

第三部分 国务院有关部门安全生产规章和规范性文件

国务院安委会办公室关于实施遏制重特大事故工作指南构建双重预防机制的意见

（施行日期：2016 年 10 月 9 日）

各省、自治区、直辖市及新疆生产建设兵团安全生产委员会，国务院安委会各成员单位，各中央企业：

国务院安委会办公室 2016 年 4 月印发《标本兼治遏制重特大事故工作指南》（安委办〔2016〕3 号，以下简称《指南》）以来，各地区、各有关单位迅速贯彻、积极行动，结合实际大胆探索、扎实推进，初见成效。构建安全风险分级管控和隐患排查治理双重预防机制（以下简称双重预防机制），是遏制重特大事故的重要举措，根据《指南》的要求和各地区、各单位的探索实践，现就构建双重预防机制提出以下意见：

一、总体思路和工作目标

（一）总体思路。准确把握安全生产的特点和规律，坚持风险预控、关口前移，全面推行安全风险分级管控，进一步强化隐患排查治理，推进事故预防工作科学化、信息化、标准化，实现把风险控制在隐患形成之前、把隐患消灭在事故前面。

（二）工作目标。尽快建立健全安全风险分级管控和隐患排查治理的工作制度和规范，完善技术工程支撑、智能化管控、第三方专业化服务的保障措施，实现企业安全风险自辨自控、隐患自查自治，形成政府领导有力、部门监管有效、企业责任落实、社会参与有序的工作格局，提升安全生产整体预控能力，夯实遏制重特大事故的坚强基础。

二、着力构建企业双重预防机制

（一）全面开展安全风险辨识。各地区要指导推动各类企业按照有关制度和规范，针对本企业类型和特点，制定科学的安全风险辨识程序和方法，全面开展安全风险辨识。企业要组织专家和全体员工，采取安全绩效奖惩等有效措施，全方位、全过程辨识生产工艺、设备设施、作业环境、人员行为和管理体系等方面存在的安全风险，做到系统、全面、无遗漏，并持续更新完善。

（二）科学评定安全风险等级。企业要对辨识出的安全风险进行分类梳理，参照《企业职工伤亡事故分类》（GB 6441—1986），综合考虑起因物、引起事故的诱导性原因、致害物、伤害方式等，确定安全风险类别。对不同类别的安全风险，采用相应的风险评估方法确定安全风险等级。安全风险评估过程要突出遏制重特大事故，高度关注暴露人群，聚焦重大危险源、劳动密集型场所、高危作业工序和受影响的人群规模。安全风险等级从高到低划分为重大风险、较大风险、一般风险和低风险，分别用红、橙、黄、蓝四种颜色标示。其中，重大安全风险应填写清单、汇总造册，按照职责范围报告属地负有安全生产监督管理职责的部门。要依据安全风险类别和等级建立企业安全风险数据库，绘制企业“红橙黄蓝”四色安全风险空间分布图。

（三）有效管控安全风险。企业要根据风险评估的结果，针对安全风险特点，从组织、制度、技术、应急等方面对安全风险进行有效管控。要通过隔离危险源、采取技术手段、实施个体防护、设置监控设施等措施，达到回避、降低和监测风险的目的。要对安全风险分级、分层、分类、分专业进行管理，逐一落实企业、车间、班组和岗位的管控责任，尤其要强化对重大危险源和存在重大安全风险的生产经营系统、生产区域、岗位的重点管控。企业要高度关注运营状况和危险源变化后的风险状况，动态评估、调整风险等级和管控措施，确保安全风险始终处于受控范围内。

（四）实施安全风险公告警示。企业要建立完善安全风险公告制度，并加强风险教育和技能培训，确保管理层和每名员工都掌握安全风险的基本情况及防范、应急措施。要在醒目位置和重点区域分别设置安全风险公告栏，制作岗位安全风险告知卡，标明主要安全风险、可能引发事故隐患类别、事故后果、管控措施、应急措施及报告方式等内容。对存在重大安全风险的工作场所和岗位，要设置明显警示标志，并强化危险源监测和预警。

（五）建立完善隐患排查治理体系。风险管控措施失效或弱化极易形成隐患，酿成事故。企业要建立完善隐患排查治理制度，制定符合企业实际的隐患排查治理清单，明确和细化隐患排查的事项、内容和频次，并将责任逐一分解落实，推动全员参与自主排查隐患，尤其要强化对存在重大风险的场所、环节、部位的隐患排查。要通过与政府部门互联互通的隐患排查治理信息系统，全过程记录报告隐患排查治理情况。对于排查发现的重大事故隐患，应当在向负有安全生产监督管理职责的部门报告的同时，制定并实施严格的隐患治理方案，做到责任、措施、资金、时限和预案“五落实”，实现隐患排查治理的闭环管理。事故隐患整治过程中无法保证安全的，应停产停业或者停止使用相关设施设备，及时撤出相关作业人员，必要时向当地人民政府提出申请，配合疏散可能受到影响的周边人员。

三、健全完善双重预防机制的政府监管体系

（一）健全完善标准规范。国务院安全生产监督管理部门要协调有关部门制定完善安全风险分级管控和隐患排查治理的通用标准规范，其他负有安全生产监督管理职责的行业部门要根据本行业领域特点，按照通用标准规范，分行业制定安全风险分级管控和隐患排查治理的制度规范，明确安全风险类别、评估分级的方法和依据，明晰重大事故隐患判定依据。各省级安全生产委员会要结合本地区实际，在系统总结本地区行业标杆企业经验做法基础上，制定地方安全风险分级管控和隐患排查治理的实施细则；地方各有关部

门要按照有关标准规范组织企业开展对标活动，进一步健全完善内部安全预防控制体系，推动建立统一、规范、高效的安全风险分级管控和隐患排查治理双重预防机制。

（二）实施分级分类安全监管。各地区、各有关部门要督促指导企业落实主体责任，认真开展安全风险分级管控和隐患排查治理双重预防工作。要结合企业风险辨识和评估结果以及隐患排查治理情况，组织对企业安全生产状况进行整体评估，确定企业整体安全风险等级，并根据企业安全风险变化情况及时调整；推行企业安全风险分级分类监管，按照分级属地管理原则，针对不同风险等级的企业，确定不同的执法检查频次、重点内容等，实行差异化、精准化动态监管。对企业报告的重大安全风险和重大危险源、重大事故隐患，要通过实行"网格化"管理明确属地基层政府及有关主管部门、安全监管部门的监管责任，加强督促指导和综合协调，支持、推动企业加快实施管控整治措施，对安全风险管控不到位和隐患排查治理不到位的，要严格依法查处。要制定实施企业隐患自查自治的正向激励措施和职工群众举报隐患奖励制度，进一步加大重大事故隐患举报奖励力度。

（三）有效管控区域安全风险。各地区要组织对公共区域内的安全风险进行全面辨识和评估，根据风险分布情况和可能造成的危害程度，确定区域安全风险等级，并结合企业报告的重大安全风险情况，汇总建立区域安全风险数据库，绘制区域"红橙黄蓝"四色安全风险空间分布图。对不同等级的安全风险，要采取有针对性的管控措施，实行差异化管理；对高风险等级区域，要实施重点监控，加强监督检查。要加强城市运行安全风险辨识、评估和预警，建立完善覆盖城市运行各环节的城市安全风险分级管控体系。要加强应急能力建设，健全完善应急响应体制机制，优化应急资源配备，完善应急预案，提高城市运行应急保障水平。

（四）加强安全风险源头管控。各地区要把安全生产纳入地方经济社会和城镇发展总体规划，在城乡规划建设管理中充分考虑安全因素，尤其是城市地下公用基础设施如石油天然气管道、城镇燃气管线等的安全问题。加强城乡规划安全风险的前期分析，完善城乡规划和建设安全标准，严格高风险项目建设安全审核把关，严禁违反国家和行业标准规范在人口密集区建设高风险项目，或者在高风险项目周边设置人口密集区。制定重大政策、实施重大工程、举办重大活动时，要开展专项安全风险评估，根据评估结果制定有针对性的安全风险管控措施和应急预案。要明确高危行业企业最低生产经营规模标准，严禁新建不符合产业政策、不符合最低规模、采用国家明令禁止或淘汰的设备和工艺要求的项目，现有企业不符合相关要求的，要责令整改。要积极落实国家关于淘汰落后、化解过剩产能的政策，推进提升企业整体安全保障能力。

四、强化政策引导和技术支撑

（一）完善相关政策措施。各地区、各有关部门要加大政策引导力度，综合运用法律、经济和行政手段支持推动遏制重特大事故工作，以重点行业领域、高风险区域、生产经营关键环节为重点，支持、推动建设一批重大安全风险防控工程、保护生命重点工程和隐患治理示范工程，带动企业强化安全工程技术措施。要鼓励企业使用新工艺、新技术、新设备等，推动高危行业企业逐步实现"机械化换人、自动化减人"，有效降低安全风险。要大力推进实施安全生产责任保险制度，将保险费率与企业安全风险管控状况、安全生产标准化等级挂钩,并积极发挥保险机构在企业构建风险管控体系中的作用;加强企业安全生产诚信制度建设和部门联合惩戒,充分发挥市场机制作用,促进企业主动开展双重预防机制建设。

(二)深入推进企业安全生产标准化建设。要引导企业将安全生产标准化创建工作与安全风险辨识、评估、管控,以及隐患排查治理工作有机结合起来,在安全生产标准化体系的创建、运行过程中开展安全风险辨识、评估、管控和隐患排查治理。要督促企业强化安全生产标准化创建和年度自评,根据人员、设备、环境和管理等因素变化,持续进行风险辨识、评估、管控与更新完善,持续开展隐患排查治理,实现双重预防机制的持续改进。

(三)充分发挥第三方服务机构作用。要积极培育扶持一批风险管理、安全评价、安全培训、检验检测等专业服务机构,形成全链条服务能力,并为其参与企业安全管理和辅助政府监管创造条件。要加强对专业服务机构的日常监管,建立激励约束机制,保证专业服务机构从业行为的规范性、专业性、独立性和客观性。要支持建设检验检测公共服务平台,推动实施第三方检验检测认证结果采信制度。要加快安全技术标准研制与实施,推动标准研发、信息咨询等服务业态发展。政府、部门和企业在安全风险识别、管控措施制定、隐患排查治理、信息技术应用等方面可通过购买服务的方式,委托相关专家和第三方服务机构帮助实施。

(四)强化智能化、信息化技术的应用。各地区、各有关部门要抓紧建立功能齐全的安全生产监管综合智能化平台,实现政府、企业、部门及社会服务组织之间的互联互通、信息共享,为构建双重预防机制提供信息化支撑。要督促企业加强内部智能化、信息化管理平台建设,将所有辨识出的风险和排查出的隐患全部录入管理平台,逐步实现对企业风险管控和隐患排查治理情况的信息化管理。要针对可能引发重特大事故的重点区域、重点单位、重点部位和关键环节,加强远程监测、自动化控制、自动预警和紧急避险等设施设备的使用,强化技术安全防范措施,努力实现企业风险防控和隐患排查治理异常情况自动报警。

五、有关工作要求

(一)强化组织领导。各地区、各有关部门和单位要将构建双重预防机制摆上重要议事日程,切实加强组织领导,周密安排部署。要组织制定具体实施方案,明确工作内容、方法和步骤,落实责任部门,加强工作力量,保障工作经费,确保各项工作任务落到实处。要紧紧围绕遏制重特大事故,突出重点地区、重点企业、重点环节和重点岗位,抓住辨识管控重大风险、排查治理重大隐患两个关键,不断完善工作机制,深化安全专项整治,推动各项标准、制度和措施落实到位。

(二)强化示范带动。要加强对各级安全监管监察部门、行业管理部门以及企业管理人员、从业人员的教育培训,使其熟悉掌握企业风险类别、危险源辨识和风险评估办法、风险管控措施,以及隐患类别、隐患排查方法与治理措施、应急救援与处置措施等,提升安全风险管控和隐患排查治理能力。要大力推进遏制重特大事故试点城市和试点企业工作,积极探索总结有效做法,形成一套可复制、可推广的成功经验,强化示范带动。

(三)强化舆论引导。要充分利用报纸、广播、电视、网络等媒体,大力宣传构建双重预防机制的重要意义、重点任务、工作措施和具体要求，推广一批在风险分级管控、隐患排查治理方面取得良好效果的先进典型，曝光一批重大隐患突出、事故多发的地区和企业，为推进构建双重预防机制创造有利的舆论环境。

（四）强化督促检查。各地区要加强对企业构建双重预防机制情况的督促检查，积极协调和组织专家力量，帮助和指导企业开展安全风险分级管控和隐患排查治理。要把建立双重预防机制工作情况纳入地方政府及相关部门安全生产目标考核内容，加强检查指导、考核奖惩，对消极应付、工作落后的，要通报批评、督促整改。

生产经营单位安全培训规定

（本规定于 2015 年修订，修订后施行日期：2015 年 7 月 1 日）

第一章　总　则

第一条　为加强和规范生产经营单位安全培训工作，提高从业人员安全素质，防范伤亡事故，减轻职业危害，根据安全生产法和有关法律、行政法规，制定本规定。

第二条　工矿商贸生产经营单位（以下简称生产经营单位）从业人员的安全培训，适用本规定。

第三条　生产经营单位负责本单位从业人员安全培训工作。

生产经营单位应当按照安全生产法和有关法律、行政法规和本规定，建立健全安全培训工作制度。

第四条　生产经营单位应当进行安全培训的从业人员包括主要负责人、安全生产管理人员、特种作业人员和其他从业人员。

生产经营单位使用被派遣劳动者的，应当将被派遣劳动者纳入本单位从业人员统一管理，对被派遣劳动者进行岗位安全操作规程和安全操作技能的教育和培训。劳务派遣单位应当对被派遣劳动者进行必要的安全生产教育和培训。

生产经营单位接收中等职业学校、高等学校学生实习的，应当对实习学生进行相应的安全生产教育和培训，提供必要的劳动防护用品。学校应当协助生产经营单位对实习学生进行安全生产教育和培训。

生产经营单位从业人员应当接受安全培训，熟悉有关安全生产规章制度和安全操作规程，具备必要的安全生产知识，掌握本岗位的安全操作技能，了解事故应急处理措施，知悉自身在安全生产方面的权利和义务。

未经安全培训合格的从业人员，不得上岗作业。

第五条　国家安全生产监督管理总局指导全国安全培训工作，依法对全国的安全培训工作实施监督管理。

国务院有关主管部门按照各自职责指导监督本行业安全培训工作，并按照本规定制定实施办法。

国家煤矿安全监察局指导监督检查全国煤矿安全培训工作。

各级安全生产监督管理部门和煤矿安全监察机构（以下简称安全生产监管监察部门）按照各自的职责，依法对生产经营单位的安全培训工作实施监督管理。

第二章　主要负责人、安全生产管理人员的安全培训

第六条　生产经营单位主要负责人和安全生产管理人员应当接受安全培训，具备与所从事的生产经营活动相适应的安全生产知识和管理能力。

第七条　生产经营单位主要负责人安全培训应当包括下列内容:

(一)国家安全生产方针、政策和有关安全生产的法律、法规、规章及标准;

(二)安全生产管理基本知识、安全生产技术、安全生产专业知识;

(三)重大危险源管理、重大事故防范、应急管理和救援组织以及事故调查处理的有关规定;

(四)职业危害及其预防措施;

(五)国内外先进的安全生产管理经验;

(六)典型事故和应急救援案例分析;

(七)其他需要培训的内容。

第八条　生产经营单位安全生产管理人员安全培训应当包括下列内容:

(一)国家安全生产方针、政策和有关安全生产的法律、法规、规章及标准;

(二)安全生产管理、安全生产技术、职业卫生等知识;

(三)伤亡事故统计、报告及职业危害的调查处理方法;

(四)应急管理、应急预案编制以及应急处置的内容和要求;

(五)国内外先进的安全生产管理经验;

(六)典型事故和应急救援案例分析;

(七)其他需要培训的内容。

第九条　生产经营单位主要负责人和安全生产管理人员初次安全培训时间不得少于32学时。每年再培训时间不得少于12学时。

煤矿、非煤矿山、危险化学品、烟花爆竹、金属冶炼等生产经营单位主要负责人和安全生产管理人员初次安全培训时间不得少于48学时,每年再培训时间不得少于16学时。

第十条　生产经营单位主要负责人和安全生产管理人员的安全培训必须依照安全生产监管监察部门制定的安全培训大纲实施。

非煤矿山、危险化学品、烟花爆竹、金属冶炼等生产经营单位主要负责人和安全生产管理人员的安全培训大纲及考核标准由国家安全生产监督管理总局统一制定。

煤矿主要负责人和安全生产管理人员的安全培训大纲及考核标准由国家煤矿安全监察局制定。

煤矿、非煤矿山、危险化学品、烟花爆竹、金属冶炼以外的其他生产经营单位主要负责人和安全管理人员的安全培训大纲及考核标准,由省、自治区、直辖市安全生产监督管理部门制定。

第三章　其他从业人员的安全培训

第十一条　煤矿、非煤矿山、危险化学品、烟花爆竹、金属冶炼等生产经营单位必须对新上岗的临时工、合同工、劳务工、轮换工、协议工等进行强制性安全培训,保证其具备本岗位安全操作、自救互救以及应急处置所需的知识和技能后,方能安排上岗作业。

第十二条　加工、制造业等生产单位的其他从业人员,在上岗前必须经过厂(矿)、车间(工段、区、队)、班组三级安全培训教育。

生产经营单位应当根据工作性质对其他从业人员进行安全培训,保证其具备本岗位安全操作、应急处置等知识和技能。

第十三条 生产经营单位新上岗的从业人员,岗前安全培训时间不得少于24学时。

煤矿、非煤矿山、危险化学品、烟花爆竹、金属冶炼等生产经营单位新上岗的从业人员安全培训时间不得少于72学时,每年再培训的时间不得少于20学时。

第十四条 厂(矿)级岗前安全培训内容应当包括:

(一)本单位安全生产情况及安全生产基本知识;

(二)本单位安全生产规章制度和劳动纪律;

(三)从业人员安全生产权利和义务;

(四)有关事故案例等。

煤矿、非煤矿山、危险化学品、烟花爆竹、金属冶炼等生产经营单位厂(矿)级安全培训除包括上述内容外,应当增加事故应急救援、事故应急预案演练及防范措施等内容。

第十五条 车间(工段、区、队)级岗前安全培训内容应当包括:

(一)工作环境及危险因素;

(二)所从事工种可能遭受的职业伤害和伤亡事故;

(三)所从事工种的安全职责、操作技能及强制性标准;

(四)自救互救、急救方法、疏散和现场紧急情况的处理;

(五)安全设备设施、个人防护用品的使用和维护;

(六)本车间(工段、区、队)安全生产状况及规章制度;

(七)预防事故和职业危害的措施及应注意的安全事项;

(八)有关事故案例;

(九)其他需要培训的内容。

第十六条 班组级岗前安全培训内容应当包括:

(一)岗位安全操作规程;

(二)岗位之间工作衔接配合的安全与职业卫生事项;

(三)有关事故案例;

(四)其他需要培训的内容。

第十七条 从业人员在本生产经营单位内调整工作岗位或离岗一年以上重新上岗时,应当重新接受车间(工段、区、队)和班组级的安全培训。

生产经营单位采用新工艺、新技术、新材料或者使用新设备时,应当对有关从业人员重新进行有针对性的安全培训。

第十八条 生产经营单位的特种作业人员,必须按照国家有关法律、法规的规定接受专门的安全培训,经考核合格,取得特种作业操作资格证书后,方可上岗作业。

特种作业人员的范围和培训考核管理办法,另行规定。

第四章 安全培训的组织实施

第十九条 生产经营单位从业人员的安全培训工作,由生产经营单位组织实施。

生产经营单位应当坚持以考促学、以讲促学,确保全体从业人员熟练掌握岗位安全生产知识和技能;煤矿、非煤矿山、危险化学品、烟花爆竹、金属冶炼等生产经营单位还应当完善和落实师傅带徒弟制度。

第二十条 具备安全培训条件的生产经营单位,应当以自主培训为主;可以委托具备安全培训条件的机构，对从业人员进行安全培训。

不具备安全培训条件的生产经营单位，应当委托具备安全培训条件的机构，对从业人员进行安全培训。

生产经营单位委托其他机构进行安全培训的，保证安全培训的责任仍由本单位负责。

第二十一条　生产经营单位应当将安全培训工作纳入本单位年度工作计划。保证本单位安全培训工作所需资金。

生产经营单位的主要负责人负责组织制定并实施本单位安全培训计划。

第二十二条　生产经营单位应当建立健全从业人员安全生产教育和培训档案，由生产经营单位的安全生产管理机构以及安全生产管理人员详细、准确记录培训的时间、内容、参加人员以及考核结果等情况。

第二十三条　生产经营单位安排从业人员进行安全培训期间，应当支付工资和必要的费用。

第五章　监督管理

第二十四条　煤矿、非煤矿山、危险化学品、烟花爆竹、金属冶炼等生产经营单位主要负责人和安全生产管理人员，自任职之日起6个月内，必须经安全生产监管监察部门对其安全生产知识和管理能力考核合格。

第二十五条　安全生产监管监察部门依法对生产经营单位安全培训情况进行监督检查，督促生产经营单位按照国家有关法律法规和本规定开展安全培训工作。

县级以上地方人民政府负责煤矿安全生产监督管理的部门对煤矿井下作业人员的安全培训情况进行监督检查。煤矿安全监察机构对煤矿特种作业人员安全培训及其持证上岗的情况进行监督检查。

第二十六条　各级安全生产监管监察部门对生产经营单位安全培训及其持证上岗的情况进行监督检查，主要包括以下内容：

（一）安全培训制度、计划的制定及其实施的情况；

（二）煤矿、非煤矿山、危险化学品、烟花爆竹、金属冶炼等生产经营单位主要负责人和安全生产管理人员安全培训以及安全生产知识和管理能力考核的情况；其他生产经营单位主要负责人和安全生产管理人员培训的情况；

（三）特种作业人员操作资格证持证上岗的情况；

（四）建立安全生产教育和培训档案，并如实记录的情况；

（五）对从业人员现场抽考本职工作的安全生产知识；

（六）其他需要检查的内容。

第二十七条　安全生产监管监察部门对煤矿、非煤矿山、危险化学品、烟花爆竹、金属冶炼等生产经营单位的主要负责人、安全管理人员应当按照本规定严格考核。考核不得收费。

安全生产监管监察部门负责考核的有关人员不得玩忽职守和滥用职权。

第二十八条　安全生产监管监察部门检查中发现安全生产教育和培训责任落实不到位、有关从业人员未经培训合格的，应当视为生产安全事故隐患，责令生产经营单位立即停止违法行为，限期整改，并依法予以处罚。

第六章　罚　则

第二十九条　生产经营单位有下列行为之一的，由安全生产监管监察部门责令其限期改正，可以处1万元以上3万元以下的罚款：

（一）未将安全培训工作纳入本单位工作计划并保证安全培训工作所需资金的；

（二）从业人员进行安全培训期间未支付工资并承担安全培训费用的。

第三十条　生产经营单位有下列行为之一的，由安全生产监管监察部门责令其限期改正，可以处5万元以下的罚款；逾期未改正的，责令停产停业整顿，并处5万元以上10万元以下的罚款，对其直接负责的主管人员和其他直接责任人员处1万元以上2万元以下的罚款：

（一）煤矿、非煤矿山、危险化学品、烟花爆竹、金属冶炼等生产经营单位主要负责人和安全管理人员未按照规定经考核合格的；

（二）未按照规定对从业人员、被派遣劳动者、实习学生进行安全生产教育和培训或者未如实告知其有关安全生产事项的；

（三）未如实记录安全生产教育和培训情况的；

（四）特种作业人员未按照规定经专门的安全技术培训并取得特种作业人员操作资格证书，上岗作业的。

县级以上地方人民政府负责煤矿安全生产监督管理的部门发现煤矿未按照本规定对井下作业人员进行安全培训的，责令限期改正，处10万元以上50万元以下的罚款；逾期未改正的，责令停产停业整顿。

煤矿安全监察机构发现煤矿特种作业人员无证上岗作业的，责令限期改正，处10万元以上50万元以下的罚款；逾期未改正的，责令停产停业整顿。

第三十一条　安全生产监管监察部门有关人员在考核、发证工作中玩忽职守、滥用职权的，由上级安全生产监管监察部门或者行政监察部门给予记过、记大过的行政处分。

第七章　附　则

第三十二条　生产经营单位主要负责人是指有限责任公司或者股份有限公司的董事长、总经理，其他生产经营单位的厂长、经理、（矿务局）局长、矿长（含实际控制人）等。

生产经营单位安全生产管理人员是指生产经营单位分管安全生产的负责人、安全生产管理机构负责人及其管理人员，以及未设安全生产管理机构的生产经营单位专、兼职安全生产管理人员等。

生产经营单位其他从业人员是指除主要负责人、安全生产管理人员和特种作业人员以外，该单位从事生产经营活动的所有人员，包括其他负责人、其他管理人员、技术人员和各岗位的工人以及临时聘用的人员。

第三十三条　省、自治区、直辖市安全生产监督管理部门和省级煤矿安全监察机构可以根据本规定制定实施细则，报国家安全生产监督管理总局和国家煤矿安全监察局备案。

第三十四条　本规定自2006年3月1日起施行。

特种作业人员安全技术培训考核管理规定

（本规定于2015年修订，修订后施行日期：2015年7月1日）

第一章 总 则

第一条 为了规范特种作业人员的安全技术培训考核工作，提高特种作业人员的安全技术水平，防止和减少伤亡事故，根据《安全生产法》、《行政许可法》等有关法律、行政法规，制定本规定。

第二条 生产经营单位特种作业人员的安全技术培训、考核、发证、复审及其监督管理工作，适用本规定。

有关法律、行政法规和国务院对有关特种作业人员管理另有规定的，从其规定。

第三条 本规定所称特种作业，是指容易发生事故，对操作者本人、他人的安全健康及设备、设施的安全可能造成重大危害的作业。特种作业的范围由特种作业目录规定。

本规定所称特种作业人员，是指直接从事特种作业的从业人员。

第四条 特种作业人员应当符合下列条件：

（一）年满18周岁，且不超过国家法定退休年龄；

（二）经社区或者县级以上医疗机构体检健康合格，并无妨碍从事相应特种作业的器质性心脏病、癫痫病、美尼尔氏症、眩晕症、癔病、震颤麻痹症、精神病、痴呆症以及其他疾病和生理缺陷；

（三）具有初中及以上文化程度；

（四）具备必要的安全技术知识与技能；

（五）相应特种作业规定的其他条件。

危险化学品特种作业人员除符合前款第（一）项、第（二）项、第（四）项和第（五）项规定的条件外，应当具备高中或者相当于高中及以上文化程度。

第五条 特种作业人员必须经专门的安全技术培训并考核合格，取得《中华人民共和国特种作业操作证》（以下简称特种作业操作证）后，方可上岗作业。

第六条 特种作业人员的安全技术培训、考核、发证、复审工作实行统一监管、分级实施、教考分离的原则。

第七条 国家安全生产监督管理总局（以下简称安全监管总局）指导、监督全国特种作业人员的安全技术培训、考核、发证、复审工作；省、自治区、直辖市人民政府安全生产监督管理部门指导、监督本行政区域特种作业人员的安全技术培训工作，负责本行政区域特种作业人员的考核、发证、复审工作；县级以上地方人民政府安全生产监督管理部门负责监督检查本行政区域特种作业人员的安全技术培训和持证上岗工作。

国家煤矿安全监察局（以下简称煤矿安监局）指导、监督全国煤矿特种作业人员（含煤矿矿井使用的特种设备作业人员)的安全技术培训、考核、发证、复审工作;省、自治区、直辖市人民政府负责煤矿特种作业人员考核发证工作的部门或者指定的机构指导、监督本行政区域煤矿特种作业人员的安全技术培训工作,负责本行政区域煤矿特种作业人员的考核、发证、复审工作。

省、自治区、直辖市人民政府安全生产监督管理部门和负责煤矿特种作业人员考核发证工作的部门或者指定的机构(以下统称考核发证机关)可以委托设区的市人民政府安全生产监督管理部门和负责煤矿特种作业人员考核发证工作的部门或者指定的机构实施特种作业人员的考核、发证、复审工作。

第八条 对特种作业人员安全技术培训、考核、发证、复审工作中的违法行为,任何单位和个人均有权向安全监管总局、煤矿安监局和省、自治区、直辖市及设区的市人民政府安全生产监督管理部门、负责煤矿特种作业人员考核发证工作的部门或者指定的机构举报。

第二章 培 训

第九条 特种作业人员应当接受与其所从事的特种作业相应的安全技术理论培训和实际操作培训。

已经取得职业高中、技工学校及中专以上学历的毕业生从事与其所学专业相应的特种作业,持学历证明经考核发证机关同意,可以免予相关专业的培训。

跨省、自治区、直辖市从业的特种作业人员,可以在户籍所在地或者从业所在地参加培训。

第十条 对特种作业人员的安全技术培训,具备安全培训条件的生产经营单位应当以自主培训为主,也可以委托具备安全培训条件的机构进行培训。

不具备安全培训条件的生产经营单位,应当委托具备安全培训条件的机构进行培训。

生产经营单位委托其他机构进行特种作业人员安全技术培训的,保证安全技术培训的责任仍由本单位负责。

第十一条 从事特种作业人员安全技术培训的机构(以下统称培训机构),应当制定相应的培训计划、教学安排,并按照安全监管总局、煤矿安监局制定的特种作业人员培训大纲和煤矿特种作业人员培训大纲进行特种作业人员的安全技术培训。

第三章 考核发证

第十二条 特种作业人员的考核包括考试和审核两部分。考试由考核发证机关或其委托的单位负责;审核由考核发证机关负责。

安全监管总局、煤矿安监局分别制定特种作业人员、煤矿特种作业人员的考核标准,并建立相应的考试题库。

考核发证机关或其委托的单位应当按照安全监管总局、煤矿安监局统一制定的考核标准进行考核。

第十三条 参加特种作业操作资格考试的人员,应当填写考试申请表,由申请人或者申请人的用人单位持学历证明或者培训机构出具的培训证明向申请人户籍所在地或者从业所在地的考核发证机关或其委托的单位提出申请。

考核发证机关或其委托的单位收到申请后,应当在60日内组织考试。

特种作业操作资格考试包括安全技术理论考试和实际操作考试两部分。考试不及格的,允许补考1次。经补考仍不及格的,重新参加相应的安全技术培训。

第十四条 考核发证机关委托承担特种作业操作资格考试的单位应当具备相应的场所、设施、设备等条件,建立相应的管理制度,并公布收费标准等信息。

第十五条 考核发证机关或其委托承担特种作业操作资格考试的单位,应当在考试结束后10个工作日内公布考试成绩。

第十六条 符合本规定第四条规定并经考试合格的特种作业人员,应当向其户籍所在地或者从业所在地的考核发证机关申请办理特种作业操作证,并提交身份证复印件、学历证书复印件、体检证明、考试合格证明等材料。

第十七条 收到申请的考核发证机关应当在5个工作日内完成对特种作业人员所提交申请材料的审查,作出受理或者不予受理的决定。能够当场作出受理决定的,应当当场作出受理决定;申请材料不齐全或者不符合要求的,应当当场或者在5个工作日内一次告知申请人需要补正的全部内容,逾期不告知的,视为自收到申请材料之日起即已被受理。

第十八条 对已经受理的申请,考核发证机关应当在20个工作日内完成审核工作。符合条件的,颁发特种作业操作证;不符合条件的,应当说明理由。

第十九条 特种作业操作证有效期为6年,在全国范围内有效。

特种作业操作证由安全监管总局统一式样、标准及编号。

第二十条 特种作业操作证遗失的,应当向原考核发证机关提出书面申请,经原考核发证机关审查同意后,予以补发。

特种作业操作证所记载的信息发生变化或者损毁的,应当向原考核发证机关提出书面申请,经原考核发证机关审查确认后,予以更换或者更新。

第四章 复 审

第二十一条 特种作业操作证每3年复审1次。

特种作业人员在特种作业操作证有效期内,连续从事本工种10年以上,严格遵守有关安全生产法律法规的,经原考核发证机关或者从业所在地考核发证机关同意,特种作业操作证的复审时间可以延长至每6年1次。

第二十二条 特种作业操作证需要复审的,应当在期满前60日内,由申请人或者申请人的用人单位向原考核发证机关或者从业所在地考核发证机关提出申请,并提交下列材料:

(一)社区或者县级以上医疗机构出具的健康证明;

(二)从事特种作业的情况;

(三)安全培训考试合格记录。

特种作业操作证有效期届满需要延期换证的,应当按照前款的规定申请延期复审。

第二十三条 特种作业操作证申请复审或者延期复审前,特种作业人员应当参加必要的安全培训并考试合格。

安全培训时间不少于8个学时,主要培训法律、法规、标准、事故案例和有关新工艺、新技术、新装备等知识。

第二十四条 申请复审的,考核发证机关应当在收到申请之日起20个工作日内完成复审工作。复审合格的,由考核发证机关签章、登记,予以确认;不合格的,说明理由。

申请延期复审的,经复审合格后,由考核发证机关重新颁发特种作业操作证。

第二十五条 特种作业人员有下列情形之一的,复审或者延期复审不予通过:

(一)健康体检不合格的;

(二)违章操作造成严重后果或者有2次以上违章行为,并经查证确实的;

(三)有安全生产违法行为,并给予行政处罚的;

(四)拒绝、阻碍安全生产监管监察部门监督检查的;

(五)未按规定参加安全培训,或者考试不合格的;

(六)具有本规定第三十条、第三十一条规定情形的。

第二十六条 特种作业操作证复审或者延期复审符合本规定第二十五条第(二)项、第(三)项、第(四)项、第(五)项情形的,按照本规定经重新安全培训考试合格后,再办理复审或者延期复审手续。

再复审、延期复审仍不合格,或者未按期复审的,特种作业操作证失效。

第二十七条 申请人对复审或者延期复审有异议的,可以依法申请行政复议或者提起行政诉讼。

第五章　监督管理

第二十八条 考核发证机关或其委托的单位及其工作人员应当忠于职守、坚持原则、廉洁自律,按照法律、法规、规章的规定进行特种作业人员的考核、发证、复审工作,接受社会的监督。

第二十九条 考核发证机关应当加强对特种作业人员的监督检查,发现其具有本规定第三十条规定情形的,及时撤销特种作业操作证;对依法应当给予行政处罚的安全生产违法行为,按照有关规定依法对生产经营单位及其特种作业人员实施行政处罚。

考核发证机关应当建立特种作业人员管理信息系统,方便用人单位和社会公众查询;对于注销特种作业操作证的特种作业人员,应当及时向社会公告。

第三十条 有下列情形之一的,考核发证机关应当撤销特种作业操作证:

(一)超过特种作业操作证有效期未延期复审的;

(二)特种作业人员的身体条件已不适合继续从事特种作业的;

(三)对发生生产安全事故负有责任的;

(四)特种作业操作证记载虚假信息的;

(五)以欺骗、贿赂等不正当手段取得特种作业操作证的。

特种作业人员违反前款第(四)项、第(五)项规定的,3年内不得再次申请特种作业操作证。

第三十一条 有下列情形之一的,考核发证机关应当注销特种作业操作证:

(一)特种作业人员死亡的;

（二）特种作业人员提出注销申请的；

（三）特种作业操作证被依法撤销的。

第三十二条　离开特种作业岗位6个月以上的特种作业人员，应当重新进行实际操作考试，经确认合格后方可上岗作业。

第三十三条　省、自治区、直辖市人民政府安全生产监督管理部门和负责煤矿特种作业人员考核发证工作的部门或者指定的机构应当每年分别向安全监管总局、煤矿安监局报告特种作业人员的考核发证情况。

第三十四条　生产经营单位应当加强对本单位特种作业人员的管理，建立健全特种作业人员培训、复审档案，做好申报、培训、考核、复审的组织工作和日常的检查工作。

第三十五条　特种作业人员在劳动合同期满后变动工作单位的，原工作单位不得以任何理由扣押其特种作业操作证。

跨省、自治区、直辖市从业的特种作业人员应当接受从业所在地考核发证机关的监督管理。

第三十六条　生产经营单位不得印制、伪造、倒卖特种作业操作证，或者使用非法印制、伪造、倒卖的特种作业操作证。

特种作业人员不得伪造、涂改、转借、转让、冒用特种作业操作证或者使用伪造的特种作业操作证。

第六章　罚　则

第三十七条　考核发证机关或其委托的单位及其工作人员在特种作业人员考核、发证和复审工作中滥用职权、玩忽职守、徇私舞弊的，依法给予行政处分；构成犯罪的，依法追究刑事责任。

第三十八条　生产经营单位未建立健全特种作业人员档案的，给予警告，并处1万元以下的罚款。

第三十九条　生产经营单位使用未取得特种作业操作证的特种作业人员上岗作业的，责令限期改正；可以处5万元以下的罚款；逾期未改正的，责令停产停业整顿，并处5万元以上10万元以下的罚款，对直接负责的主管人员和其他直接责任人员处1万元以上2万元以下的罚款。

煤矿企业使用未取得特种作业操作证的特种作业人员上岗作业的，依照《国务院关于预防煤矿生产安全事故的特别规定》的规定处罚。

第四十条　生产经营单位非法印制、伪造、倒卖特种作业操作证，或者使用非法印制、伪造、倒卖的特种作业操作证的，给予警告，并处1万元以上3万元以下的罚款；构成犯罪的，依法追究刑事责任。

第四十一条　特种作业人员伪造、涂改特种作业操作证或者使用伪造的特种作业操作证的，给予警告，并处1 000元以上5 000元以下的罚款。

特种作业人员转借、转让、冒用特种作业操作证的，给予警告，并处2 000元以上10 000元以下的罚款。

第七章　附　则

第四十二条　特种作业人员培训、考试的收费标准，由省、自治区、直辖市人民政府安全生产监督管理部门会同负责煤矿特种作业人员考核发证工作的部门或者指定的机构统一制定，报同级人民政府物价、财政部门批准后执行，证书工本费由考核发证机关列入同级财政预算。

第四十三条　省、自治区、直辖市人民政府安全生产监督管理部门和负责煤矿特种作业人员考核发证工作的部门或者指定的机构可以结合本地区实际，制定实施细则，报安全监管总局、煤矿安监局备案。

第四十四条　本规定自2010年7月1日起施行。1999年7月12日原国家经贸委发布的《特种作业人员安全技术培训考核管理办法》（原国家经贸委令第13号）同时废止。

安全生产行政复议规定

（施行日期:2007 年 11 月 1 日）

第一章　总　则

第一条　为了规范安全生产行政复议工作,解决行政争议,根据《中华人民共和国行政复议法》和《中华人民共和国行政复议法实施条例》,制定本规定。

第二条　公民、法人或者其他组织认为安全生产监督管理部门、煤矿安全监察机构(以下统称安全监管监察部门)的具体行政行为侵犯其合法权益,向安全生产行政复议机关申请行政复议,安全生产行政复议机关受理行政复议申请,作出行政复议决定,适用本规定。

第三条　依法履行行政复议职责的安全监管监察部门是安全生产行政复议机关。安全生产行政复议机关负责法制工作的机构是本机关的行政复议机构(以下简称安全生产行政复议机构)。

安全生产行政复议机关应当领导、支持本机关行政复议机构依法办理行政复议事项,并依照有关规定充实、配备专职行政复议人员,保证行政复议机构的办案能力与工作任务相适应。

第四条　国家安全生产监督管理总局办理行政复议案件按照下列程序,统一受理,分工负责:

(一)政策法规司按照本规定规定的期限,对行政复议申请进行初步审查,做出受理或者不予受理的决定。对决定受理的,将案卷材料转送相关业务司局分口承办;

(二)相关业务司局收到案卷材料后,应当在 30 日内了解核实有关情况,提出处理意见;

(三)政策法规司根据处理意见,在 20 日内拟定行政复议决定书,提交本局负责人集体讨论或者主管负责人审定;

(四)本局负责人集体讨论通过或者主管负责人同意后,政策法规司制作行政复议决定书,并送达申请人、被申请人和第三人。

国家煤矿安全监察局和省级及省级以下安全监管监察部门办理行政复议案件参照上述程序执行。

第二章　行政复议范围与管辖

第五条　公民、法人或者其他组织对安全监管监察部门作出的下列具体行政行为不服,可以申请行政复议:

(一)行政处罚决定;

(二)行政强制措施;

(三)行政许可的变更、中止、撤销、撤回等决定;

(四)认为符合法定条件,申请安全监管监察部门办理许可证、资格证等行政许可手续,安全监管监察部门没有依法办理的;

(五)认为安全监管监察部门违法收费或者违法要求履行义务的;

(六)认为安全监管监察部门其他具体行政行为侵犯其合法权益的。

第六条 公民、法人或者其他组织认为安全监管监察部门的具体行政行为所依据的规定不合法,在对具体行政行为申请行政复议时,可以依据行政复议法第七条的规定一并提出审查申请。

第七条 安全监管监察部门作出的下列行政行为,不属于安全生产行政复议范围:

(一)生产安全事故调查报告;

(二)不具有强制力的行政指导行为和信访答复行为;

(三)生产安全事故隐患认定;

(四)公告信息发布;

(五)法律、行政法规规定的非具体行政行为。

第八条 对县级以上地方人民政府安全生产监督管理部门作出的具体行政行为不服的,可以向上一级安全生产监督管理部门申请行政复议,也可以向同级人民政府申请行政复议。已向同级人民政府提出行政复议申请,且同级人民政府已经受理的,上一级安全生产监督管理部门不再受理。

对国家安全生产监督管理总局作出的具体行政行为不服的,向国家安全生产监督管理总局申请行政复议。

第九条 对煤矿安全监察分局作出的具体行政行为不服的,向该分局所隶属的省级煤矿安全监察局申请行政复议。

对省级煤矿安全监察机构作出的具体行政行为不服的,向国家安全生产监督管理总局申请行政复议。

对国家煤矿安全监察局作出的具体行政行为不服的,向国家煤矿安全监察局申请行政复议。

第十条 安全监管监察部门设立的派出机构、内设机构或者其他组织,未经法律、行政法规授权,对外以自己名义作出具体行政行为的,该安全监管监察部门为被申请人。

第十一条 对安全监管监察部门依法委托的机构,以委托的安全监管监察部门名义作出的具体行政行为不服的,依照本规定第八条和第九条的规定申请行政复议。

第十二条 对安全监管监察部门与有关部门共同作出的具体行政行为不服的,可以向其共同的上一级行政机关申请行政复议。共同作出具体行政行为的安全监管监察部门与有关部门为共同被申请人。

对国家安全生产监督管理总局与国务院其他部门共同作出的具体行政行为不服的,可以向国家安全生产监督管理总局或者共同作出具体行政行为的其他任何一个部门提起行政复议申请,由作出具体行政行为的部门共同作出行政复议决定。

第十三条 下级安全监管监察部门依照法律、行政法规、规章规定,经上级安全监管监察部门批准作出具体行政行为的，批准机关为被申请人。

第三章　行政复议的申请与受理

第十四条　安全监管监察部门作出具体行政行为，依法应当向有关公民、法人或者其他组织送达法律文书而未送达的，视为该公民、法人或者其他组织不知道该具体行政行为。

安全监管监察部门作出的具体行政行为对公民、法人或者其他组织的权利、义务可能产生不利影响的，应当告知其申请行政复议的权利、行政复议机关和行政复议申请期限。

第十五条　行政复议可以书面申请，也可以当场口头申请。书面申请可以采取当面递交、邮寄或者传真等方式提出，并在行政复议申请书中载明《行政复议法实施条例》第十九条规定的事项。

当场口头申请的，安全生产行政复议机构应当按照第一款规定的事项，当场制作行政复议申请笔录交申请人核对或者向申请人宣读，并由申请人签字确认。

第十六条　安全生产行政复议机构应当自收到行政复议申请之日起3日内对复议申请是否符合下列条件进行初步审查：

（一）有明确的申请人和被申请人；

（二）申请人与具体行政行为有利害关系；

（三）有具体的行政复议请求和事实依据；

（四）在法定申请期限内提出；

（五）属于本规定第五条规定的行政复议范围；

（六）属于收到行政复议申请的行政复议机关的职责范围；

（七）其他行政复议机关尚未受理同一行政复议申请，人民法院尚未受理同一主体就同一事实提起的行政诉讼。

第十七条　行政复议申请错列被申请人的，安全生产行政复议机构应当告知申请人变更被申请人。

第十八条　行政复议申请材料不齐全或者表述不清楚的，安全生产行政复议机构可以自收到该行政复议申请之日起5日内书面通知申请人补正。补正通知应当载明需要补正的事项和合理的补正期限。无正当理由逾期不补正的，视为申请人放弃行政复议申请。补正申请材料所用时间不计入行政复议审理期限。

第十九条　经初步审查后，安全生产行政复议机构应当自收到行政复议申请之日起5日内按下列规定作出处理：

（一）符合本规定第十六条规定的，予以受理，并制发行政复议受理决定书；

（二）不符合本规定第十六条规定的，决定不予受理，并制发行政复议申请不予受理决定书；

（三）不属于本机关职责范围的，应当告知申请人向有权受理的行政复议机关提出。

第二十条　行政复议期间，安全生产行政复议机构认为申请人以外的公民、法人或者其他组织与被审查的具体行政行为有利害关系的，可以通知其作为第三人参加行政复议。

行政复议期间，申请人以外的公民、法人或者其他组织与被审查的具体行政行为有利害关系的，可以向安全生产行政复议机构申请作为第三人参加行政复议。

第四章 行政复议的审理和决定

第二十一条 安全生产行政复议机构审理行政复议案件，应当由 2 名以上行政复议人员参加。

第二十二条 安全生产行政复议机构应当自行政复议申请受理之日起 7 日内，将行政复议申请书副本或者行政复议申请笔录复印件发送被申请人。

被申请人应当自收到申请书副本或者行政复议申请笔录复印件之日起 10 日内，按照复议机构要求的份数提出书面答复，并提交当初作出具体行政行为的证据、依据和其他有关材料。

被申请人书面答复应当载明下列事项，并加盖单位公章：

（一）作出具体行政行为的基本过程和情况；

（二）作出具体行政行为的事实依据和有关证据材料；

（三）作出具体行政行为所依据的法律、行政法规、规章和规范性文件的文号、具体条款和内容；

（四）对申请人复议请求的意见和理由；

（五）答复的年月日。

第二十三条 有下列情形之一的，被申请人经安全生产行政复议机构允许可以补充相关证据：

（一）在作出具体行政行为时已经收集证据，但因不可抗力等正当理由不能提供的；

（二）申请人或者第三人在行政复议过程中，提出了其在安全监管监察部门实施具体行政行为过程中没有提出的申辩理由或者证据的。

第二十四条 有下列情形之一的，申请人应当提供证明材料：

（一）认为被申请人不履行法定职责的，提供曾经要求被申请人履行法定职责而被申请人未履行的证明材料，但被申请人依法应当主动履行的除外；

（二）申请行政复议时一并提出行政赔偿请求的，提供受具体行政行为侵害而造成损害的证明材料；

（三）申请人自己主张的事实；

（四）法律、行政法规规定由申请人提供证据材料的其他情形。

第二十五条 申请人、被申请人、第三人应当对其提交的证据材料分类编号，对证据材料的来源、证明对象和内容作简要说明，并在证据材料上签字或者盖章，注明提交日期。

证据材料是复印件的，应当经复议机构核对无误，并注明原件存放的单位和处所。

第二十六条 行政复议原则上采取书面审理的方式，但对重大、复杂的案件，申请人提出要求或者安全生产行政复议机构认为必要时，可以采取听证的方式审理。

听证应当保障当事人平等的陈述、质证和辩论的权利。

第二十七条 安全生产行政复议机构采取听证的方式审理复议案件，应当制作听证笔录并载明下列事项：

（一）案由，听证的时间、地点；

（二）申请人、被申请人、第三人及其代理人的基本情况；

（三）听证主持人、听证员、书记员的姓名、职务等；

（四）申请人、被申请人、第三人争议的焦点问题，有关事实、证据和依据；

（五）其他应当记载的事项。

申请人、被申请人、第三人应当核对听证笔录并签字或者盖章。

第二十八条　安全生产行政复议机构认为必要时，可以实地调查核实证据。调查核实时，行政复议人员不得少于2人，并应当向当事人或者有关人员出示证件。

需要现场勘验的，现场勘验所用时间不计入行政复议审理期限。

第二十九条　安全生产行政复议期间涉及专门事项需要鉴定的，当事人可以自行委托鉴定机构进行鉴定，也可以申请行政复议机构委托鉴定机构进行鉴定。鉴定费用由当事人承担。鉴定所用时间不计入行政复议审理期限。

第三十条　申请人在行政复议决定作出前自愿撤回行政复议申请的，经行政复议机构同意，可以撤回。

申请人撤回行政复议申请的，不得以同一事实和理由再次提出行政复议申请。但是，申请人能够证明撤回行政复议申请违背其真实意思表示的除外。

第三十一条　行政复议申请由两个以上申请人共同提出，在行政复议决定作出前，部分申请人撤回行政复议申请的，安全生产行政复议机关应当就其他申请人未撤回的行政复议申请作出行政复议决定。

第三十二条　被申请人在复议期间改变原具体行政行为的，应当书面告知复议机构。

被申请人改变原具体行政行为，申请人撤回复议申请的，行政复议终止；申请人不撤回复议申请的，安全生产行政复议机关经审查认为原具体行政行为违法的，应当作出确认其违法的复议决定；认为原具体行政行为合法的，应当作出维持的复议决定。

第三十三条　公民、法人或者其他组织对安全监管监察部门行使法律、行政法规规定的自由裁量权作出的具体行政行为不服申请行政复议，申请人与被申请人在行政复议决定作出前自愿达成和解的，应当向安全生产行政复议机构提交书面和解协议；和解内容不损害社会公共利益和他人合法权益的，安全生产行政复议机构应当准许。

第三十四条　有下列情形之一的，安全生产行政复议机构可以按照自愿、合法的原则进行调解：

（一）公民、法人或者其他组织对安全监管监察部门行使法律、行政法规规定的自由裁量权作出的具体行政行为不服申请行政复议的；

（二）当事人之间的行政赔偿或者行政补偿的纠纷。

当事人经调解达成协议的，安全生产行政复议机关应当制作行政复议调解书。调解书应当载明行政复议请求、事实、理由和调解结果，并加盖安全生产行政复议机关印章。行政复议调解书经双方当事人签字，即具有法律效力。

调解未达成协议或者调解书生效前一方反悔的，安全生产行政复议机关应当及时作出行政复议决定。

第三十五条　安全生产行政复议机构应当对被申请人作出的具体行政行为进行审查，提出意见，经安全生产行政复议机关集体讨论通过或者负责人同意后，依法作出行政复议决定。

第三十六条 被申请人被责令重新作出具体行政行为的,应当在法律、行政法规、规章规定的期限内重新作出具体行政行为;法律、行政法规、规章未规定期限的,重新作出具体行政行为的期限为 60 日。

被申请人不得以同一事实和理由作出与原具体行政行为相同或者基本相同的具体行政行为。但因违反法定程序被责令重新作出具体行政行为的除外。

第三十七条 申请人在申请行政复议时一并提出行政赔偿请求,安全生产行政复议机关对符合国家赔偿法有关规定应当给予赔偿的,在决定撤销、变更具体行政行为或者确认具体行政行为违法时,应当同时决定被申请人依法给予赔偿。

申请人在申请行政复议时没有提出行政赔偿请求的,安全生产行政复议机关在依法决定撤销或者变更原具体行政行为确定的罚款以及对设备、设施、器材的扣押、查封等强制措施时,应当同时责令被申请人返还罚款,解除对设备、设施、器材的扣押、查封等强制措施。

第三十八条 安全生产行政复议机关在申请人的行政复议请求范围内,不得作出对申请人更为不利的行政复议决定。

第五章 附 则

第三十九条 安全生产行政复议机关及其工作人员和被申请人在安全生产行政复议工作中违反本规定的,依照行政复议法及其实施条例的规定,追究法律责任。

第四十条 行政复议期间的计算和行政复议文书的送达,依照民事诉讼法关于期间、送达的规定执行。

本规定关于行政复议期间有关“3 日”“5 日”“7 日”的规定是指工作日,不含节假日。

第四十一条 安全生产行政复议案件审理完毕,案件承办人应当将案件材料在 10 日内立卷、归档。

下一级安全生产行政复议机关应当在作出行政复议决定之日起 15 日内将行政复议决定书报上一级安全生产行政复议机构备案。

第四十二条 安全监管行政复议机关办理行政复议案件,使用国家安全生产监督管理总局统一制定的文书式样。

煤矿安全监察行政复议机关办理行政复议案件,使用国家煤矿安全监察局统一制定的文书式样。

第四十三条 本规定自 2007 年 11 月 1 日起施行。原国家经济贸易委员会 2003 年 2 月 18 日公布的《安全生产行政复议暂行办法》和原国家安全生产监督管理局(国家煤矿安全监察局)2003 年 6 月 20 日公布的《煤矿安全监察行政复议规定》同时废止。

安全生产违法行为行政处罚办法

（本办法于2015年修订，修订后施行日期：2015年5月1日）

第一章　总　则

第一条　为了制裁安全生产违法行为，规范安全生产行政处罚工作，依照行政处罚法、安全生产法及其他有关法律、行政法规的规定，制定本办法。

第二条　县级以上人民政府安全生产监督管理部门对生产经营单位及其有关人员在生产经营活动中违反有关安全生产的法律、行政法规、部门规章、国家标准、行业标准和规程的违法行为（以下统称安全生产违法行为）实施行政处罚，适用本办法。

煤矿安全监察机构依照本办法和煤矿安全监察行政处罚办法，对煤矿、煤矿安全生产中介机构等生产经营单位及其有关人员的安全生产违法行为实施行政处罚。

有关法律、行政法规对安全生产违法行为行政处罚的种类、幅度或者决定机关另有规定的，依照其规定。

第三条　对安全生产违法行为实施行政处罚，应当遵循公平、公正、公开的原则。

安全生产监督管理部门或者煤矿安全监察机构（以下统称安全监管监察部门）及其行政执法人员实施行政处罚，必须以事实为依据。行政处罚应当与安全生产违法行为的事实、性质、情节以及社会危害程度相当。

第四条　生产经营单位及其有关人员对安全监管监察部门给予的行政处罚，依法享有陈述权、申辩权和听证权；对行政处罚不服的，有权依法申请行政复议或者提起行政诉讼；因违法给予行政处罚受到损害的，有权依法申请国家赔偿。

第二章　行政处罚的种类、管辖

第五条　安全生产违法行为行政处罚的种类：

（一）警告；

（二）罚款；

（三）没收违法所得、没收非法开采的煤炭产品、采掘设备；

（四）责令停产停业整顿、责令停产停业、责令停止建设、责令停止施工；

（五）暂扣或者吊销有关许可证，暂停或者撤销有关执业资格、岗位证书；

（六）关闭；

（七）拘留；

（八）安全生产法律、行政法规规定的其他行政处罚。

第六条　县级以上安全监管监察部门应当按照本章的规定，在各自的职责范围内对安全生产违法行为行政处罚行使管辖权。

安全生产违法行为的行政处罚,由安全生产违法行为发生地的县级以上安全监管监察部门管辖。中央企业及其所属企业、有关人员的安全生产违法行为的行政处罚,由安全生产违法行为发生地的设区的市级以上安全监管监察部门管辖。

暂扣、吊销有关许可证和暂停、撤销有关执业资格、岗位证书的行政处罚,由发证机关决定。其中,暂扣有关许可证和暂停有关执业资格、岗位证书的期限一般不得超过6个月;法律、行政法规另有规定的,依照其规定。

给予关闭的行政处罚,由县级以上安全监管监察部门报请县级以上人民政府按照国务院规定的权限决定。

给予拘留的行政处罚,由县级以上安全监管监察部门建议公安机关依照治安管理处罚法的规定决定。

第七条 两个以上安全监管监察部门因行政处罚管辖权发生争议的,由其共同的上一级安全监管监察部门指定管辖。

第八条 对报告或者举报的安全生产违法行为,安全监管监察部门应当受理;发现不属于自己管辖的,应当及时移送有管辖权的部门。

受移送的安全监管监察部门对管辖权有异议的,应当报请共同的上一级安全监管监察部门指定管辖。

第九条 安全生产违法行为涉嫌犯罪的,安全监管监察部门应当将案件移送司法机关,依法追究刑事责任;尚不够刑事处罚但依法应当给予行政处罚的,由安全监管监察部门管辖。

第十条 上级安全监管监察部门可以直接查处下级安全监管监察部门管辖的案件,也可以将自己管辖的案件交由下级安全监管监察部门管辖。

下级安全监管监察部门可以将重大、疑难案件报请上级安全监管监察部门管辖。

第十一条 上级安全监管监察部门有权对下级安全监管监察部门违法或者不适当的行政处罚予以纠正或者撤销。

第十二条 安全监管监察部门根据需要,可以在其法定职权范围内委托符合《行政处罚法》第十九条规定条件的组织或者乡、镇人民政府以及街道办事处、开发区管理机构等地方人民政府的派出机构实施行政处罚。受委托的单位在委托范围内,以委托的安全监管监察部门名义实施行政处罚。

委托的安全监管监察部门应当监督检查受委托的单位实施行政处罚,并对其实施行政处罚的后果承担法律责任。

第三章 行政处罚的程序

第十三条 安全生产行政执法人员在执行公务时,必须出示省级以上安全生产监督管理部门或者县级以上地方人民政府统一制作的有效行政执法证件。其中对煤矿进行安全监察,必须出示国家安全生产监督管理总局统一制作的煤矿安全监察员证。

第十四条 安全监管监察部门及其行政执法人员在监督检查时发现生产经营单位存在事故隐患的,应当按照下列规定采取现场处理措施:

(一)能够立即排除的,应当责令立即排除;

（二）重大事故隐患排除前或者排除过程中无法保证安全的，应当责令从危险区域撤出作业人员，并责令暂时停产停业、停止建设、停止施工或者停止使用相关设施、设备，限期排除隐患。

隐患排除后，经安全监管监察部门审查同意，方可恢复生产经营和使用。

本条第一款第（二）项规定的责令暂时停产停业、停止建设、停止施工或者停止使用相关设施、设备的期限一般不超过6个月；法律、行政法规另有规定的，依照其规定。

第十五条　对有根据认为不符合安全生产的国家标准或者行业标准的在用设施、设备、器材，违法生产、储存、使用、经营、运输的危险物品，以及违法生产、储存、使用、经营危险物品的作业场所，安全监管监察部门应当依照《行政强制法》的规定予以查封或者扣押。查封或者扣押的期限不得超过30日，情况复杂的，经安全监管监察部门负责人批准，最多可以延长30日，并在查封或者扣押期限内作出处理决定：

（一）对违法事实清楚、依法应当没收的非法财物予以没收；

（二）法律、行政法规规定应当销毁的，依法销毁；

（三）法律、行政法规规定应当解除查封、扣押的，作出解除查封、扣押的决定。

实施查封、扣押，应当制作并当场交付查封、扣押决定书和清单。

第十六条　安全监管监察部门依法对存在重大事故隐患的生产经营单位作出停产停业、停止施工、停止使用相关设施、设备的决定，生产经营单位应当依法执行，及时消除事故隐患。生产经营单位拒不执行，有发生生产安全事故的现实危险的，在保证安全的前提下，经本部门主要负责人批准，安全监管监察部门可以采取通知有关单位停止供电、停止供应民用爆炸物品等措施，强制生产经营单位履行决定。通知应当采用书面形式，有关单位应当予以配合。

安全监管监察部门依照前款规定采取停止供电措施，除有危及生产安全的紧急情形外，应当提前24小时通知生产经营单位。生产经营单位依法履行行政决定、采取相应措施消除事故隐患的，安全监管监察部门应当及时解除前款规定的措施。

第十七条　生产经营单位被责令限期改正或者限期进行隐患排除治理的，应当在规定限期内完成。因不可抗力无法在规定限期内完成的，应当在进行整改或者治理的同时，于限期届满前10日内提出书面延期申请，安全监管监察部门应当在收到申请之日起5日内书面答复是否准予延期。

生产经营单位提出复查申请或者整改、治理限期届满的，安全监管监察部门应当自申请或者限期届满之日起10日内进行复查，填写复查意见书，由被复查单位和安全监管监察部门复查人员签名后存档。逾期未整改、未治理或者整改、治理不合格的，安全监管监察部门应当依法给予行政处罚。

第十八条　安全监管监察部门在作出行政处罚决定前，应当填写行政处罚告知书，告知当事人作出行政处罚决定的事实、理由、依据，以及当事人依法享有的权利，并送达当事人。当事人应当在收到行政处罚告知书之日起3日内进行陈述、申辩，或者依法提出听证要求，逾期视为放弃上述权利。

第十九条　安全监管监察部门应当充分听取当事人的陈述和申辩，对当事人提出的事实、理由和证据，应当进行复核；当事人提出的事实、理由和证据成立的，安全监管监察部门应当采纳。

安全监管监察部门不得因当事人陈述或者申辩而加重处罚。

第二十条　安全监管监察部门对安全生产违法行为实施行政处罚,应当符合法定程序,制作行政执法文书。

第一节　简易程序

第二十一条　违法事实确凿并有法定依据,对个人处以50元以下罚款、对生产经营单位处以1千元以下罚款或者警告的行政处罚的,安全生产行政执法人员可以当场作出行政处罚决定。

第二十二条　安全生产行政执法人员当场作出行政处罚决定,应当填写预定格式、编有号码的行政处罚决定书并当场交付当事人。

安全生产行政执法人员当场作出行政处罚决定后应当及时报告,并在5日内报所属安全监管监察部门备案。

第二节　一般程序

第二十三条　除依照简易程序当场作出的行政处罚外,安全监管监察部门发现生产经营单位及其有关人员有应当给予行政处罚的行为的,应当予以立案,填写立案审批表,并全面、客观、公正地进行调查,收集有关证据。对确需立即查处的安全生产违法行为,可以先行调查取证,并在5日内补办立案手续。

第二十四条　对已经立案的案件,由立案审批人指定两名或者两名以上安全生产行政执法人员进行调查。

有下列情形之一的,承办案件的安全生产行政执法人员应当回避:

(一)本人是本案的当事人或者当事人的近亲属的;

(二)本人或者其近亲属与本案有利害关系的;

(三)与本人有其他利害关系,可能影响案件的公正处理的。

安全生产行政执法人员的回避,由派出其进行调查的安全监管监察部门的负责人决定。进行调查的安全监管监察部门负责人的回避,由该部门负责人集体讨论决定。回避决定作出之前,承办案件的安全生产行政执法人员不得擅自停止对案件的调查。

第二十五条　进行案件调查时,安全生产行政执法人员不得少于两名。当事人或者有关人员应当如实回答安全生产行政执法人员的询问,并协助调查或者检查,不得拒绝、阻挠或者提供虚假情况。

询问或者检查应当制作笔录。笔录应当记载时间、地点、询问和检查情况,并由被询问人、被检查单位和安全生产行政执法人员签名或者盖章;被询问人、被检查单位要求补正的,应当允许。被询问人或者被检查单位拒绝签名或者盖章的,安全生产行政执法人员应当在笔录上注明原因并签名。

第二十六条　安全生产行政执法人员应当收集、调取与案件有关的原始凭证作为证据。调取原始凭证确有困难的,可以复制,复制件应当注明"经核对与原件无异"的字样和原始凭证存放的单位及其处所,并由出具证据的人员签名或者单位盖章。

第二十七条　安全生产行政执法人员在收集证据时,可以采取抽样取证的方法;在证据可能灭失或者以后难以取得的情况下,经本单位负责人批准,可以先行登记保存,并应当在7日内作出处理决定：

（一）违法事实成立依法应当没收的，作出行政处罚决定，予以没收；依法应当扣留或者封存的，予以扣留或者封存。

（二）违法事实不成立，或者依法不应当予以没收、扣留、封存的，解除登记保存。

第二十八条 安全生产行政执法人员对与案件有关的物品、场所进行勘验检查时，应当通知当事人到场，制作勘验笔录，并由当事人核对无误后签名或者盖章。当事人拒绝到场的，可以邀请在场的其他人员作证，并在勘验笔录中注明原因并签名；也可以采用录音、录像等方式记录有关物品、场所的情况后，再进行勘验检查。

第二十九条 案件调查终结后，负责承办案件的安全生产行政执法人员应当填写案件处理呈批表，连同有关证据材料一并报本部门负责人审批。

安全监管监察部门负责人应当及时对案件调查结果进行审查，根据不同情况，分别作出以下决定：

（一）确有应受行政处罚的违法行为的，根据情节轻重及具体情况，作出行政处罚决定；

（二）违法行为轻微，依法可以不予行政处罚的，不予行政处罚；

（三）违法事实不能成立，不得给予行政处罚；

（四）违法行为涉嫌犯罪的，移送司法机关处理。

对严重安全生产违法行为给予责令停产停业整顿、责令停产停业、责令停止建设、责令停止施工、吊销有关许可证、撤销有关执业资格或者岗位证书、5万元以上罚款、没收违法所得、没收非法开采的煤炭产品或者采掘设备价值5万元以上的行政处罚的，应当由安全监管监察部门的负责人集体讨论决定。

第三十条 安全监管监察部门依照本办法第二十九条的规定给予行政处罚，应当制作行政处罚决定书。行政处罚决定书应当载明下列事项：

（一）当事人的姓名或者名称、地址或者住址；

（二）违法事实和证据；

（三）行政处罚的种类和依据；

（四）行政处罚的履行方式和期限；

（五）不服行政处罚决定，申请行政复议或者提起行政诉讼的途径和期限；

（六）作出行政处罚决定的安全监管监察部门的名称和作出决定的日期。

行政处罚决定书必须盖有作出行政处罚决定的安全监管监察部门的印章。

第三十一条 行政处罚决定书应当在宣告后当场交付当事人；当事人不在场的，安全监管监察部门应当在7日内依照民事诉讼法的有关规定，将行政处罚决定书送达当事人或者其他的法定受送达人：

（一）送达必须有送达回执，由受送达人在送达回执上注明收到日期，签名或者盖章。

（二）送达应当直接送交受送达人。受送达人是个人的，本人不在交他的同住成年家属签收，并在行政处罚决定书送达回执的备注栏内注明与受送达人的关系。

（三）受送达人是法人或者其他组织的，应当由法人的法定代表人、其他组织的主要负责人或者该法人、组织负责收件的人签收。

(四)受送达人指定代收人的,交代收人签收并注明受当事人委托的情况。

(五)直接送达确有困难的,可以挂号邮寄送达,也可以委托当地安全监管监察部门代为送达,代为送达的安全监管监察部门收到文书后,必须立即交受送达人签收。

(六)当事人或者他的同住成年家属拒绝接收的,送达人应当邀请有关基层组织或者所在单位的代表到场,说明情况,在行政处罚决定书送达回执上记明拒收的事由和日期,由送达人、见证人签名或者盖章,把行政处罚决定书留在当事人的住所;也可以把行政处罚决定书留在受送达人的住所,并采用拍照、录像等方式记录送达过程,即视为送达。

(七)受送达人下落不明,或者用以上方式无法送达的,可以公告送达,自公告发布之日起经过60日,即视为送达。公告送达,应当在案卷中注明原因和经过。

安全监管监察部门送达其他行政处罚执法文书,按照前款规定办理。

第三十二条 行政处罚案件应当自立案之日起30日内作出行政处罚决定;由于客观原因不能完成的,经安全监管监察部门负责人同意,可以延长,但不得超过90日;特殊情况需进一步延长的,应当经上一级安全监管监察部门批准,可延长至180日。

第三节 听证程序

第三十三条 安全监管监察部门作出责令停产停业整顿、责令停产停业、吊销有关许可证、撤销有关执业资格、岗位证书或者较大数额罚款的行政处罚决定之前,应当告知当事人有要求举行听证的权利;当事人要求听证的,安全监管监察部门应当组织听证,不得向当事人收取听证费用。

前款所称较大数额罚款,为省、自治区、直辖市人大常委会或者人民政府规定的数额;没有规定数额的,其数额对个人罚款为2万元以上,对生产经营单位罚款为5万元以上。

第三十四条 当事人要求听证的,应当在安全监管监察部门依照本办法第十七条规定告知后3日内以书面方式提出。

第三十五条 当事人提出听证要求后,安全监管监察部门应当在收到书面申请之日起15日内举行听证会,并在举行听证会的7日前,通知当事人举行听证的时间、地点。

当事人应当按期参加听证。当事人有正当理由要求延期的,经组织听证的安全监管监察部门负责人批准可以延期1次;当事人未按期参加听证,并且未事先说明理由的,视为放弃听证权利。

第三十六条 听证参加人由听证主持人、听证员、案件调查人员、当事人及其委托代理人、书记员组成。

听证主持人、听证员、书记员应当由组织听证的安全监管监察部门负责人指定的非本案调查人员担任。

当事人可以委托1至2名代理人参加听证,并提交委托书。

第三十七条 除涉及国家秘密、商业秘密或者个人隐私外,听证应当公开举行。

第三十八条 当事人在听证中的权利和义务:

(一)有权对案件涉及的事实、适用法律及有关情况进行陈述和申辩;

(二)有权对案件调查人员提出的证据质证并提出新的证据;

(三)如实回答主持人的提问;

(四)遵守听证会场纪律,服从听证主持人指挥。

第三十九条　听证按照下列程序进行：

（一）书记员宣布听证会场纪律、当事人的权利和义务。听证主持人宣布案由，核实听证参加人名单，宣布听证开始。

（二）案件调查人员提出当事人的违法事实、出示证据，说明拟作出的行政处罚的内容及法律依据。

（三）当事人或者其委托代理人对案件的事实、证据、适用的法律等进行陈述和申辩，提交新的证据材料。

（四）听证主持人就案件的有关问题向当事人、案件调查人员、证人询问。

（五）案件调查人员、当事人或者其委托代理人相互辩论。

（六）当事人或者其委托代理人作最后陈述。

（七）听证主持人宣布听证结束。

听证笔录应当当场交当事人核对无误后签名或者盖章。

第四十条　有下列情形之一的，应当中止听证：

（一）需要重新调查取证的；

（二）需要通知新证人到场作证的；

（三）因不可抗力无法继续进行听证的。

第四十一条　有下列情形之一的，应当终止听证：

（一）当事人撤回听证要求的；

（二）当事人无正当理由不按时参加听证的；

（三）拟作出的行政处罚决定已经变更，不适用听证程序的。

第四十二条　听证结束后，听证主持人应当依据听证情况，填写听证会报告书，提出处理意见并附听证笔录报安全监管监察部门负责人审查。安全监管监察部门依照本办法第二十九条的规定作出决定。

第四章　行政处罚的适用

第四十三条　生产经营单位的决策机构、主要负责人、个人经营的投资人（包括实际控制人，下同）未依法保证下列安全生产所必需的资金投入之一，致使生产经营单位不具备安全生产条件的，责令限期改正，提供必需的资金，可以对生产经营单位处1万元以上3万元以下罚款，对生产经营单位的主要负责人、个人经营的投资人处5 000元以上1万元以下罚款；逾期未改正的，责令生产经营单位停产停业整顿：

（一）提取或者使用安全生产费用；

（二）用于配备劳动防护用品的经费；

（三）用于安全生产教育和培训的经费；

（四）国家规定的其他安全生产所必须的资金投入。

生产经营单位主要负责人、个人经营的投资人有前款违法行为，导致发生生产安全事故的，依照《生产安全事故罚款处罚规定（试行）》的规定给予处罚。

第四十四条　生产经营单位的主要负责人未依法履行安全生产管理职责，导致生产安全事故发生的，依照《生产安全事故罚款处罚规定（试行）》的规定给予处罚。

第四十五条 生产经营单位及其主要负责人或者其他人员有下列行为之一的，给予警告，并可以对生产经营单位处 1 万元以上 3 万元以下罚款，对其主要负责人、其他有关人员处 1 000 元以上 1 万元以下的罚款：

（一）违反操作规程或者安全管理规定作业的；

（二）违章指挥从业人员或者强令从业人员违章、冒险作业的；

（三）发现从业人员违章作业不加制止的；

（四）超过核定的生产能力、强度或者定员进行生产的；

（五）对被查封或者扣押的设施、设备、器材、危险物品和作业场所，擅自启封或者使用的；

（六）故意提供虚假情况或者隐瞒存在的事故隐患以及其他安全问题的；

（七）拒不执行安全监管监察部门依法下达的安全监管监察指令的。

第四十六条 危险物品的生产、经营、储存单位以及矿山、金属冶炼单位有下列行为之一的，责令改正，并可以处 1 万元以上 3 万元以下的罚款：

（一）未建立应急救援组织或者生产经营规模较小、未指定兼职应急救援人员的；

（二）未配备必要的应急救援器材、设备和物资，并进行经常性维护、保养，保证正常运转的。

第四十七条 生产经营单位与从业人员订立协议，免除或者减轻其对从业人员因生产安全事故伤亡依法应承担的责任的，该协议无效；对生产经营单位的主要负责人、个人经营的投资人按照下列规定处以罚款：

（一）在协议中减轻因生产安全事故伤亡对从业人员依法应承担的责任的，处 2 万元以上 5 万元以下的罚款；

（二）在协议中免除因生产安全事故伤亡对从业人员依法应承担的责任的，处 5 万元以上 10 万元以下的罚款。

第四十八条 生产经营单位不具备法律、行政法规和国家标准、行业标准规定的安全生产条件，经责令停产停业整顿仍不具备安全生产条件的，安全监管监察部门应当提请有管辖权的人民政府予以关闭；人民政府决定关闭的，安全监管监察部门应当依法吊销其有关许可证。

第四十九条 生产经营单位转让安全生产许可证的，没收违法所得，吊销安全生产许可证，并按照下列规定处以罚款：

（一）接受转让的单位和个人未发生生产安全事故的，处 10 万元以上 30 万元以下的罚款；

（二）接受转让的单位和个人发生生产安全事故但没有造成人员死亡的，处 30 万元以上 40 万元以下的罚款；

（三）接受转让的单位和个人发生人员死亡生产安全事故的，处 40 万元以上 50 万元以下的罚款。

第五十条 知道或者应当知道生产经营单位未取得安全生产许可证或者其他批准文件擅自从事生产经营活动，仍为其提供生产经营场所、运输、保管、仓储等条件的，责令立即停止违法行为，有违法所得的，没收违法所得，并处违法所得 1 倍以上 3 倍以下的罚款，但是最高不得超过3万元；没有违法所得的，并处5 000元以上1万元以下的罚款。

第五十一条　生产经营单位及其有关人员弄虚作假，骗取或者勾结、串通行政审批工作人员取得安全生产许可证书及其他批准文件的，撤销许可及批准文件，并按照下列规定处以罚款：

（一）生产经营单位有违法所得的，没收违法所得，并处违法所得1倍以上3倍以下的罚款，但是最高不得超过3万元；没有违法所得的，并处5 000元以上1万元以下的罚款；

（二）对有关人员处1 000元以上1万元以下的罚款。

有前款规定违法行为的生产经营单位及其有关人员在3年内不得再次申请该行政许可。

生产经营单位及其有关人员未依法办理安全生产许可证书变更手续的，责令限期改正，并对生产经营单位处1万元以上3万元以下的罚款，对有关人员处1 000元以上5 000元以下的罚款。

第五十二条　未取得相应资格、资质证书的机构及其有关人员从事安全评价、认证、检测、检验工作，责令停止违法行为，并按照下列规定处以罚款：

（一）机构有违法所得的，没收违法所得，并处违法所得1倍以上3倍以下的罚款，但是最高不得超过3万元；没有违法所得的，并处5 000元以上1万元以下的罚款；

（二）有关人员处5 000元以上1万元以下的罚款。

第五十三条　生产经营单位及其有关人员触犯不同的法律规定，有两个以上应当给予行政处罚的安全生产违法行为的，安全监管监察部门应当适用不同的法律规定，分别裁量，合并处罚。

第五十四条　对同一生产经营单位及其有关人员的同一安全生产违法行为，不得给予两次以上罚款的行政处罚。

第五十五条　生产经营单位及其有关人员有下列情形之一的，应当从重处罚：

（一）危及公共安全或者其他生产经营单位安全的，经责令限期改正，逾期未改正的；

（二）一年内因同一违法行为受到两次以上行政处罚的；

（三）拒不整改或者整改不力，其违法行为呈持续状态的；

（四）拒绝、阻碍或者以暴力威胁行政执法人员的。

第五十六条　生产经营单位及其有关人员有下列情形之一的，应当依法从轻或者减轻行政处罚：

（一）已满14周岁不满18周岁的公民实施安全生产违法行为的；

（二）主动消除或者减轻安全生产违法行为危害后果的；

（三）受他人胁迫实施安全生产违法行为的；

（四）配合安全监管监察部门查处安全生产违法行为，有立功表现的；

（五）主动投案，向安全监管部门如实交待自己的违法行为的；

（六）具有法律、行政法规规定的其他从轻或者减轻处罚情形的。

有从轻处罚情节的，应当在法定处罚幅度的中档以下确定行政处罚标准，但不得低于法定处罚幅度的下限。

本条第一款第四项所称的立功表现，是指当事人有揭发他人安全生产违法行为，并经查证属实；或者提供查处其他安全生产违法行为的重要线索，并经查证属实；或者阻止他人实施安全生产违法行为；或者协助司法机关抓捕其他违法犯罪嫌疑人的行为。

安全生产违法行为轻微并及时纠正，没有造成危害后果的，不予行政处罚。

第五章　行政处罚的执行和备案

第五十七条　安全监管监察部门实施行政处罚时，应当同时责令生产经营单位及其有关人员停止、改正或者限期改正违法行为。

第五十八条　本办法所称的违法所得，按照下列规定计算：

（一）生产、加工产品的，以生产、加工产品的销售收入作为违法所得；

（二）销售商品的，以销售收入作为违法所得；

（三）提供安全生产中介、租赁等服务的，以服务收入或者报酬作为违法所得；

（四）销售收入无法计算的，按当地同类同等规模的生产经营单位的平均销售收入计算；

（五）服务收入、报酬无法计算的，按照当地同行业同种服务的平均收入或者报酬计算。

第五十九条　行政处罚决定依法作出后，当事人应当在行政处罚决定的期限内，予以履行；当事人逾期不履行的，作出行政处罚决定的安全监管监察部门可以采取下列措施：

（一）到期不缴纳罚款的，每日按罚款数额的3%加处罚款，但不得超过罚款数额；

（二）根据法律规定，将查封、扣押的设施、设备、器材和危险物品拍卖所得价款抵缴罚款；

（三）申请人民法院强制执行。

当事人对行政处罚决定不服申请行政复议或者提起行政诉讼的，行政处罚不停止执行，法律另有规定的除外。

第六十条　安全生产行政执法人员当场收缴罚款的，应当出具省、自治区、直辖市财政部门统一制发的罚款收据；当场收缴的罚款，应当自收缴罚款之日起2日内，交至所属安全监管监察部门；安全监管监察部门应当在2日内将罚款缴付指定的银行。

第六十一条　除依法应当予以销毁的物品外，需要将查封、扣押的设施、设备、器材和危险物品拍卖抵缴罚款的，依照法律或者国家有关规定处理。销毁物品，依照国家有关规定处理；没有规定的，经县级以上安全监管监察部门负责人批准，由两名以上安全生产行政执法人员监督销毁，并制作销毁记录。处理物品，应当制作清单。

第六十二条　罚款、没收违法所得的款项和没收非法开采的煤炭产品、采掘设备，必须按照有关规定上缴，任何单位和个人不得截留、私分或者变相私分。

第六十三条　县级安全生产监督管理部门处以5万元以上罚款、没收违法所得、没收非法生产的煤炭产品或者采掘设备价值5万元以上、责令停产停业、停止建设、停止施工、停产停业整顿、吊销有关资格、岗位证书或者许可证的行政处罚的，应当自作出行政处罚决定之日起10日内报设区的市级安全生产监督管理部门备案。

第六十四条　设区的市级安全生产监管监察部门处以10万元以上罚款、没收违法所得、没收非法生产的煤炭产品或者采掘设备价值10万元以上、责令停产停业、停止建设、停止施工、停产停业整顿、吊销有关资格、岗位证书或者许可证的行政处罚的，应当自作出行政处罚决定之日起10日内报省级安全监管监察部门备案。

第六十五条　省级安全监管监察部门处以50万元以上罚款、没收违法所得、没收非法生产的煤炭产品或者采掘设备价值50万元以上、责令停产停业、停止建设、停止施工、停产停业整顿、吊销有关资格、岗位证书或者许可证的行政处罚的，应当自作出行政处罚决定之日起10日内报国家安全生产监督管理总局或者国家煤矿安全监察局备案。

对上级安全监管监察部门交办案件给予行政处罚的，由决定行政处罚的安全监管监察部门自作出行政处罚决定之日起10日内报上级安全监管监察部门备案。

第六十六条　行政处罚执行完毕后，案件材料应当按照有关规定立卷归档。

案卷立案归档后，任何单位和个人不得擅自增加、抽取、涂改和销毁案卷材料。未经安全监管监察部门负责人批准，任何单位和个人不得借阅案卷。

第六章　附　则

第六十七条　安全生产监督管理部门所用的行政处罚文书式样，由国家安全生产监督管理总局统一制定。

煤矿安全监察机构所用的行政处罚文书式样，由国家煤矿安全监察局统一制定。

第六十八条　本办法所称的生产经营单位，是指合法和非法从事生产或者经营活动的基本单元，包括企业法人、不具备企业法人资格的合伙组织、个体工商户和自然人等生产经营主体。

第六十九条　本办法自2008年1月1日起施行。原国家安全生产监督管理局（国家煤矿安全监察局）2003年5月19日公布的《安全生产违法行为行政处罚办法》、2001年4月27日公布的《煤矿安全监察程序暂行规定》同时废止。

生产安全事故应急预案管理办法

(本办法于 2019 年修订,修订后施行日期:2019 年 9 月 1 日)

第一章　总　则

第一条　为规范生产安全事故应急预案管理工作,迅速有效处置生产安全事故,依据《中华人民共和国突发事件应对法》《中华人民共和国安全生产法》《生产安全事故应急条例》等法律、行政法规和《突发事件应急预案管理办法》(国办发〔2013〕101 号),制定本办法。

第二条　生产安全事故应急预案(以下简称应急预案)的编制、评审、公布、备案、实施及监督管理工作,适用本办法。

第三条　应急预案的管理实行属地为主、分级负责、分类指导、综合协调、动态管理的原则。

第四条　应急管理部负责全国应急预案的综合协调管理工作。国务院其他负有安全生产监督管理职责的部门在各自职责范围内,负责相关行业、领域应急预案的管理工作。

县级以上地方各级人民政府应急管理部门负责本行政区域内应急预案的综合协调管理工作。县级以上地方各级人民政府其他负有安全生产监督管理职责的部门按照各自的职责负责有关行业、领域应急预案的管理工作。

第五条　生产经营单位主要负责人负责组织编制和实施本单位的应急预案,并对应急预案的真实性和实用性负责;各分管负责人应当按照职责分工落实应急预案规定的职责。

第六条　生产经营单位应急预案分为综合应急预案、专项应急预案和现场处置方案。

综合应急预案,是指生产经营单位为应对各种生产安全事故而制定的综合性工作方案,是本单位应对生产安全事故的总体工作程序、措施和应急预案体系的总纲。

专项应急预案,是指生产经营单位为应对某一种或者多种类型生产安全事故,或者针对重要生产设施、重大危险源、重大活动防止生产安全事故而制定的专项性工作方案。

现场处置方案,是指生产经营单位根据不同生产安全事故类型,针对具体场所、装置或者设施所制定的应急处置措施。

第二章　应急预案的编制

第七条　应急预案的编制应当遵循以人为本、依法依规、符合实际、注重实效的原则,以应急处置为核心,明确应急职责、规范应急程序、细化保障措施。

第八条　应急预案的编制应当符合下列基本要求:

(一)有关法律、法规、规章和标准的规定;

（二）本地区、本部门、本单位的安全生产实际情况；

（三）本地区、本部门、本单位的危险性分析情况；

（四）应急组织和人员的职责分工明确，并有具体的落实措施；

（五）有明确、具体的应急程序和处置措施，并与其应急能力相适应；

（六）有明确的应急保障措施，满足本地区、本部门、本单位的应急工作需要；

（七）应急预案基本要素齐全、完整，应急预案附件提供的信息准确；

（八）应急预案内容与相关应急预案相互衔接。

第九条　编制应急预案应当成立编制工作小组，由本单位有关负责人任组长，吸收与应急预案有关的职能部门和单位的人员，以及有现场处置经验的人员参加。

第十条　编制应急预案前，编制单位应当进行事故风险辨识、评估和应急资源调查。

事故风险辨识、评估，是指针对不同事故种类及特点，识别存在的危险危害因素，分析事故可能产生的直接后果以及次生、衍生后果，评估各种后果的危害程度和影响范围，提出防范和控制事故风险措施的过程。

应急资源调查，是指全面调查本地区、本单位第一时间可以调用的应急资源状况和合作区域内可以请求援助的应急资源状况，并结合事故风险辨识评估结论制定应急措施的过程。

第十一条　地方各级人民政府应急管理部门和其他负有安全生产监督管理职责的部门应当根据法律、法规、规章和同级人民政府以及上一级人民政府应急管理部门和其他负有安全生产监督管理职责的部门的应急预案，结合工作实际，组织编制相应的部门应急预案。

部门应急预案应当根据本地区、本部门的实际情况，明确信息报告、响应分级、指挥权移交、警戒疏散等内容。

第十二条　生产经营单位应当根据有关法律、法规、规章和相关标准，结合本单位组织管理体系、生产规模和可能发生的事故特点，与相关预案保持衔接，确立本单位的应急预案体系，编制相应的应急预案，并体现自救互救和先期处置等特点。

第十三条　生产经营单位风险种类多、可能发生多种类型事故的，应当组织编制综合应急预案。

综合应急预案应当规定应急组织机构及其职责、应急预案体系、事故风险描述、预警及信息报告、应急响应、保障措施、应急预案管理等内容。

第十四条　对于某一种或者多种类型的事故风险，生产经营单位可以编制相应的专项应急预案，或将专项应急预案并入综合应急预案。

专项应急预案应当规定应急指挥机构与职责、处置程序和措施等内容。

第十五条　对于危险性较大的场所、装置或者设施，生产经营单位应当编制现场处置方案。

现场处置方案应当规定应急工作职责、应急处置措施和注意事项等内容。

事故风险单一、危险性小的生产经营单位，可以只编制现场处置方案。

第十六条　生产经营单位应急预案应当包括向上级应急管理机构报告的内容、应急组织机构和人员的联系方式、应急物资储备清单等附件信息。附件信息发生变化时，应当及时更新，确保准确有效。

第十七条 生产经营单位组织应急预案编制过程中,应当根据法律、法规、规章的规定或者实际需要,征求相关应急救援队伍、公民、法人或者其他组织的意见。

第十八条 生产经营单位编制的各类应急预案之间应当相互衔接,并与相关人民政府及其部门、应急救援队伍和涉及的其他单位的应急预案相衔接。

第十九条 生产经营单位应当在编制应急预案的基础上,针对工作场所、岗位的特点,编制简明、实用、有效的应急处置卡。

应急处置卡应当规定重点岗位、人员的应急处置程序和措施,以及相关联络人员和联系方式,便于从业人员携带。

第三章 应急预案的评审、公布和备案

第二十条 地方各级人民政府应急管理部门应当组织有关专家对本部门编制的部门应急预案进行审定;必要时,可以召开听证会,听取社会有关方面的意见。

第二十一条 矿山、金属冶炼企业和易燃易爆物品、危险化学品的生产、经营(带储存设施的,下同)、储存、运输企业,以及使用危险化学品达到国家规定数量的化工企业、烟花爆竹生产、批发经营企业和中型规模以上的其他生产经营单位,应当对本单位编制的应急预案进行评审,并形成书面评审纪要。

前款规定以外的其他生产经营单位可以根据自身需要,对本单位编制的应急预案进行论证。

第二十二条 参加应急预案评审的人员应当包括有关安全生产及应急管理方面的专家。

评审人员与所评审应急预案的生产经营单位有利害关系的,应当回避。

第二十三条 应急预案的评审或者论证应当注重基本要素的完整性、组织体系的合理性、应急处置程序和措施的针对性、应急保障措施的可行性、应急预案的衔接性等内容。

第二十四条 生产经营单位的应急预案经评审或者论证后,由本单位主要负责人签署,向本单位从业人员公布,并及时发放到本单位有关部门、岗位和相关应急救援队伍。

事故风险可能影响周边其他单位、人员的,生产经营单位应当将有关事故风险的性质、影响范围和应急防范措施告知周边的其他单位和人员。

第二十五条 地方各级人民政府应急管理部门的应急预案,应当报同级人民政府备案,同时抄送上一级人民政府应急管理部门,并依法向社会公布。

地方各级人民政府其他负有安全生产监督管理职责的部门的应急预案,应当抄送同级人民政府应急管理部门。

第二十六条 易燃易爆物品、危险化学品等危险物品的生产、经营、储存、运输单位,矿山、金属冶炼、城市轨道交通运营、建筑施工单位,以及宾馆、商场、娱乐场所、旅游景区等人员密集场所经营单位,应当在应急预案公布之日起 20 个工作日内,按照分级属地原则,向县级以上人民政府应急管理部门和其他负有安全生产监督管理职责的部门进行备案,并依法向社会公布。

前款所列单位属于中央企业的,其总部(上市公司)的应急预案,报国务院主管的负有安全生产监督管理职责的部门备案,并抄送应急管理部;其所属单位的应急预案报所在

地的省、自治区、直辖市或者设区的市级人民政府主管的负有安全生产监督管理职责的部门备案，并抄送同级人民政府应急管理部门。

本条第一款所列单位不属于中央企业的，其中非煤矿山、金属冶炼和危险化学品生产、经营、储存、运输企业，以及使用危险化学品达到国家规定数量的化工企业、烟花爆竹生产、批发经营企业的应急预案，按照隶属关系报所在地县级以上地方人民政府应急管理部门备案；本款前述单位以外的其他生产经营单位应急预案的备案，由省、自治区、直辖市人民政府负有安全生产监督管理职责的部门确定。

油气输送管道运营单位的应急预案，除按照本条第一款、第二款的规定备案外，还应当抄送所经行政区域的县级人民政府应急管理部门。

海洋石油开采企业的应急预案，除按照本条第一款、第二款的规定备案外，还应当抄送所经行政区域的县级人民政府应急管理部门和海洋石油安全监管机构。

煤矿企业的应急预案除按照本条第一款、第二款的规定备案外，还应当抄送所在地的煤矿安全监察机构。

第二十七条 生产经营单位申报应急预案备案，应当提交下列材料：

（一）应急预案备案申报表；

（二）本办法第二十一条所列单位，应当提供应急预案评审意见；

（三）应急预案电子文档；

（四）风险评估结果和应急资源调查清单。

第二十八条 受理备案登记的负有安全生产监督管理职责的部门应当在5个工作日内对应急预案材料进行核对，材料齐全的，应当予以备案并出具应急预案备案登记表；材料不齐全的，不予备案并一次性告知需要补齐的材料。逾期不予备案又不说明理由的，视为已经备案。

对于实行安全生产许可的生产经营单位，已经进行应急预案备案的，在申请安全生产许可证时，可以不提供相应的应急预案，仅提供应急预案备案登记表。

第二十九条 各级人民政府负有安全生产监督管理职责的部门应当建立应急预案备案登记建档制度，指导、督促生产经营单位做好应急预案的备案登记工作。

第四章 应急预案的实施

第三十条 各级人民政府应急管理部门、各类生产经营单位应当采取多种形式开展应急预案的宣传教育，普及生产安全事故避险、自救和互救知识，提高从业人员和社会公众的安全意识与应急处置技能。

第三十一条 各级人民政府应急管理部门应当将本部门应急预案的培训纳入安全生产培训工作计划，并组织实施本行政区域内重点生产经营单位的应急预案培训工作。

生产经营单位应当组织开展本单位的应急预案、应急知识、自救互救和避险逃生技能的培训活动，使有关人员了解应急预案内容，熟悉应急职责、应急处置程序和措施。

应急培训的时间、地点、内容、师资、参加人员和考核结果等情况应当如实记入本单位的安全生产教育和培训档案。

第三十二条 各级人民政府应急管理部门应当至少每两年组织一次应急预案演练，

提高本部门、本地区生产安全事故应急处置能力。

第三十三条　生产经营单位应当制定本单位的应急预案演练计划,根据本单位的事故风险特点,每年至少组织一次综合应急预案演练或者专项应急预案演练,每半年至少组织一次现场处置方案演练。

易燃易爆物品、危险化学品等危险物品的生产、经营、储存、运输单位,矿山、金属冶炼、城市轨道交通运营、建筑施工单位,以及宾馆、商场、娱乐场所、旅游景区等人员密集场所经营单位,应当至少每半年组织一次生产安全事故应急预案演练,并将演练情况报送所在地县级以上地方人民政府负有安全生产监督管理职责的部门。

县级以上地方人民政府负有安全生产监督管理职责的部门应当对本行政区域内前款规定的重点生产经营单位的生产安全事故应急救援预案演练进行抽查;发现演练不符合要求的,应当责令限期改正。

第三十四条　应急预案演练结束后,应急预案演练组织单位应当对应急预案演练效果进行评估,撰写应急预案演练评估报告,分析存在的问题,并对应急预案提出修订意见。

第三十五条　应急预案编制单位应当建立应急预案定期评估制度,对预案内容的针对性和实用性进行分析,并对应急预案是否需要修订作出结论。

矿山、金属冶炼、建筑施工企业和易燃易爆物品、危险化学品等危险物品的生产、经营、储存、运输企业、使用危险化学品达到国家规定数量的化工企业、烟花爆竹生产、批发经营企业和中型规模以上的其他生产经营单位,应当每三年进行一次应急预案评估。

应急预案评估可以邀请相关专业机构或者有关专家、有实际应急救援工作经验的人员参加,必要时可以委托安全生产技术服务机构实施。

第三十六条　有下列情形之一的,应急预案应当及时修订并归档:

(一)依据的法律、法规、规章、标准及上位预案中的有关规定发生重大变化的;

(二)应急指挥机构及其职责发生调整的;

(三)安全生产面临的风险发生重大变化的;

(四)重要应急资源发生重大变化的;

(五)在应急演练和事故应急救援中发现需要修订预案的重大问题的;

(六)编制单位认为应当修订的其他情况。

第三十七条　应急预案修订涉及组织指挥体系与职责、应急处置程序、主要处置措施、应急响应分级等内容变更的,修订工作应当参照本办法规定的应急预案编制程序进行,并按照有关应急预案报备程序重新备案。

第三十八条　生产经营单位应当按照应急预案的规定,落实应急指挥体系、应急救援队伍、应急物资及装备,建立应急物资、装备配备及其使用档案,并对应急物资、装备进行定期检测和维护,使其处于适用状态。

第三十九条　生产经营单位发生事故时,应当第一时间启动应急响应,组织有关力量进行救援,并按照规定将事故信息及应急响应启动情况报告事故发生地县级以上人民政府应急管理部门和其他负有安全生产监督管理职责的部门。

第四十条　生产安全事故应急处置和应急救援结束后,事故发生单位应当对应急预案实施情况进行总结评估。

第五章　监督管理

第四十一条　各级人民政府应急管理部门和煤矿安全监察机构应当将生产经营单位应急预案工作纳入年度监督检查计划，明确检查的重点内容和标准，并严格按照计划开展执法检查。

第四十二条　地方各级人民政府应急管理部门应当每年对应急预案的监督管理工作情况进行总结，并报上一级人民政府应急管理部门。

第四十三条　对于在应急预案管理工作中做出显著成绩的单位和人员，各级人民政府应急管理部门、生产经营单位可以给予表彰和奖励。

第六章　法律责任

第四十四条　生产经营单位有下列情形之一的，由县级以上人民政府应急管理等部门依照《中华人民共和国安全生产法》第九十四条的规定，责令限期改正，可以处 5 万元以下罚款；逾期未改正的，责令停产停业整顿，并处 5 万元以上 10 万元以下的罚款，对直接负责的主管人员和其他直接责任人员处 1 万元以上 2 万元以下的罚款：

（一）未按照规定编制应急预案的；

（二）未按照规定定期组织应急预案演练的。

第四十五条　生产经营单位有下列情形之一的，由县级以上人民政府应急管理部门责令限期改正，可以处 1 万元以上 3 万元以下的罚款：

（一）在应急预案编制前未按照规定开展风险辨识、评估和应急资源调查的；

（二）未按照规定开展应急预案评审的；

（三）事故风险可能影响周边单位、人员的，未将事故风险的性质、影响范围和应急防范措施告知周边单位和人员的；

（四）未按照规定开展应急预案评估的；

（五）未按照规定进行应急预案修订的；

（六）未落实应急预案规定的应急物资及装备的。

生产经营单位未按照规定进行应急预案备案的，由县级以上人民政府应急管理等部门依照职责责令限期改正；逾期未改正的，处 3 万元以上 5 万元以下的罚款，对直接负责的主管人员和其他直接责任人员处 1 万元以上 2 万元以下的罚款。

第七章　附　则

第四十六条　《生产经营单位生产安全事故应急预案备案申报表》和《生产经营单位生产安全事故应急预案备案登记表》由应急管理部统一制定。

第四十七条　各省、自治区、直辖市应急管理部门可以依据本办法的规定，结合本地区实际制定实施细则。

第四十八条　对储存、使用易燃易爆物品、危险化学品等危险物品的科研机构、学校、医院等单位的安全事故应急预案的管理，参照本办法的有关规定执行。

第四十九条　本办法自 2016 年 7 月 1 日起施行。

安全生产培训管理办法

（本办法于2015年修订，修订后施行日期：2015年7月1日）

第一章 总 则

第一条 为了加强安全生产培训管理，规范安全生产培训秩序，保证安全生产培训质量，促进安全生产培训工作健康发展，根据《中华人民共和国安全生产法》和有关法律、行政法规的规定，制定本办法。

第二条 安全培训机构、生产经营单位从事安全生产培训（以下简称安全培训）活动以及安全生产监督管理部门、煤矿安全监察机构、地方人民政府负责煤矿安全培训的部门对安全培训工作实施监督管理，适用本办法。

第三条 本办法所称安全培训是指以提高安全监管监察人员、生产经营单位从业人员和从事安全生产工作的相关人员的安全素质为目的的教育培训活动。

前款所称安全监管监察人员是指县级以上各级人民政府安全生产监督管理部门、各级煤矿安全监察机构从事安全监管监察、行政执法的安全生产监管人员和煤矿安全监察人员；生产经营单位从业人员是指生产经营单位主要负责人、安全生产管理人员、特种作业人员及其他从业人员；从事安全生产工作的相关人员是指从事安全教育培训工作的教师、危险化学品登记机构的登记人员和承担安全评价、咨询、检测、检验的人员及注册安全工程师、安全生产应急救援人员等。

第四条 安全培训工作实行统一规划、归口管理、分级实施、分类指导、教考分离的原则。

国家安全生产监督管理总局（以下简称国家安全监管总局）指导全国安全培训工作，依法对全国的安全培训工作实施监督管理。

国家煤矿安全监察局（以下简称国家煤矿安监局）指导全国煤矿安全培训工作，依法对全国煤矿安全培训工作实施监督管理。

国家安全生产应急救援指挥中心指导全国安全生产应急救援培训工作。

县级以上地方各级人民政府安全生产监督管理部门依法对本行政区域内的安全培训工作实施监督管理。

省、自治区、直辖市人民政府负责煤矿安全培训的部门、省级煤矿安全监察机构（以下统称省级煤矿安全培训监管机构）按照各自工作职责，依法对所辖区域煤矿安全培训工作实施监督管理。

第五条 安全培训的机构应当具备从事安全培训工作所需要的条件。从事危险物品的生产、经营、储存单位以及矿山、金属冶炼单位的主要负责人和安全生产管理人员，特种作业人员以及注册安全工程师等相关人员培训的安全培训机构，应当将教师、教学和实习实训设施等情况书面报告所在地安全生产监督管理部门、煤矿安全培训监管机构。

安全生产相关社会组织依照法律、行政法规和章程，为生产经营单位提供安全培训有关服务，对安全培训机构实行自律管理，促进安全培训工作水平的提升。

第二章　安全培训

第六条　安全培训应当按照规定的安全培训大纲进行。

安全监管监察人员，危险物品的生产、经营、储存单位与非煤矿山、金属冶炼单位的主要负责人和安全生产管理人员、特种作业人员以及从事安全生产工作的相关人员的安全培训大纲，由国家安全监管总局组织制定。

煤矿企业的主要负责人和安全生产管理人员、特种作业人员的培训大纲由国家煤矿安监局组织制定。

除危险物品的生产、经营、储存单位和矿山、金属冶炼单位以外其他生产经营单位的主要负责人、安全生产管理人员及其他从业人员的安全培训大纲，由省级安全生产监督管理部门、省级煤矿安全培训监管机构组织制定。

第七条　国家安全监管总局、省级安全生产监督管理部门定期组织优秀安全培训教材的评选。

安全培训机构应当优先使用优秀安全培训教材。

第八条　国家安全监管总局负责省级以上安全生产监督管理部门的安全生产监管人员、各级煤矿安全监察机构的煤矿安全监察人员的培训工作。

省级安全生产监督管理部门负责市级、县级安全生产监督管理部门的安全生产监管人员的培训工作。

生产经营单位的从业人员的安全培训，由生产经营单位负责。

危险化学品登记机构的登记人员和承担安全评价、咨询、检测、检验的人员及注册安全工程师、安全生产应急救援人员的安全培训，按照有关法律、法规、规章的规定进行。

第九条　对从业人员的安全培训，具备安全培训条件的生产经营单位应当以自主培训为主，也可以委托具备安全培训条件的机构进行安全培训。

不具备安全培训条件的生产经营单位，应当委托具有安全培训条件的机构对从业人员进行安全培训。

生产经营单位委托其他机构进行安全培训的，保证安全培训的责任仍由本单位负责。

第十条　生产经营单位应当建立安全培训管理制度，保障从业人员安全培训所需经费，对从业人员进行与其所从事岗位相应的安全教育培训；从业人员调整工作岗位或者采用新工艺、新技术、新设备、新材料的，应当对其进行专门的安全教育和培训。未经安全教育和培训合格的从业人员，不得上岗作业。

生产经营单位使用被派遣劳动者的，应当将被派遣劳动者纳入本单位从业人员统一管理，对被派遣劳动者进行岗位安全操作规程和安全操作技能的教育和培训。劳务派遣单位应当对被派遣劳动者进行必要的安全生产教育和培训。

生产经营单位接收中等职业学校、高等学校学生实习的，应当对实习学生进行相应的安全生产教育和培训，提供必要的劳动防护用品。学校应当协助生产经营单位对实习学生进行安全生产教育和培训。

从业人员安全培训的时间、内容、参加人员以及考核结果等情况，生产经营单位应当如实记录并建档备查。

第十一条 生产经营单位从业人员的培训内容和培训时间，应当符合《生产经营单位安全培训规定》和有关标准的规定。

第十二条 中央企业的分公司、子公司及其所属单位和其他生产经营单位，发生造成人员死亡的生产安全事故的，其主要负责人和安全生产管理人员应当重新参加安全培训。

特种作业人员对造成人员死亡的生产安全事故负有直接责任的，应当按照《特种作业人员安全技术培训考核管理规定》重新参加安全培训。

第十三条 国家鼓励生产经营单位实行师傅带徒弟制度。

矿山新招的井下作业人员和危险物品生产经营单位新招的危险工艺操作岗位人员，除按照规定进行安全培训外，还应当在有经验的职工带领下实习满 2 个月后，方可独立上岗作业。

第十四条 国家鼓励生产经营单位招录职业院校毕业生。

职业院校毕业生从事与所学专业相关的作业，可以免予参加初次培训，实际操作培训除外。

第十五条 安全培训机构应当建立安全培训工作制度和人员培训档案。安全培训相关情况，应当如实记录并建档备查。

第十六条 安全培训机构从事安全培训工作的收费，应当符合法律、法规的规定。法律、法规没有规定的，应当按照行业自律标准或者指导性标准收费。

第十七条 国家鼓励安全培训机构和生产经营单位利用现代信息技术开展安全培训，包括远程培训。

第三章 安全培训的考核

第十八条 安全监管监察人员、从事安全生产工作的相关人员、依照有关法律法规应当接受安全生产知识和管理能力考核的生产经营单位主要负责人和安全生产管理人员、特种作业人员的安全培训的考核，应当坚持教考分离、统一标准、统一题库、分级负责的原则，分步推行有远程视频监控的计算机考试。

第十九条 安全监管监察人员，危险物品的生产、经营、储存单位及非煤矿山、金属冶炼单位主要负责人、安全生产管理人员和特种作业人员，以及从事安全生产工作的相关人员的考核标准，由国家安全监管总局统一制定。

煤矿企业的主要负责人、安全生产管理人员和特种作业人员的考核标准，由国家煤矿安监局制定。

除危险物品的生产、经营、储存单位和矿山、金属冶炼单位以外其他生产经营单位主要负责人、安全生产管理人员及其他从业人员的考核标准，由省级安全生产监督管理部门制定。

第二十条 国家安全监管总局负责省级以上安全生产监督管理部门的安全生产监管人员、各级煤矿安全监察机构的煤矿安全监察人员的考核；负责中央企业的总公司、总厂或者集团公司的主要负责人和安全生产管理人员的考核。

省级安全生产监督管理部门负责市级、县级安全生产监督管理部门的安全生产监管人员的考核；负责省属生产经营单位和中央企业分公司、子公司及其所属单位的主要负责人和安全生产管理人员的考核；负责特种作业人员的考核。

市级安全生产监督管理部门负责本行政区域内除中央企业、省属生产经营单位以外的其他生产经营单位的主要负责人和安全生产管理人员的考核。

省级煤矿安全培训监管机构负责所辖区域内煤矿企业的主要负责人、安全生产管理人员和特种作业人员的考核。

除主要负责人、安全生产管理人员、特种作业人员以外的生产经营单位的其他从业人员的考核，由生产经营单位按照省级安全生产监督管理部门公布的考核标准，自行组织考核。

第二十一条　安全生产监督管理部门、煤矿安全培训监管机构和生产经营单位应当制定安全培训的考核制度，建立考核管理档案备查。

第四章　安全培训的发证

第二十二条　接受安全培训人员经考核合格的，由考核部门在考核结束后10个工作日内颁发相应的证书。

第二十三条　安全生产监管人员经考核合格后，颁发安全生产监管执法证；煤矿安全监察人员经考核合格后，颁发煤矿安全监察执法证；危险物品的生产、经营、储存单位和矿山、金属冶炼单位主要负责人、安全生产管理人员经考核合格后，颁发安全合格证；特种作业人员经考核合格后，颁发《中华人民共和国特种作业操作证》（以下简称特种作业操作证）；危险化学品登记机构的登记人员经考核合格后，颁发上岗证；其他人员经培训合格后，颁发培训合格证。

第二十四条　安全生产监管执法证、煤矿安全监察执法证、安全合格证、特种作业操作证和上岗证的式样，由国家安全监管总局统一规定。培训合格证的式样，由负责培训考核的部门规定。

第二十五条　安全生产监管执法证、煤矿安全监察执法证、安全合格证的有效期为3年。有效期届满需要延期的，应当于有效期届满30日前向原发证部门申请办理延期手续。

特种作业人员的考核发证按照《特种作业人员安全技术培训考核管理规定》执行。

第二十六条　特种作业操作证和省级安全生产监督管理部门、省级煤矿安全培训监管机构颁发的主要负责人、安全生产管理人员的安全合格证，在全国范围内有效。

第二十七条　承担安全评价、咨询、检测、检验的人员和安全生产应急救援人员的考核、发证，按照有关法律、法规、规章的规定执行。

第五章　监督管理

第二十八条　安全生产监督管理部门、煤矿安全培训监管机构应当依照法律、法规和本办法的规定，加强对安全培训工作的监督管理，对生产经营单位、安全培训机构违反有关法律、法规和本办法的行为，依法作出处理。

省级安全生产监督管理部门、省级煤矿安全培训监管机构应当定期统计分析本行政区域内安全培训、考核、发证情况，并报国家安全监管总局。

第二十九条 安全生产监督管理部门和煤矿安全培训监管机构应当对安全培训机构开展安全培训活动的情况进行监督检查，检查内容包括：

（一）具备从事安全培训工作所需要的条件的情况；

（二）建立培训管理制度和教师配备的情况；

（三）执行培训大纲、建立培训档案和培训保障的情况；

（四）培训收费的情况；

（五）法律法规规定的其他内容。

第三十条 安全生产监督管理部门、煤矿安全培训监管机构应当对生产经营单位的安全培训情况进行监督检查，检查内容包括：

（一）安全培训制度、年度培训计划、安全培训管理档案的制定和实施的情况；

（二）安全培训经费投入和使用的情况；

（三）主要负责人、安全生产管理人员接受安全生产知识和管理能力考核的情况；

（四）特种作业人员持证上岗的情况；

（五）应用新工艺、新技术、新材料、新设备以及转岗前对从业人员安全培训的情况；

（六）其他从业人员安全培训的情况；

（七）法律法规规定的其他内容。

第三十一条 任何单位或者个人对生产经营单位、安全培训机构违反有关法律、法规和本办法的行为，均有权向安全生产监督管理部门、煤矿安全监察机构、煤矿安全培训监管机构报告或者举报。

接到举报的部门或者机构应当为举报人保密，并按照有关规定对举报进行核查和处理。

第三十二条 监察机关依照《中华人民共和国行政监察法》等法律、行政法规的规定，对安全生产监督管理部门、煤矿安全监察机构、煤矿安全培训监管机构及其工作人员履行安全培训工作监督管理职责情况实施监察。

第六章 法律责任

第三十三条 安全生产监督管理部门、煤矿安全监察机构、煤矿安全培训监管机构的工作人员在安全培训监督管理工作中滥用职权、玩忽职守、徇私舞弊的，依照有关规定给予处分；构成犯罪的，依法追究刑事责任。

第三十四条 安全培训机构有下列情形之一的，责令限期改正，处 1 万元以下的罚款；逾期未改正的，给予警告，处 1 万元以上 3 万元以下的罚款：

（一）不具备安全培训条件的；

（二）未按照统一的培训大纲组织教学培训的；

（三）未建立培训档案或者培训档案管理不规范的；

安全培训机构采取不正当竞争手段，故意贬低、诋毁其他安全培训机构的，依照前款规定处罚。

第三十五条　生产经营单位主要负责人、安全生产管理人员、特种作业人员以欺骗、贿赂等不正当手段取得安全合格证或者特种作业操作证的，除撤销其相关证书外，处3 000元以下的罚款，并自撤销其相关证书之日起3年内不得再次申请该证书。

第三十六条　生产经营单位有下列情形之一的，责令改正，处3万元以下的罚款：

（一）从业人员安全培训的时间少于《生产经营单位安全培训规定》或者有关标准规定的；

（二）矿山新招的井下作业人员和危险物品生产经营单位新招的危险工艺操作岗位人员，未经实习期满独立上岗作业的；

（三）相关人员未按照本办法第十二条规定重新参加安全培训的。

第三十七条　生产经营单位存在违反有关法律、法规中安全生产教育培训的其他行为的，依照相关法律、法规的规定予以处罚。

第七章　附　则

第三十八条　本办法自2012年3月1日起施行。2004年12月28日公布的《安全生产培训管理办法》（原国家安全生产监督管理局〈国家煤矿安全监察局〉令第20号）同时废止。

危险化学品登记管理办法(节选)

(施行日期:2012年8月1日)

第一章 总 则

第一条 为了加强对危险化学品的安全管理,规范危险化学品登记工作,为危险化学品事故预防和应急救援提供技术、信息支持,根据《危险化学品安全管理条例》,制定本办法。

第二条 本办法适用于危险化学品生产企业、进口企业(以下统称登记企业)生产或者进口《危险化学品目录》所列危险化学品的登记和管理工作。

第三条 国家实行危险化学品登记制度。危险化学品登记实行企业申请、两级审核、统一发证、分级管理的原则。

第四条 国家安全生产监督管理总局负责全国危险化学品登记的监督管理工作。

县级以上地方各级人民政府安全生产监督管理部门负责本行政区域内危险化学品登记的监督管理工作。

第四章 登记企业的职责

第十八条 登记企业应当对本企业的各类危险化学品进行普查,建立危险化学品管理档案。

危险化学品管理档案应当包括危险化学品名称、数量、标识信息、危险性分类和化学品安全技术说明书、化学品安全标签等内容。

第十九条 登记企业应当按照规定向登记机构办理危险化学品登记,如实填报登记内容和提交有关材料,并接受安全生产监督管理部门依法进行的监督检查。

第二十条 登记企业应当指定人员负责危险化学品登记的相关工作,配合登记人员在必要时对本企业危险化学品登记内容进行核查。

登记企业从事危险化学品登记的人员应当具备危险化学品登记相关知识和能力。

第二十一条 对危险特性尚未确定的化学品,登记企业应当按照国家关于化学品危险性鉴定的有关规定,委托具有国家规定资质的机构对其进行危险性鉴定;属于危险化学品的,应当依照本办法的规定进行登记。

第二十二条 危险化学品生产企业应当设立由专职人员24小时值守的国内固定服务电话,针对本办法第十二条规定的内容向用户提供危险化学品事故应急咨询服务,为危险化学品事故应急救援提供技术指导和必要的协助。专职值守人员应当熟悉本企业危险化学品的危险特性和应急处置技术,准确回答有关咨询问题。

危险化学品生产企业不能提供前款规定应急咨询服务的,应当委托登记机构代理应急咨询服务。

危险化学品进口企业应当自行或者委托进口代理商、登记机构提供符合本条第一款要求的应急咨询服务，并在其进口的危险化学品安全标签上标明应急咨询服务电话号码。

从事代理应急咨询服务的登记机构，应当设立由专职人员24小时值守的国内固定服务电话，建有完善的化学品应急救援数据库，配备在线数字录音设备和8名以上专业人员，能够同时受理3起以上应急咨询，准确提供化学品泄漏、火灾、爆炸、中毒等事故应急处置有关信息和建议。

第二十三条　登记企业不得转让、冒用或者使用伪造的危险化学品登记证。

第五章　监督管理

第二十四条　安全生产监督管理部门应当将危险化学品登记情况纳入危险化学品安全执法检查内容，对登记企业未按照规定予以登记的，依法予以处理。

危险化学品安全使用许可证实施办法(节选)

(本办法于2017年修订,修订后施行日期:2017年3月6日)

第一章 总 则

第一条 为了严格使用危险化学品从事生产的化工企业安全生产条件,规范危险化学品安全使用许可证的颁发和管理工作,根据《危险化学品安全管理条例》和有关法律、行政法规,制定本办法。

第二条 本办法适用于列入危险化学品安全使用许可适用行业目录、使用危险化学品从事生产并且达到危险化学品使用量的数量标准的化工企业(危险化学品生产企业除外,以下简称企业)。

使用危险化学品作为燃料的企业不适用本办法。

第三条 企业应当依照本办法的规定取得危险化学品安全使用许可证(以下简称安全使用许可证)。

第四条 安全使用许可证的颁发管理工作实行企业申请、市级发证、属地监管的原则。

第二章 申请安全使用许可证的条件

第六条 企业与重要场所、设施、区域的距离和总体布局应当符合下列要求,并确保安全:

(一)储存危险化学品数量构成重大危险源的储存设施,与《危险化学品安全管理条例》第十九条第一款规定的八类场所、设施、区域的距离符合国家有关法律、法规、规章和国家标准或者行业标准的规定。

(二)总体布局符合《工业企业总平面设计规范》(GB50187)、《化工企业总图运输设计规范》(GB50489)、《建筑设计防火规范》(GB50016)等相关标准的要求;石油化工企业还应当符合《石油化工企业设计防火规范》(GB50160)的要求。

(三)新建企业符合国家产业政策、当地县级以上(含县级)人民政府的规划和布局。

第七条 企业的厂房、作业场所、储存设施和安全设施、设备、工艺应当符合下列要求:

(一)新建、改建、扩建使用危险化学品的化工建设项目(以下统称建设项目)由具备国家规定资质的设计单位设计和施工单位建设;其中,涉及国家安全生产监督管理总局公布的重点监管危险化工工艺、重点监管危险化学品的装置,由具备石油化工医药行业相应资质的设计单位设计。

(二)不得采用国家明令淘汰、禁止使用和危及安全生产的工艺、设备;新开发的使用危险化学品从事化工生产的工艺（以下简称化工工艺），在小试、中试、工业化试验的基础上逐步放大到工业化生产；国内首次使用的化工工艺，经过省级人民政府有关部门组织的安全可靠性论证。

（三）涉及国家安全生产监督管理总局公布的重点监管危险化工工艺、重点监管危险化学品的装置装设自动化控制系统；涉及国家安全生产监督管理总局公布的重点监管危险化工工艺的大型化工装置装设紧急停车系统；涉及易燃易爆、有毒有害气体化学品的作业场所装设易燃易爆、有毒有害介质泄漏报警等安全设施。

（四）新建企业的生产区与非生产区分开设置，并符合国家标准或者行业标准规定的距离。

（五）新建企业的生产装置和储存设施之间及其建（构）筑物之间的距离符合国家标准或者行业标准的规定。

同一厂区内（生产或者储存区域）的设备、设施及建（构）筑物的布置应当适用同一标准的规定。

第八条　企业应当依法设置安全生产管理机构，按照国家规定配备专职安全生产管理人员。配备的专职安全生产管理人员必须能够满足安全生产的需要。

第九条　企业主要负责人、分管安全负责人和安全生产管理人员必须具备与其从事生产经营活动相适应的安全知识和管理能力，参加安全资格培训，并经考核合格，取得安全合格证书。

特种作业人员应当依照《特种作业人员安全技术培训考核管理规定》，经专门的安全技术培训并考核合格，取得特种作业操作证书。

本条第一款、第二款规定以外的其他从业人员应当按照国家有关规定，经安全教育培训合格。

第十条　企业应当建立全员安全生产责任制，保证每位从业人员的安全生产责任与职务、岗位相匹配。

第十一条　企业根据化工工艺、装置、设施等实际情况，至少应当制定、完善下列主要安全生产规章制度：

（一）安全生产例会等安全生产会议制度；

（二）安全投入保障制度；

（三）安全生产奖惩制度；

（四）安全培训教育制度；

（五）领导干部轮流现场带班制度；

（六）特种作业人员管理制度；

（七）安全检查和隐患排查治理制度；

（八）重大危险源的评估和安全管理制度；

（九）变更管理制度；

（十）应急管理制度；

（十一）生产安全事故或者重大事件管理制度；

（十二）防火、防爆、防中毒、防泄漏管理制度；

(十三)工艺、设备、电气仪表、公用工程安全管理制度;

(十四)动火、进入受限空间、吊装、高处、盲板抽堵、临时用电、动土、断路、设备检维修等作业安全管理制度;

(十五)危险化学品安全管理制度;

(十六)职业健康相关管理制度;

(十七)劳动防护用品使用维护管理制度;

(十八)承包商管理制度;

(十九)安全管理制度及操作规程定期修订制度。

第十二条 企业应当根据工艺、技术、设备特点和原辅料的危险性等情况编制岗位安全操作规程。

第十三条 企业应当依法委托具备国家规定资质条件的安全评价机构进行安全评价,并按照安全评价报告的意见对存在的安全生产问题进行整改。

第十四条 企业应当有相应的职业病危害防护设施,并为从业人员配备符合国家标准或者行业标准的劳动防护用品。

第十五条 企业应当依据《危险化学品重大危险源辨识》(GB18218),对本企业的生产、储存和使用装置、设施或者场所进行重大危险源辨识。

对于已经确定为重大危险源的,应当按照《危险化学品重大危险源监督管理暂行规定》进行安全管理。

第十六条 企业应当符合下列应急管理要求:

(一)按照国家有关规定编制危险化学品事故应急预案,并报送有关部门备案;

(二)建立应急救援组织,明确应急救援人员,配备必要的应急救援器材、设备设施,并按照规定定期进行应急预案演练。

储存和使用氯气、氨气等对皮肤有强烈刺激的吸入性有毒有害气体的企业,除符合本条第一款的规定外,还应当配备至少两套以上全封闭防化服;构成重大危险源的,还应当设立气体防护站(组)。

第十七条 企业除符合本章规定的安全使用条件外,还应当符合有关法律、行政法规和国家标准或者行业标准规定的其他安全使用条件。

第三章 安全使用许可证的申请

第十八条 企业向发证机关申请安全使用许可证时,应当提交下列文件、资料,并对其内容的真实性负责:

(一)申请安全使用许可证的文件及申请书;

(二)新建企业的选址布局符合国家产业政策、当地县级以上人民政府的规划和布局的证明材料复制件;

(三)安全生产责任制文件,安全生产规章制度、岗位安全操作规程清单;

(四)设置安全生产管理机构,配备专职安全生产管理人员的文件复制件;

(五)主要负责人、分管安全负责人、安全生产管理人员安全合格证和特种作业人员操作证复制件;

（六）危险化学品事故应急救援预案的备案证明文件；

（七）由供货单位提供的所使用危险化学品的安全技术说明书和安全标签；

（八）工商营业执照副本或者工商核准文件复制件；

（九）安全评价报告及其整改结果的报告；

（十）新建企业的建设项目安全设施竣工验收报告；

（十一）应急救援组织、应急救援人员，以及应急救援器材、设备设施清单。

有危险化学品重大危险源的企业，除应当提交本条第一款规定的文件、资料外，还应当提交重大危险源的备案证明文件。

第十九条　新建企业安全使用许可证的申请，应当在建设项目安全设施竣工验收通过之日起10个工作日内提出。

第四章　安全使用许可证的颁发

第二十条　发证机关收到企业申请文件、资料后，应当按照下列情况分别作出处理：

（一）申请事项依法不需要取得安全使用许可证的，当场告知企业不予受理；

（二）申请材料存在可以当场更正的错误的，允许企业当场更正；

（三）申请材料不齐全或者不符合法定形式的，当场或者在5个工作日内一次告知企业需要补正的全部内容，并出具补正告知书；逾期不告知的，自收到申请材料之日起即为受理；

（四）企业申请材料齐全、符合法定形式，或者按照发证机关要求提交全部补正申请材料的，立即受理其申请。

发证机关受理或者不予受理行政许可申请，应当出具加盖本机关专用印章和注明日期的书面凭证。

第二十一条　安全使用许可证申请受理后，发证机关应当组织人员对企业提交的申请文件、资料进行审查。对企业提交的文件、资料内容存在疑问，需要到现场核查的，应当指派工作人员对有关内容进行现场核查。工作人员应当如实提出书面核查意见。

第二十二条　发证机关应当在受理之日起45日内作出是否准予许可的决定。发证机关现场核查和企业整改有关问题所需时间不计算在本条规定的期限内。

第二十三条　发证机关作出准予许可的决定的，应当自决定之日起10个工作日内颁发安全使用许可证。

发证机关作出不予许可的决定的，应当在10个工作日内书面告知企业并说明理由。

第二十四条　企业在安全使用许可证有效期内变更主要负责人、企业名称或者注册地址的，应当自工商营业执照变更之日起10个工作日内提出变更申请，并提交下列文件、资料：

（一）变更申请书；

（二）变更后的工商营业执照副本复制件；

（三）变更主要负责人的，还应当提供主要负责人经安全生产监督管理部门考核合格后颁发的安全合格证复制件；

（四）变更注册地址的，还应当提供相关证明材料。

对已经受理的变更申请,发证机关对企业提交的文件、资料审查无误后,方可办理安全使用许可证变更手续。

企业在安全使用许可证有效期内变更隶属关系的,应当在隶属关系变更之日起10日内向发证机关提交证明材料。

第二十五条 企业在安全使用许可证有效期内,有下列情形之一的,发证机关按照本办法第二十条、第二十一条、第二十二条、第二十三条的规定办理变更手续:

(一)增加使用的危险化学品品种,且达到危险化学品使用量的数量标准规定的;

(二)涉及危险化学品安全使用许可范围的新建、改建、扩建建设项目的;

(三)改变工艺技术对企业的安全生产条件产生重大影响的。

有本条第一款第一项规定情形的企业,应当在增加前提出变更申请。

有本条第一款第二项规定情形的企业,应当在建设项目安全设施竣工验收合格之日起10个工作日内向原发证机关提出变更申请,并提交建设项目安全设施竣工验收报告等相关文件、资料。

有本条第一款第一项、第三项规定情形的企业,应当进行专项安全验收评价,并对安全评价报告中提出的问题进行整改;在整改完成后,向原发证机关提出变更申请并提交安全验收评价报告。

第二十六条 安全使用许可证有效期为3年。企业安全使用许可证有效期届满后需要继续使用危险化学品从事生产、且达到危险化学品使用量的数量标准规定的,应当在安全使用许可证有效期届满前3个月提出延期申请,并提交本办法第十八条规定的文件、资料。

发证机关按照本办法第二十条、第二十一条、第二十二条、第二十三条的规定进行审查,并作出是否准予延期的决定。

第二十七条 企业取得安全使用许可证后,符合下列条件的,其安全使用许可证届满办理延期手续时,经原发证机关同意,可以不提交第十八条第一款第二项、第五项、第九项和第十八条第二款规定的文件、资料,直接办理延期手续:

(一)严格遵守有关法律、法规和本办法的;

(二)取得安全使用许可证后,加强日常安全管理,未降低安全使用条件,并达到安全生产标准化等级二级以上的;

(三)未发生造成人员死亡的生产安全责任事故的。

企业符合本条第一款第二项、第三项规定条件的,应当在延期申请书中予以说明,并出具二级以上安全生产标准化证书复印件。

第二十八条 安全使用许可证分为正本、副本,正本为悬挂式,副本为折页式,正、副本具有同等法律效力。

发证机关应当分别在安全使用许可证正、副本上注明编号、企业名称、主要负责人、注册地址、经济类型、许可范围、有效期、发证机关、发证日期等内容。其中,“许可范围”正本上注明“危险化学品使用”,副本上注明使用危险化学品从事生产的地址和对应的具体品种、年使用量。

第二十九条 企业不得伪造、变造安全使用许可证,或者出租、出借、转让其取得的安全使用许可证，或者使用伪造、变造的安全使用许可证。

第五章　监督管理

第三十条　发证机关应当坚持公开、公平、公正的原则，依照本办法和有关行政许可的法律法规规定，颁发安全使用许可证。

发证机关工作人员在安全使用许可证颁发及其监督管理工作中，不得索取或者接受企业的财物，不得谋取其他非法利益。

第三十一条　发证机关应当加强对安全使用许可证的监督管理，建立、健全安全使用许可证档案管理制度。

第三十二条　有下列情形之一的，发证机关应当撤销已经颁发的安全使用许可证：

（一）滥用职权、玩忽职守颁发安全使用许可证的；

（二）超越职权颁发安全使用许可证的；

（三）违反本办法规定的程序颁发安全使用许可证的；

（四）对不具备申请资格或者不符合法定条件的企业颁发安全使用许可证的；

（五）以欺骗、贿赂等不正当手段取得安全使用许可证的。

第三十三条　企业取得安全使用许可证后有下列情形之一的，发证机关应当注销其安全使用许可证：

（一）安全使用许可证有效期届满未被批准延期的；

（二）终止使用危险化学品从事生产的；

（三）继续使用危险化学品从事生产，但使用量降低后未达到危险化学品使用量的数量标准规定的；

（四）安全使用许可证被依法撤销的；

（五）安全使用许可证被依法吊销的。

安全使用许可证注销后，发证机关应当在当地主要新闻媒体或者本机关网站上予以公告，并向省级和企业所在地县级安全生产监督管理部门通报。

第三十四条　发证机关应当将其颁发安全使用许可证的情况及时向同级环境保护主管部门和公安机关通报。

第三十五条　发证机关应当于每年1月10日前，将本行政区域内上年度安全使用许可证的颁发和管理情况报省级安全生产监督管理部门，并定期向社会公布企业取得安全使用许可证的情况，接受社会监督。

省级安全生产监督管理部门应当于每年1月15日前，将本行政区域内上年度安全使用许可证的颁发和管理情况报国家安全生产监督管理总局。

建设项目安全设施“三同时”监督管理办法

（本办法于2015年修订，修订后施行日期：2015年5月1日）

第一章　总　则

第一条　为加强建设项目安全管理，预防和减少生产安全事故，保障从业人员生命和财产安全，根据《中华人民共和国安全生产法》和《国务院关于进一步加强企业安全生产工作的通知》等法律、行政法规和规定，制定本办法。

第二条　经县级以上人民政府及其有关主管部门依法审批、核准或者备案的生产经营单位新建、改建、扩建工程项目（以下统称建设项目）安全设施的建设及其监督管理，适用本办法。

法律、行政法规及国务院对建设项目安全设施建设及其监督管理另有规定的，依照其规定。

第三条　本办法所称的建设项目安全设施，是指生产经营单位在生产经营活动中用于预防生产安全事故的设备、设施、装置、构（建）筑物和其他技术措施的总称。

第四条　生产经营单位是建设项目安全设施建设的责任主体。建设项目安全设施必须与主体工程同时设计、同时施工、同时投入生产和使用（以下简称“三同时”）。安全设施投资应当纳入建设项目概算。

第五条　国家安全生产监督管理总局对全国建设项目安全设施“三同时”实施综合监督管理，并在国务院规定的职责范围内承担有关建设项目安全设施“三同时”的监督管理。

县级以上地方各级安全生产监督管理部门对本行政区域内的建设项目安全设施“三同时”实施综合监督管理，并在本级人民政府规定的职责范围内承担本级人民政府及其有关主管部门审批、核准或者备案的建设项目安全设施“三同时”的监督管理。

跨两个及两个以上行政区域的建设项目安全设施“三同时”由其共同的上一级人民政府安全生产监督管理部门实施监督管理。

上一级人民政府安全生产监督管理部门根据工作需要，可以将其负责监督管理的建设项目安全设施“三同时”工作委托下一级人民政府安全生产监督管理部门实施监督管理。

第六条　安全生产监督管理部门应当加强建设项目安全设施建设的日常安全监管，落实有关行政许可及其监管责任，督促生产经营单位落实安全设施建设责任。

第二章　建设项目安全预评价

第七条　下列建设项目在进行可行性研究时，生产经营单位应当按照国家规定，进行安全预评价：

（一）非煤矿矿山建设项目；

（二）生产、储存危险化学品（包括使用长输管道输送危险化学品，下同）的建设项目；

（三）生产、储存烟花爆竹的建设项目；

（四）金属冶炼建设项目；

（五）使用危险化学品从事生产并且使用量达到规定数量的化工建设项目（属于危险化学品生产的除外，下同）；

（六）法律、行政法规和国务院规定的其他建设项目。

第八条　生产经营单位应当委托具有相应资质的安全评价机构，对其建设项目进行安全预评价，并编制安全预评价报告。

建设项目安全预评价报告应当符合国家标准或者行业标准的规定。

生产、储存危险化学品的建设项目和化工建设项目安全预评价报告除符合本条第二款的规定外，还应当符合有关危险化学品建设项目的规定。

第九条　本办法第七条规定以外的其他建设项目，生产经营单位应当对其安全生产条件和设施进行综合分析，形成书面报告备查。

第三章　建设项目安全设施设计审查

第十条　生产经营单位在建设项目初步设计时，应当委托有相应资质的设计单位对建设项目安全设施同时进行设计，编制安全设施设计。

安全设施设计必须符合有关法律、法规、规章和国家标准或者行业标准、技术规范的规定，并尽可能采用先进适用的工艺、技术和可靠的设备、设施。本办法第七条规定的建设项目安全设施设计还应当充分考虑建设项目安全预评价报告提出的安全对策措施。

安全设施设计单位、设计人应当对其编制的设计文件负责。

第十一条　建设项目安全设施设计应当包括下列内容：

（一）设计依据；

（二）建设项目概述；

（三）建设项目潜在的危险、有害因素和危险、有害程度及周边环境安全分析；

（四）建筑及场地布置；

（五）重大危险源分析及检测监控；

（六）安全设施设计采取的防范措施；

（七）安全生产管理机构设置或者安全生产管理人员配备要求；

（八）从业人员安全生产教育和培训要求；

（九）工艺、技术和设备、设施的先进性和可靠性分析；

（十）安全设施专项投资概算；

（十一）安全预评价报告中的安全对策及建议采纳情况；

（十二）预期效果以及存在的问题与建议；

（十三）可能出现的事故预防及应急救援措施；

（十四）法律、法规、规章、标准规定需要说明的其他事项。

第十二条　本办法第七条第(一)项、第(二)项、第(三)项、第(四)项规定的建设项目安全设施设计完成后,生产经营单位应当按照本办法第五条的规定向安全生产监督管理部门提出审查申请,并提交下列文件资料:

(一)建设项目审批、核准或者备案的文件;

(二)建设项目安全设施设计审查申请;

(三)设计单位的设计资质证明文件;

(四)建设项目安全设施设计;

(五)建设项目安全预评价报告及相关文件资料;

(六)法律、行政法规、规章规定的其他文件资料。

安全生产监督管理部门收到申请后,对属于本部门职责范围内的,应当及时进行审查,并在收到申请后5个工作日内作出受理或者不予受理的决定,书面告知申请人;对不属于本部门职责范围内的,应当将有关文件资料转送有审查权的安全生产监督管理部门,并书面告知申请人。

第十三条　对已经受理的建设项目安全设施设计审查申请,安全生产监督管理部门应当自受理之日起20个工作日内作出是否批准的决定,并书面告知申请人。20个工作日内不能作出决定的,经本部门负责人批准,可以延长10个工作日,并应当将延长期限的理由书面告知申请人。

第十四条　建设项目安全设施设计有下列情形之一的,不予批准,并不得开工建设:

(一)无建设项目审批、核准或者备案文件的;

(二)未委托具有相应资质的设计单位进行设计的;

(三)安全预评价报告由未取得相应资质的安全评价机构编制的;

(四)设计内容不符合有关安全生产的法律、法规、规章和国家标准或者行业标准、技术规范的规定的;

(五)未采纳安全预评价报告中的安全对策和建议,且未作充分论证说明的;

(六)不符合法律、行政法规规定的其他条件的。

建设项目安全设施设计审查未予批准的,生产经营单位经过整改后可以向原审查部门申请再审。

第十五条　已经批准的建设项目及其安全设施设计有下列情形之一的,生产经营单位应当报原批准部门审查同意;未经审查同意的,不得开工建设:

(一)建设项目的规模、生产工艺、原料、设备发生重大变更的;

(二)改变安全设施设计且可能降低安全性能的;

(三)在施工期间重新设计的。

第十六条　本办法第七条第(一)项、第(二)项、第(三)项和第(四)项规定以外的建设项目安全设施设计,由生产经营单位组织审查,形成书面报告备查。

第四章　建设项目安全设施施工和竣工验收

第十七条　建设项目安全设施的施工应当由取得相应资质的施工单位进行,并与建设项目主体工程同时施工。

施工单位应当在施工组织设计中编制安全技术措施和施工现场临时用电方案，同时对危险性较大的分部分项工程依法编制专项施工方案，并附具安全验算结果，经施工单位技术负责人、总监理工程师签字后实施。

施工单位应当严格按照安全设施设计和相关施工技术标准、规范施工，并对安全设施的工程质量负责。

第十八条 施工单位发现安全设施设计文件有错漏的，应当及时向生产经营单位、设计单位提出。生产经营单位、设计单位应当及时处理。

施工单位发现安全设施存在重大事故隐患时，应当立即停止施工并报告生产经营单位进行整改。整改合格后，方可恢复施工。

第十九条 工程监理单位应当审查施工组织设计中的安全技术措施或者专项施工方案是否符合工程建设强制性标准。

工程监理单位在实施监理过程中，发现存在事故隐患的，应当要求施工单位整改；情况严重的，应当要求施工单位暂时停止施工，并及时报告生产经营单位。施工单位拒不整改或者不停止施工的，工程监理单位应当及时向有关主管部门报告。

工程监理单位、监理人员应当按照法律、法规和工程建设强制性标准实施监理，并对安全设施工程的工程质量承担监理责任。

第二十条 建设项目安全设施建成后，生产经营单位应当对安全设施进行检查，对发现的问题及时整改。

第二十一条 本办法第七条规定的建设项目竣工后，根据规定建设项目需要试运行（包括生产、使用，下同）的，应当在正式投入生产或者使用前进行试运行。

试运行时间应当不少于30日，最长不得超过180日，国家有关部门有规定或者特殊要求的行业除外。

生产、储存危险化学品的建设项目和化工建设项目，应当在建设项目试运行前将试运行方案报负责建设项目安全许可的安全生产监督管理部门备案。

第二十二条 本办法第七条规定的建设项目安全设施竣工或者试运行完成后，生产经营单位应当委托具有相应资质的安全评价机构对安全设施进行验收评价，并编制建设项目安全验收评价报告。

建设项目安全验收评价报告应当符合国家标准或者行业标准的规定。

生产、储存危险化学品的建设项目和化工建设项目安全验收评价报告除符合本条第二款的规定外，还应当符合有关危险化学品建设项目的规定。

第二十三条 建设项目竣工投入生产或者使用前，生产经营单位应当组织对安全设施进行竣工验收，并形成书面报告备查。安全设施竣工验收合格后，方可投入生产和使用。

安全监管部门应当按照下列方式之一对本办法第七条第（一）项、第（二）项、第（三）项和第（四）项规定建设项目的竣工验收活动和验收结果的监督核查：

（一）对安全设施竣工验收报告按照不少于总数10%的比例进行随机抽查；

（二）在实施有关安全许可时，对建设项目安全设施竣工验收报告进行审查。

抽查和审查以书面方式为主。对竣工验收报告的实质内容存在疑问，需要到现场核查的,安全监管部门应当指派两名以上工作人员对有关内容进行现场核查。工作人员应当提出现场核查意见,并如实记录在案。

第二十四条　建设项目的安全设施有下列情形之一的,建设单位不得通过竣工验收,并不得投入生产或者使用:

(一)未选择具有相应资质的施工单位施工的;

(二)未按照建设项目安全设施设计文件施工或者施工质量未达到建设项目安全设施设计文件要求的;

(三)建设项目安全设施的施工不符合国家有关施工技术标准的;

(四)未选择具有相应资质的安全评价机构进行安全验收评价或者安全验收评价不合格的;

(五)安全设施和安全生产条件不符合有关安全生产法律、法规、规章和国家标准或者行业标准、技术规范规定的;

(六)发现建设项目试运行期间存在事故隐患未整改的;

(七)未依法设置安全生产管理机构或者配备安全生产管理人员的;

(八)从业人员未经过安全生产教育和培训或者不具备相应资格的;

(九)不符合法律、行政法规规定的其他条件的。

第二十五条　生产经营单位应当按照档案管理的规定,建立建设项目安全设施"三同时"文件资料档案,并妥善保存。

第二十六条　建设项目安全设施未与主体工程同时设计、同时施工或者同时投入使用的,安全生产监督管理部门对与此有关的行政许可一律不予审批,同时责令生产经营单位立即停止施工、限期改正违法行为,对有关生产经营单位和人员依法给予行政处罚。

第五章　法律责任

第二十七条　建设项目安全设施"三同时"违反本办法的规定,安全生产监督管理部门及其工作人员给予审批通过或者颁发有关许可证的,依法给予行政处分。

第二十八条　生产经营单位对本办法第七条第(一)项、第(二)项、第(三)项和第(四)项规定的建设项目有下列情形之一的,责令停止建设或者停产停业整顿,限期改正;逾期未改正的,处50万元以上100万元以下的罚款,对其直接负责的主管人员和其他直接责任人员处2万元以上5万元以下的罚款;构成犯罪的,依照刑法有关规定追究刑事责任:

(一)未按照本办法规定对建设项目进行安全评价的;

(二)没有安全设施设计或者安全设施设计未按照规定报经安全生产监督管理部门审查同意,擅自开工的;

(三)施工单位未按照批准的安全设施设计施工的;

(四)投入生产或者使用前,安全设施未经验收合格的。

第二十九条　已经批准的建设项目安全设施设计发生重大变更,生产经营单位未报原批准部门审查同意擅自开工建设的,责令限期改正,可以并处1万元以上3万元以下的罚款。

第三十条　本办法第七条第(一)项、第(二)项、第(三)项和第(四)项规定以外的建设项目有下列情形之一的,对有关生产经营单位责令限期改正,可以并处5 000元以上3万元以下的罚款:

(一)没有安全设施设计的;

(二)安全设施设计未组织审查,并形成书面审查报告的;

(三)施工单位未按照安全设施设计施工的;

(四)投入生产或者使用前,安全设施未经竣工验收合格,并形成书面报告的。

第三十一条　承担建设项目安全评价的机构弄虚作假、出具虚假报告,尚未构成犯罪的,没收违法所得,违法所得在10万元以上的,并处违法所得二倍以上五倍以下的罚款;没有违法所得或者违法所得不足10万元的,单处或者并处10万元以上20万元以下的罚款,对其直接负责的主管人员和其他直接责任人员处2万元以上5万元以下的罚款;给他人造成损害的,与生产经营单位承担连带赔偿责任。

对有前款违法行为的机构,吊销其相应资质。

第三十二条　本办法规定的行政处罚由安全生产监督管理部门决定。法律、行政法规对行政处罚的种类、幅度和决定机关另有规定的,依照其规定。

安全生产监督管理部门对应当由其他有关部门进行处理的"三同时"问题,应当及时移送有关部门并形成记录备查。

第六章　附　则

第三十三条　本办法自2011年2月1日起施行。

危险性较大的分部分项工程安全管理规定

(施行日期:2018年6月1日)

第一章 总 则

第一条 为加强对房屋建筑和市政基础设施工程中危险性较大的分部分项工程安全管理,有效防范生产安全事故,依据《中华人民共和国建筑法》《中华人民共和国安全生产法》《建设工程安全生产管理条例》等法律法规,制定本规定。

第二条 本规定适用于房屋建筑和市政基础设施工程中危险性较大的分部分项工程安全管理。

第三条 本规定所称危险性较大的分部分项工程(以下简称“危大工程”),是指房屋建筑和市政基础设施工程在施工过程中,容易导致人员群死群伤或者造成重大经济损失的分部分项工程。

危大工程及超过一定规模的危大工程范围由国务院住房城乡建设主管部门制定。

省级住房城乡建设主管部门可以结合本地区实际情况,补充本地区危大工程范围。

第四条 国务院住房城乡建设主管部门负责全国危大工程安全管理的指导监督。

县级以上地方人民政府住房城乡建设主管部门负责本行政区域内危大工程的安全监督管理。

第二章 前期保障

第五条 建设单位应当依法提供真实、准确、完整的工程地质、水文地质和工程周边环境等资料。

第六条 勘察单位应当根据工程实际及工程周边环境资料,在勘察文件中说明地质条件可能造成的工程风险。

设计单位应当在设计文件中注明涉及危大工程的重点部位和环节,提出保障工程周边环境安全和工程施工安全的意见,必要时进行专项设计。

第七条 建设单位应当组织勘察、设计等单位在施工招标文件中列出危大工程清单,要求施工单位在投标时补充完善危大工程清单并明确相应的安全管理措施。

第八条 建设单位应当按照施工合同约定及时支付危大工程施工技术措施费以及相应的安全防护文明施工措施费,保障危大工程施工安全。

第九条 建设单位在申请办理安全监督手续时,应当提交危大工程清单及其安全管理措施等资料。

第三章　专项施工方案

第十条　施工单位应当在危大工程施工前组织工程技术人员编制专项施工方案。

实行施工总承包的，专项施工方案应当由施工总承包单位组织编制。危大工程实行分包的，专项施工方案可以由相关专业分包单位组织编制。

第十一条　专项施工方案应当由施工单位技术负责人审核签字、加盖单位公章，并由总监理工程师审查签字、加盖执业印章后方可实施。

危大工程实行分包并由分包单位编制专项施工方案的，专项施工方案应当由总承包单位技术负责人及分包单位技术负责人共同审核签字并加盖单位公章。

第十二条　对于超过一定规模的危大工程，施工单位应当组织召开专家论证会对专项施工方案进行论证。实行施工总承包的，由施工总承包单位组织召开专家论证会。专家论证前专项施工方案应当通过施工单位审核和总监理工程师审查。

专家应当从地方人民政府住房城乡建设主管部门建立的专家库中选取，符合专业要求且人数不得少于5名。与本工程有利害关系的人员不得以专家身份参加专家论证会。

第十三条　专家论证会后，应当形成论证报告，对专项施工方案提出通过、修改后通过或者不通过的一致意见。专家对论证报告负责并签字确认。

专项施工方案经论证需修改后通过的，施工单位应当根据论证报告修改完善后，重新履行本规定第十一条的程序。

专项施工方案经论证不通过的，施工单位修改后应当按照本规定的要求重新组织专家论证。

第四章　现场安全管理

第十四条　施工单位应当在施工现场显著位置公告危大工程名称、施工时间和具体责任人员，并在危险区域设置安全警示标志。

第十五条　专项施工方案实施前，编制人员或者项目技术负责人应当向施工现场管理人员进行方案交底。

施工现场管理人员应当向作业人员进行安全技术交底，并由双方和项目专职安全生产管理人员共同签字确认。

第十六条　施工单位应当严格按照专项施工方案组织施工，不得擅自修改专项施工方案。

因规划调整、设计变更等原因确需调整的，修改后的专项施工方案应当按照本规定重新审核和论证。涉及资金或者工期调整的，建设单位应当按照约定予以调整。

第十七条　施工单位应当对危大工程施工作业人员进行登记，项目负责人应当在施工现场履职。

项目专职安全生产管理人员应当对专项施工方案实施情况进行现场监督，对未按照专项施工方案施工的，应当要求立即整改，并及时报告项目负责人，项目负责人应当及时组织限期整改。

施工单位应当按照规定对危大工程进行施工监测和安全巡视，发现危及人身安全的紧急情况，应当立即组织作业人员撤离危险区域。

第十八条 监理单位应当结合危大工程专项施工方案编制监理实施细则，并对危大工程施工实施专项巡视检查。

第十九条 监理单位发现施工单位未按照专项施工方案施工的，应当要求其进行整改；情节严重的，应当要求其暂停施工，并及时报告建设单位。施工单位拒不整改或者不停止施工的，监理单位应当及时报告建设单位和工程所在地住房城乡建设主管部门。

第二十条 对于按照规定需要进行第三方监测的危大工程，建设单位应当委托具有相应勘察资质的单位进行监测。

监测单位应当编制监测方案。监测方案由监测单位技术负责人审核签字并加盖单位公章，报送监理单位后方可实施。

监测单位应当按照监测方案开展监测，及时向建设单位报送监测成果，并对监测成果负责；发现异常时，及时向建设、设计、施工、监理单位报告，建设单位应当立即组织相关单位采取处置措施。

第二十一条 对于按照规定需要验收的危大工程，施工单位、监理单位应当组织相关人员进行验收。验收合格的，经施工单位项目技术负责人及总监理工程师签字确认后，方可进入下一道工序。

危大工程验收合格后，施工单位应当在施工现场明显位置设置验收标识牌，公示验收时间及责任人员。

第二十二条 危大工程发生险情或者事故时，施工单位应当立即采取应急处置措施，并报告工程所在地住房城乡建设主管部门。建设、勘察、设计、监理等单位应当配合施工单位开展应急抢险工作。

第二十三条 危大工程应急抢险结束后，建设单位应当组织勘察、设计、施工、监理等单位制定工程恢复方案，并对应急抢险工作进行后评估。

第二十四条 施工、监理单位应当建立危大工程安全管理档案。

施工单位应当将专项施工方案及审核、专家论证、交底、现场检查、验收及整改等相关资料纳入档案管理。

监理单位应当将监理实施细则、专项施工方案审查、专项巡视检查、验收及整改等相关资料纳入档案管理。

第五章　监督管理

第二十五条 设区的市级以上地方人民政府住房城乡建设主管部门应当建立专家库，制定专家库管理制度，建立专家诚信档案，并向社会公布，接受社会监督。

第二十六条 县级以上地方人民政府住房城乡建设主管部门或者所属施工安全监督机构，应当根据监督工作计划对危大工程进行抽查。

县级以上地方人民政府住房城乡建设主管部门或者所属施工安全监督机构，可以通过政府购买技术服务方式，聘请具有专业技术能力的单位和人员对危大工程进行检查，所需费用向本级财政申请予以保障。

第二十七条 县级以上地方人民政府住房城乡建设主管部门或者所属施工安全监督

机构，在监督抽查中发现危大工程存在安全隐患的，应当责令施工单位整改；重大安全事故隐患排除前或者排除过程中无法保证安全的，责令从危险区域内撤出作业人员或者暂时停止施工；对依法应当给予行政处罚的行为，应当依法作出行政处罚决定。

第二十八条　县级以上地方人民政府住房城乡建设主管部门应当将单位和个人的处罚信息纳入建筑施工安全生产不良信用记录。

第六章　法律责任

第二十九条　建设单位有下列行为之一的，责令限期改正，并处 1 万元以上 3 万元以下的罚款；对直接负责的主管人员和其他直接责任人员处 1 000 元以上 5 000 元以下的罚款：

（一）未按照本规定提供工程周边环境等资料的；

（二）未按照本规定在招标文件中列出危大工程清单的；

（三）未按照施工合同约定及时支付危大工程施工技术措施费或者相应的安全防护文明施工措施费的；

（四）未按照本规定委托具有相应勘察资质的单位进行第三方监测的；

（五）未对第三方监测单位报告的异常情况组织采取处置措施的。

第三十条　勘察单位未在勘察文件中说明地质条件可能造成的工程风险的，责令限期改正，依照《建设工程安全生产管理条例》对单位进行处罚；对直接负责的主管人员和其他直接责任人员处 1 000 元以上 5 000 元以下的罚款。

第三十一条　设计单位未在设计文件中注明涉及危大工程的重点部位和环节，未提出保障工程周边环境安全和工程施工安全的意见的，责令限期改正，并处 1 万元以上 3 万元以下的罚款；对直接负责的主管人员和其他直接责任人员处 1 000 元以上 5 000 元以下的罚款。

第三十二条　施工单位未按照本规定编制并审核危大工程专项施工方案的，依照《建设工程安全生产管理条例》对单位进行处罚，并暂扣安全生产许可证 30 日；对直接负责的主管人员和其他直接责任人员处 1 000 元以上 5 000 元以下的罚款。

第三十三条　施工单位有下列行为之一的，依照《中华人民共和国安全生产法》《建设工程安全生产管理条例》对单位和相关责任人员进行处罚：

（一）未向施工现场管理人员和作业人员进行方案交底和安全技术交底的；

（二）未在施工现场显著位置公告危大工程，并在危险区域设置安全警示标志的；

（三）项目专职安全生产管理人员未对专项施工方案实施情况进行现场监督的。

第三十四条　施工单位有下列行为之一的，责令限期改正，处 1 万元以上 3 万元以下的罚款，并暂扣安全生产许可证 30 日；对直接负责的主管人员和其他直接责任人员处 1 000 元以上 5 000 元以下的罚款：

（一）未对超过一定规模的危大工程专项施工方案进行专家论证的；

（二）未根据专家论证报告对超过一定规模的危大工程专项施工方案进行修改，或者未按照本规定重新组织专家论证的；

（三）未严格按照专项施工方案组织施工，或者擅自修改专项施工方案的。

第三十五条 施工单位有下列行为之一的，责令限期改正，并处 1 万元以上 3 万元以下的罚款；对直接负责的主管人员和其他直接责任人员处 1 000 元以上 5 000 元以下的罚款：

（一）项目负责人未按照本规定现场履职或者组织限期整改的；

（二）施工单位未按照本规定进行施工监测和安全巡视的；

（三）未按照本规定组织危大工程验收的；

（四）发生险情或者事故时，未采取应急处置措施的；

（五）未按照本规定建立危大工程安全管理档案的。

第三十六条 监理单位有下列行为之一的，依照《中华人民共和国安全生产法》《建设工程安全生产管理条例》对单位进行处罚；对直接负责的主管人员和其他直接责任人员处 1 000 元以上 5 000 元以下的罚款：

（一）总监理工程师未按照本规定审查危大工程专项施工方案的；

（二）发现施工单位未按照专项施工方案实施，未要求其整改或者停工的；

（三）施工单位拒不整改或者不停止施工时，未向建设单位和工程所在地住房城乡建设主管部门报告的。

第三十七条 监理单位有下列行为之一的，责令限期改正，并处 1 万元以上 3 万元以下的罚款；对直接负责的主管人员和其他直接责任人员处 1 000 元以上 5 000 元以下的罚款：

（一）未按照本规定编制监理实施细则的；

（二）未对危大工程施工实施专项巡视检查的；

（三）未按照本规定参与组织危大工程验收的；

（四）未按照本规定建立危大工程安全管理档案的。

第三十八条 监测单位有下列行为之一的，责令限期改正，并处 1 万元以上 3 万元以下的罚款；对直接负责的主管人员和其他直接责任人员处 1 000 元以上 5 000 元以下的罚款：

（一）未取得相应勘察资质从事第三方监测的；

（二）未按照本规定编制监测方案的；

（三）未按照监测方案开展监测的；

（四）发现异常未及时报告的。

第三十九条 县级以上地方人民政府住房城乡建设主管部门或者所属施工安全监督机构的工作人员，未依法履行危大工程安全监督管理职责的，依照有关规定给予处分。

第七章 附 则

第四十条 本规定自 2018 年 6 月 1 日起施行。

企业安全生产费用提取和使用管理办法

（施行日期：2012 年 2 月 14 日）

第一章　总　则

第一条　为了建立企业安全生产投入长效机制，加强安全生产费用管理，保障企业安全生产资金投入，维护企业、职工以及社会公共利益，依据《中华人民共和国安全生产法》等有关法律法规和《国务院关于加强安全生产工作的决定》（国发〔2004〕2 号）和《国务院关于进一步加强企业安全生产工作的通知》（国发〔2010〕23 号），制定本办法。

第二条　在中华人民共和国境内直接从事煤炭生产、非煤矿山开采、建设工程施工、危险品生产与储存、交通运输、烟花爆竹生产、冶金、机械制造、武器装备研制生产与试验（含民用航空及核燃料）的企业以及其他经济组织（以下简称企业）适用本办法。

第三条　本办法所称安全生产费用（以下简称安全费用）是指企业按照规定标准提取在成本中列支，专门用于完善和改进企业或者项目安全生产条件的资金。

安全费用按照"企业提取、政府监管、确保需要、规范使用"的原则进行管理。

第四条　本办法下列用语的含义是：

煤炭生产是指煤炭资源开采作业有关活动。

非煤矿山开采是指石油和天然气、煤层气（地面开采）、金属矿、非金属矿及其他矿产资源的勘探作业和生产、选矿、闭坑及尾矿库运行、闭库等有关活动。

建设工程是指土木工程、建筑工程、井巷工程、线路管道和设备安装及装修工程的新建、扩建、改建以及矿山建设。

危险品是指列入国家标准《危险货物品名表》（GB12268）和《危险化学品目录》的物品。

烟花爆竹是指烟花爆竹制品和用于生产烟花爆竹的民用黑火药、烟火药、引火线等物品。

交通运输包括道路运输、水路运输、铁路运输、管道运输。道路运输是指以机动车为交通工具的旅客和货物运输；水路运输是指以运输船舶为工具的旅客和货物运输及港口装卸、堆存；铁路运输是指以火车为工具的旅客和货物运输（包括高铁和城际铁路）；管道运输是指以管道为工具的液体和气体物资运输。

冶金是指金属矿物的冶炼以及压延加工有关活动，包括：黑色金属、有色金属、黄金等的冶炼生产和加工处理活动，以及炭素、耐火材料等与主工艺流程配套的辅助工艺环节的生产。

机械制造是指各种动力机械、冶金矿山机械、运输机械、农业机械、工具、仪器、仪表、特种设备、大中型船舶、石油炼化装备及其他机械设备的制造活动。

武器装备研制生产与试验，包括武器装备和弹药的科研、生产、试验、储运、销毁、维修保障等。

第二章　安全费用的提取标准

第五条　煤炭生产企业依据开采的原煤产量按月提取。各类煤矿原煤单位产量安全费用提取标准如下：

（一）煤（岩）与瓦斯（二氧化碳）突出矿井、高瓦斯矿井吨煤 30 元；

（二）其他井工矿吨煤 15 元；

（三）露天矿吨煤 5 元。

矿井瓦斯等级划分按现行《煤矿安全规程》和《矿井瓦斯等级鉴定规范》的规定执行。

第六条　非煤矿山开采企业依据开采的原矿产量按月提取。各类矿山原矿单位产量安全费用提取标准如下：

（一）石油，每吨原油 17 元；

（二）天然气、煤层气（地面开采），每千立方米原气 5 元；

（三）金属矿山，其中露天矿山每吨 5 元，地下矿山每吨 10 元；

（四）核工业矿山，每吨 25 元；

（五）非金属矿山，其中露天矿山每吨 2 元，地下矿山每吨 4 元；

（六）小型露天采石场，即年采剥总量 50 万吨以下，且最大开采高度不超过 50 米，产品用于建筑、铺路的山坡型露天采石场，每吨 1 元；

（七）尾矿库按入库尾矿量计算，三等及三等以上尾矿库每吨 1 元，四等及五等尾矿库每吨 1.5 元。

本办法下发之日以前已经实施闭库的尾矿库，按照已堆存尾砂的有效库容大小提取，库容 100 万立方米以下的，每年提取 5 万元；超过 100 万立方米的，每增加 100 万立方米增加 3 万元，但每年提取额最高不超过 30 万元。

原矿产量不含金属、非金属矿山尾矿库和废石场中用于综合利用的尾砂和低品位矿石。

地质勘探单位安全费用按地质勘查项目或者工程总费用的 2% 提取。

第七条　建设工程施工企业以建筑安装工程造价为计提依据。各建设工程类别安全费用提取标准如下：

（一）矿山工程为 2.5%；

（二）房屋建筑工程、水利水电工程、电力工程、铁路工程、城市轨道交通工程为 2.0%；

（三）市政公用工程、冶炼工程、机电安装工程、化工石油工程、港口与航道工程、公路工程、通信工程为 1.5%。

建设工程施工企业提取的安全费用列入工程造价，在竞标时，不得删减，列入标外管理。国家对基本建设投资概算另有规定的，从其规定。

总包单位应当将安全费用按比例直接支付分包单位并监督使用，分包单位不再重复提取。

第八条 危险品生产与储存企业以上年度实际营业收入为计提依据，采取超额累退方式按照以下标准平均逐月提取：

（一）营业收入不超过1 000万元的，按照4%提取；

（二）营业收入超过1 000万元至1亿元的部分，按照2%提取；

（三）营业收入超过1亿元至10亿元的部分，按照0.5%提取；

（四）营业收入超过10亿元的部分，按照0.2%提取。

第九条 交通运输企业以上年度实际营业收入为计提依据，按照以下标准平均逐月提取：

（一）普通货运业务按照1%提取；

（二）客运业务、管道运输、危险品等特殊货运业务按照1.5%提取。

第十条 冶金企业以上年度实际营业收入为计提依据，采取超额累退方式按照以下标准平均逐月提取：

（一）营业收入不超过1 000万元的，按照3%提取；

（二）营业收入超过1 000万元至1亿元的部分，按照1.5%提取；

（三）营业收入超过1亿元至10亿元的部分，按照0.5%提取；

（四）营业收入超过10亿元至50亿元的部分，按照0.2%提取；

（五）营业收入超过50亿元至100亿元的部分，按照0.1%提取；

（六）营业收入超过100亿元的部分，按照0.05%提取。

第十一条 机械制造企业以上年度实际营业收入为计提依据，采取超额累退方式按照以下标准平均逐月提取：

（一）营业收入不超过1 000万元的，按照2%提取；

（二）营业收入超过1 000万元至1亿元的部分，按照1%提取；

（三）营业收入超过1亿元至10亿元的部分，按照0.2%提取；

（四）营业收入超过10亿元至50亿元的部分，按照0.1%提取；

（五）营业收入超过50亿元的部分，按照0.05%提取。

第十二条 烟花爆竹生产企业以上年度实际营业收入为计提依据，采取超额累退方式按照以下标准平均逐月提取：

（一）营业收入不超过200万元的，按照3.5%提取；

（二）营业收入超过200万元至500万元的部分，按照3%提取；

（三）营业收入超过500万元至1 000万元的部分，按照2.5%提取；

（四）营业收入超过1 000万元的部分，按照2%提取。

第十三条 武器装备研制生产与试验企业以上年度军品实际营业收入为计提依据，采取超额累退方式按照以下标准平均逐月提取：

（一）火炸药及其制品研制、生产与试验企业（包括：含能材料，炸药、火药、推进剂，发动机，弹箭，引信、火工品等）：

1. 营业收入不超过1 000万元的，按照5%提取；

2. 营业收入超过1 000万元至1亿元的部分，按照3%提取；

3. 营业收入超过1亿元至10亿元的部分，按照1%提取；

4. 营业收入超过 10 亿元的部分,按照 0.5%提取。

(二)核装备及核燃料研制、生产与试验企业:

1. 营业收入不超过 1 000 万元的,按照 3%提取;

2. 营业收入超过 1 000 万元至 1 亿元的部分,按照 2%提取;

3. 营业收入超过 1 亿元至 10 亿元的部分,按照 0.5%提取;

4. 营业收入超过 10 亿元的部分,按照 0.2%提取;

5. 核工程按照 3%提取(以工程造价为计提依据,在竞标时,列为标外管理)。

(三)军用舰船(含修理)研制、生产与试验企业:

1. 营业收入不超过 1 000 万元的,按照 2.5%提取;

2. 营业收入超过 1 000 万元至 1 亿元的部分,按照 1.75%提取;

3. 营业收入超过 1 亿元至 10 亿元的部分,按照 0.8%提取;

4. 营业收入超过 10 亿元的部分,按照 0.4%提取。

(四)飞船、卫星、军用飞机、坦克车辆、火炮、轻武器、大型天线等产品的总体、部分和元器件研制、生产与试验企业:

1. 营业收入不超过 1 000 万元的,按照 2%提取;

2. 营业收入超过 1 000 万元至 1 亿元的部分,按照 1.5%提取;

3. 营业收入超过 1 亿元至 10 亿元的部分,按照 0.5%提取;

4. 营业收入超过 10 亿元至 100 亿元的部分,按照 0.2%提取;

5. 营业收入超过 100 亿元的部分,按照 0.1%提取。

(五)其他军用危险品研制、生产与试验企业:

1. 营业收入不超过 1 000 万元的,按照 4%提取;

2. 营业收入超过 1 000 万元至 1 亿元的部分,按照 2%提取;

3. 营业收入超过 1 亿元至 10 亿元的部分,按照 0.5%提取;

4. 营业收入超过 10 亿元的部分,按照 0.2%提取。

第十四条　中小微型企业和大型企业上年末安全费用结余分别达到本企业上年度营业收入的 5%和 1.5%时,经当地县级以上安全生产监督管理部门、煤矿安全监察机构商财政部门同意,企业本年度可以缓提或者少提安全费用。

企业规模划分标准按照工业和信息化部、国家统计局、国家发展和改革委员会、财政部《关于印发中小企业划型标准规定的通知》(工信部联企业〔2011〕300 号)规定执行。

第十五条　企业在上述标准的基础上,根据安全生产实际需要,可适当提高安全费用提取标准。

本办法公布前,各省级政府已制定下发企业安全费用提取使用办法的,其提取标准如果低于本办法规定的标准,应当按照本办法进行调整;如果高于本办法规定的标准,按照原标准执行。

第十六条　新建企业和投产不足一年的企业以当年实际营业收入为提取依据,按月计提安全费用。

混业经营企业,如能按业务类别分别核算的,则以各业务营业收入为计提依据,按上述标准分别提取安全费用;如不能分别核算的,则以全部业务收入为计提依据,按主营业务计提标准提取安全费用。

第三章　安全费用的使用

第十七条　煤炭生产企业安全费用应当按照以下范围使用：

（一）煤与瓦斯突出及高瓦斯矿井落实“两个四位一体”综合防突措施支出，包括瓦斯区域预抽、保护层开采区域防突措施、开展突出区域和局部预测、实施局部补充防突措施、更新改造防突设备和设施、建立突出防治实验室等支出；

（二）煤矿安全生产改造和重大隐患治理支出，包括“一通三防”（通风，防瓦斯、防煤尘、防灭火）、防治水、供电、运输等系统设备改造和灾害治理工程，实施煤矿机械化改造，实施矿压（冲击地压）、热害、露天矿边坡治理、采空区治理等支出；

（三）完善煤矿井下监测监控、人员定位、紧急避险、压风自救、供水施救和通信联络安全避险“六大系统”支出，应急救援技术装备、设施配置和维护保养支出，事故逃生和紧急避难设施设备的配置和应急演练支出；

（四）开展重大危险源和事故隐患评估、监控和整改支出；

（五）安全生产检查、评价（不包括新建、改建、扩建项目安全评价）、咨询、标准化建设支出；

（六）配备和更新现场作业人员安全防护用品支出；

（七）安全生产宣传、教育、培训支出；

（八）安全生产适用新技术、新标准、新工艺、新装备的推广应用支出；

（九）安全设施及特种设备检测检验支出；

（十）其他与安全生产直接相关的支出。

第十八条　非煤矿山开采企业安全费用应当按照以下范围使用：

（一）完善、改造和维护安全防护设施设备（不含“三同时”要求初期投入的安全设施）和重大安全隐患治理支出，包括矿山综合防尘、防灭火、防治水、危险气体监测、通风系统、支护及防治边帮滑坡设备、机电设备、供配电系统、运输（提升）系统和尾矿库等完善、改造和维护支出以及实施地压监测监控、露天矿边坡治理、采空区治理等支出；

（二）完善非煤矿山监测监控、人员定位、紧急避险、压风自救、供水施救和通信联络等安全避险“六大系统”支出，完善尾矿库全过程在线监控系统和海上石油开采出海人员动态跟踪系统支出，应急救援技术装备、设施配置及维护保养支出，事故逃生和紧急避难设施设备的配置和应急演练支出；

（三）开展重大危险源和事故隐患评估、监控和整改支出；

（四）安全生产检查、评价（不包括新建、改建、扩建项目安全评价）、咨询、标准化建设支出；

（五）配备和更新现场作业人员安全防护用品支出；

（六）安全生产宣传、教育、培训支出；

（七）安全生产适用的新技术、新标准、新工艺、新装备的推广应用支出；

（八）安全设施及特种设备检测检验支出；

（九）尾矿库闭库及闭库后维护费用支出；

（十）地质勘探单位野外应急食品、应急器械、应急药品支出；

（十一）其他与安全生产直接相关的支出。

第十九条 建设工程施工企业安全费用应当按照以下范围使用：

（一）完善、改造和维护安全防护设施设备支出（不含“三同时”要求初期投入的安全设施），包括施工现场临时用电系统、洞口、临边、机械设备、高处作业防护、交叉作业防护、防火、防爆、防尘、防毒、防雷、防台风、防地质灾害、地下工程有害气体监测、通风、临时安全防护等设施设备支出；

（二）配备、维护、保养应急救援器材、设备支出和应急演练支出；

（三）开展重大危险源和事故隐患评估、监控和整改支出；

（四）安全生产检查、评价（不包括新建、改建、扩建项目安全评价）、咨询和标准化建设支出；

（五）配备和更新现场作业人员安全防护用品支出；

（六）安全生产宣传、教育、培训支出；

（七）安全生产适用的新技术、新标准、新工艺、新装备的推广应用支出；

（八）安全设施及特种设备检测检验支出；

（九）其他与安全生产直接相关的支出。

第二十条 危险品生产与储存企业安全费用应当按照以下范围使用：

（一）完善、改造和维护安全防护设施设备支出（不含“三同时”要求初期投入的安全设施），包括车间、库房、罐区等作业场所的监控、监测、通风、防晒、调温、防火、灭火、防爆、泄压、防毒、消毒、中和、防潮、防雷、防静电、防腐、防渗漏、防护围堤或者隔离操作等设施设备支出；

（二）配备、维护、保养应急救援器材、设备支出和应急演练支出；

（三）开展重大危险源和事故隐患评估、监控和整改支出；

（四）安全生产检查、评价（不包括新建、改建、扩建项目安全评价）、咨询和标准化建设支出；

（五）配备和更新现场作业人员安全防护用品支出；

（六）安全生产宣传、教育、培训支出；

（七）安全生产适用的新技术、新标准、新工艺、新装备的推广应用支出；

（八）安全设施及特种设备检测检验支出；

（九）其他与安全生产直接相关的支出。

第二十一条 交通运输企业安全费用应当按照以下范围使用：

（一）完善、改造和维护安全防护设施设备支出（不含“三同时”要求初期投入的安全设施），包括道路、水路、铁路、管道运输设施设备和装卸工具安全状况检测及维护系统、运输设施设备和装卸工具附属安全设备等支出；

（二）购置、安装和使用具有行驶记录功能的车辆卫星定位装置、船舶通信导航定位和自动识别系统、电子海图等支出；

（三）配备、维护、保养应急救援器材、设备支出和应急演练支出；

（四）开展重大危险源和事故隐患评估、监控和整改支出；

（五）安全生产检查、评价（不包括新建、改建、扩建项目安全评价）、咨询和标准化建设支出；

（六）配备和更新现场作业人员安全防护用品支出；

（七）安全生产宣传、教育、培训支出；

（八）安全生产适用的新技术、新标准、新工艺、新装备的推广应用支出；

（九）安全设施及特种设备检测检验支出；

（十）其他与安全生产直接相关的支出。

第二十二条　冶金企业安全费用应当按照以下范围使用：

（一）完善、改造和维护安全防护设施设备支出（不含“三同时”要求初期投入的安全设施），包括车间、站、库房等作业场所的监控、监测、防火、防爆、防坠落、防尘、防毒、防噪声与振动、防辐射和隔离操作等设施设备支出；

（二）配备、维护、保养应急救援器材、设备支出和应急演练支出；

（三）开展重大危险源和事故隐患评估、监控和整改支出；

（四）安全生产检查、评价（不包括新建、改建、扩建项目安全评价）和咨询及标准化建设支出；

（五）安全生产宣传、教育、培训支出；

（六）配备和更新现场作业人员安全防护用品支出；

（七）安全生产适用的新技术、新标准、新工艺、新装备的推广应用支出；

（八）安全设施及特种设备检测检验支出；

（九）其他与安全生产直接相关的支出。

第二十三条　机械制造企业安全费用应当按照以下范围使用：

（一）完善、改造和维护安全防护设施设备支出（不含“三同时”要求初期投入的安全设施），包括生产作业场所的防火、防爆、防坠落、防毒、防静电、防腐、防尘、防噪声与振动、防辐射或者隔离操作等设施设备支出，大型起重机械安装安全监控管理系统支出；

（二）配备、维护、保养应急救援器材、设备支出和应急演练支出；

（三）开展重大危险源和事故隐患评估、监控和整改支出；

（四）安全生产检查、评价（不包括新建、改建、扩建项目安全评价）、咨询和标准化建设支出；

（五）安全生产宣传、教育、培训支出；

（六）配备和更新现场作业人员安全防护用品支出；

（七）安全生产适用的新技术、新标准、新工艺、新装备的推广应用；

（八）安全设施及特种设备检测检验支出；

（九）其他与安全生产直接相关的支出。

第二十四条　烟花爆竹生产企业安全费用应当按照以下范围使用：

（一）完善、改造和维护安全设备设施支出（不含“三同时”要求初期投入的安全设施）；

（二）配备、维护、保养防爆机械电器设备支出；

（三）配备、维护、保养应急救援器材、设备支出和应急演练支出；

(四)开展重大危险源和事故隐患评估、监控和整改支出;

(五)安全生产检查、评价(不包括新建、改建、扩建项目安全评价)、咨询和标准化建设支出;

(六)安全生产宣传、教育、培训支出;

(七)配备和更新现场作业人员安全防护用品支出;

(八)安全生产适用新技术、新标准、新工艺、新装备的推广应用支出;

(九)安全设施及特种设备检测检验支出;

(十)其他与安全生产直接相关的支出。

第二十五条　武器装备研制生产与试验企业安全费用应当按照以下范围使用:

(一)完善、改造和维护安全防护设施设备支出(不含"三同时"要求初期投入的安全设施),包括研究室、车间、库房、储罐区、外场试验区等作业场所的监控、监测、防触电、防坠落、防爆、泄压、防火、灭火、通风、防晒、调温、防毒、防雷、防静电、防腐、防尘、防噪声与振动、防辐射、防护围堤或者隔离操作等设施设备支出;

(二)配备、维护、保养应急救援、应急处置、特种个人防护器材、设备、设施支出和应急演练支出;

(三)开展重大危险源和事故隐患评估、监控和整改支出;

(四)高新技术和特种专用设备安全鉴定评估、安全性能检验检测及操作人员上岗培训支出;

(五)安全生产检查、评价(不包括新建、改建、扩建项目安全评价)、咨询和标准化建设支出;

(六)安全生产宣传、教育、培训支出;

(七)军工核设施(含核废物)防泄漏、防辐射的设施设备支出;

(八)军工危险化学品、放射性物品及武器装备科研、试验、生产、储运、销毁、维修保障过程中的安全技术措施改造费和安全防护(不包括工作服)费用支出;

(九)大型复杂武器装备制造、安装、调试的特殊工种和特种作业人员培训支出;

(十)武器装备大型试验安全专项论证与安全防护费用支出;

(十一)特殊军工电子元器件制造过程中有毒有害物质监测及特种防护支出;

(十二)安全生产适用新技术、新标准、新工艺、新装备的推广应用支出;

(十三)其他与武器装备安全生产事项直接相关的支出。

第二十六条　在本办法规定的使用范围内,企业应当将安全费用优先用于满足安全生产监督管理部门、煤矿安全监察机构以及行业主管部门对企业安全生产提出的整改措施或达到安全生产标准所需的支出。

第二十七条　企业提取的安全费用应当专户核算,按规定范围安排使用,不得挤占、挪用。年度结余资金结转下年度使用,当年计提安全费用不足的,超出部分按正常成本费用渠道列支。

主要承担安全管理责任的集团公司经过履行内部决策程序,可以对所属企业提取的安全费用按照一定比例集中管理,统筹使用。

第二十八条　煤炭生产企业和非煤矿山企业已提取维持简单再生产费用的,应当继续提取维持简单再生产费用,但其使用范围不再包含安全生产方面的用途。

第二十九条 矿山企业转产、停产、停业或者解散的,应当将安全费用结余转入矿山闭坑安全保障基金,用于矿山闭坑、尾矿库闭库后可能的危害治理和损失赔偿。

危险品生产与储存企业转产、停产、停业或者解散的,应当将安全费用结余用于处理转产、停产、停业或者解散前的危险品生产或储存设备、库存产品及生产原料支出。

企业由于产权转让、公司制改建等变更股权结构或者组织形式的,其结余的安全费用应当继续按照本办法管理使用。

企业调整业务、终止经营或者依法清算,其结余的安全费用应当结转本期收益或者清算收益。

第三十条 本办法第二条规定范围以外的企业为达到应当具备的安全生产条件所需的资金投入,按原渠道列支。

第四章 监督管理

第三十一条 企业应当建立健全内部安全费用管理制度,明确安全费用提取和使用的程序、职责及权限,按规定提取和使用安全费用。

第三十二条 企业应当加强安全费用管理,编制年度安全费用提取和使用计划,纳入企业财务预算。企业年度安全费用使用计划和上一年安全费用的提取、使用情况按照管理权限报同级财政部门、安全生产监督管理部门、煤矿安全监察机构和行业主管部门备案。

第三十三条 企业安全费用的会计处理,应当符合国家统一的会计制度的规定。

第三十四条 企业提取的安全费用属于企业自提自用资金,其他单位和部门不得采取收取、代管等形式对其进行集中管理和使用,国家法律、法规另有规定的除外。

第三十五条 各级财政部门、安全生产监督管理部门、煤矿安全监察机构和有关行业主管部门依法对企业安全费用提取、使用和管理进行监督检查。

第三十六条 企业未按本办法提取和使用安全费用的,安全生产监督管理部门、煤矿安全监察机构和行业主管部门会同财政部门责令其限期改正,并依照相关法律法规进行处理、处罚。

建设工程施工总承包单位未向分包单位支付必要的安全费用以及承包单位挪用安全费用的,由建设、交通运输、铁路、水利、安全生产监督管理、煤矿安全监察等主管部门依照相关法规、规章进行处理、处罚。

第三十七条 各省级财政部门、安全生产监督管理部门、煤矿安全监察机构可以结合本地区实际情况,制定具体实施办法,并报财政部、国家安全生产监督管理总局备案。

第五章 附 则

第三十八条 本办法由财政部、国家安全生产监督管理总局负责解释。

第三十九条 实行企业化管理的事业单位参照本办法执行。

第四十条 本办法自印发之日起施行。《关于调整煤炭生产安全费用提取标准加强煤炭生产安全费用使用管理与监督的通知》(财建〔2005〕168 号)、《关于印发<烟花爆竹

生产企业安全费用提取与使用管理办法>的通知》(财建〔2006〕180 号)和《关于印发<高危行业企业安全生产费用财务管理暂行办法>的通知》(财企〔2006〕478 号)同时废止。《关于印发<煤炭生产安全费用提取和使用管理办法>和<关于规范煤矿维简费管理问题的若干规定>的通知》(财建〔2004〕119 号)等其他有关规定与本办法不一致的,以本办法为准。

第四部分 天津市地方法规规章配套文件

天津市安全生产条例

（施行日期：2017 年 1 月 1 日）

第一章　总　则

第一条　为了加强安全生产工作，防止和减少生产安全事故，保障人民群众生命和财产安全，促进经济社会持续健康发展，根据《中华人民共和国安全生产法》等有关法律、法规，结合本市实际情况，制定本条例。

第二条　本条例适用于本市行政区域内从事生产经营活动的单位（以下简称生产经营单位）的安全生产及其监督管理。

有关法律、法规对消防安全、道路交通安全、铁路交通安全、水上交通安全、民用航空安全、核与辐射安全以及特种设备安全等另有规定的，适用其规定。

第三条　安全生产工作应当以人为本，坚持安全发展，坚持安全第一、预防为主、综合治理的方针，坚持属地管理、分级负责和管行业必须管安全、管业务必须管安全、管生产经营必须管安全的原则，建立生产经营单位负责、职工参与、政府监管、行业自律和社会监督的机制。

第四条　生产经营单位对安全生产负主体责任。

生产经营单位的主要负责人是安全生产第一责任人，对本单位安全生产工作全面负责。

生产经营单位应当设置分管安全生产的负责人，协助主要负责人履行安全生产管理职责；其他负责人对各自职责范围内的安全生产工作负直接管理责任。

第五条　市和区人民政府应当加强对安全生产工作的领导，将安全生产专项规划纳入国民经济和社会发展规划及年度计划，支持、督促各有关部门依法履行安全生产监督管理职责，建立健全安全生产工作协调机制，及时协调、解决安全生产监督管理中存在的重大问题。

市和区人民政府应当保障安全生产监督管理所需经费，并纳入本级预算，对于涉及公共安全的重大生产安全事故隐患治理、生产安全事故应急救援和调查处理所需经费应当予以保障。

第六条 市和区人民政府安全生产委员会负责研究部署、统筹协调本行政区域内安全生产工作中的重大事项，根据有关法律、法规和规章的规定，编制成员单位安全生产工作职责，报经本级人民政府批准后执行。

市和区安全生产监督管理部门承担安全生产委员会的日常工作。

第七条 各级人民政府及其有关部门的主要负责人对安全生产工作负全面领导责任，分管安全生产监督管理的负责人对安全生产综合监督管理工作负领导责任，分管专项工作的负责人对分管工作中的安全生产负领导责任。

各级人民政府及其有关部门应当按照国家和本市有关规定，建立健全和落实安全生产监督管理责任制。

第八条 乡镇人民政府、街道办事处应当明确安全生产监督管理机构和人员，加强对本行政区域内的生产经营单位安全生产状况的监督检查，协助上级人民政府有关部门依法履行安全生产监督管理职责。

各级经济功能区管理机构应当按照有关人民政府确定的权限履行安全生产监督管理职责。

第九条 工会依法加强对安全生产工作的监督，参加生产安全事故调查，提出保障安全生产的意见和建议，维护从业人员在安全生产方面的合法权益。

第十条 有关行业协会应当加强行业自律，依照法律、法规和章程，为生产经营单位提供安全生产信息咨询、技术交流、教育培训等服务，指导生产经营单位加强安全生产管理，参与相关安全生产检查，参与制定安全生产相关标准。

第十一条 各级行政机关、团体、生产经营单位应当采取多种形式，加强安全生产法律、法规和安全生产知识的宣传教育，提高生产经营单位及其从业人员事故防范能力。

市和区人民政府应当逐步设立安全教育实践基地，创新安全生产教育形式。

新闻、出版、广播、电视、报刊、网络等单位应当开展安全生产公益性宣传教育，加强对安全生产工作的舆论监督。

第十二条 各级人民政府及其有关部门应当对在改善安全生产条件、防止或者减少生产安全事故、参加抢险救护、研究和推广安全生产科学技术、安全生产监督管理等方面取得显著成绩的单位和个人，按照国家和本市规定给予奖励。

第二章 生产经营单位的安全生产保障

第十三条 生产经营单位及其负责人应当树立安全生产主体责任意识，对建设项目、设施设备、工艺技术、原料成品、作业流程、人员使用等生产经营全过程，承担安全生产的主体责任。

第十四条 生产经营单位应当建立健全全部工作岗位及从业人员的安全生产责任制，逐级、逐岗位签订安全生产责任书。安全生产责任制应当包括下列内容：

（一）主要负责人、分管安全负责人及其他分管负责人的安全生产责任范围及考核标准；

（二）各部门、各岗位负责人的安全生产责任范围及考核标准；

（三）各岗位作业人员的安全生产责任范围及考核标准；

（四）奖惩措施。

生产经营单位应当建立健全本单位安全生产责任制考核机制，定期对安全生产责任制落实情况进行监督考核。

第十五条　生产经营单位应当遵守安全生产相关法律、法规、国家标准和行业标准，制定安全生产管理制度、安全操作规程，保证安全生产投入，完善安全生产条件，健全安全生产管理档案。

生产经营单位不具备安全生产条件的，不得从事生产经营活动。

第十六条　生产经营单位应当根据本单位生产经营特点，定期对本单位安全生产工作进行自查，形成自查报告并存档备查。

第十七条　生产经营单位的主要负责人应当履行法律、法规规定的安全生产职责，定期组织研究安全生产问题，每年至少一次向职工代表大会、职工大会、股东大会报告安全生产情况，接受有关部门的监督检查，接受工会、职工的监督。

第十八条　矿山、金属冶炼、建筑施工、道路运输、城市轨道交通运营单位和危险物品的生产、经营、储存单位等高危生产经营单位，应当按照下列规定设置安全生产管理机构、配备专职安全生产管理人员：

（一）从业人员不足三十人的，应当配备专职安全生产管理人员；

（二）从业人员三十人以上不足一百人的，应当设置专门的安全生产管理机构，配备二名以上专职安全生产管理人员；

（三）从业人员一百人以上不足一千人的，应当设置专门的安全生产管理机构，配备四名以上专职安全生产管理人员；

（四）从业人员一千人以上的，应当设置专门的安全生产管理机构，并按不低于从业人员千分之五的比例配备专职安全生产管理人员。

第十九条　高危生产经营单位以外的其他生产经营单位，从业人员一百人以上的，应当设置专门的安全生产管理机构，并配备二名以上专职安全生产管理人员；从业人员不足一百人的，应当配备专职或者兼职的安全生产管理人员。

第二十条　生产经营单位的安全生产管理机构以及安全生产管理人员应当履行法律、法规规定的安全生产职责，对不听制止或者不予纠正的违章指挥、强令冒险作业、违反操作规程等行为，应当及时向生产经营单位负责人报告，并记录在案。

第二十一条　生产经营单位应当按照下列规定对从业人员进行安全生产教育和培训，并记入培训档案：

（一）对安全生产管理人员进行定期培训；

（二）对新录用的人员进行岗前培训；

（三）对调换工种或者采用新工艺、新技术、新材料以及使用新设备的人员进行专门培训；

（四）对歇工半年以上重新复工的人员进行复工培训；

（五）每年至少进行一次全员安全生产教育。

未经安全生产教育和培训合格的从业人员，不得上岗作业。

第二十二条 在生产经营活动中，从业人员享有下列权利：

(一)保障安全生产、防止职业危害和工伤保险等待遇；

(二)了解工作岗位、作业场所存在的危险、职业危害因素及防范、应急措施；

(三)获得并使用符合国家标准或者行业标准的劳动防护用品；

(四)参加相关安全生产知识与技能培训；

(五)按照有关规定获得职业健康体检；

(六)对本单位安全生产工作提出建议、批评和意见，检举控告安全生产违法行为；

(七)拒绝违章冒险作业的指挥命令；

(八)遇直接危及人身安全时，采取可能的应急措施，停止作业或者撤离作业场所；

(九)对因生产安全事故受到的损害依法获得赔偿；

(十)法律、法规规定的其他权利。

第二十三条 在生产经营活动中，从业人员应当履行下列义务：

(一)树立安全意识，遵守本单位的安全生产规章制度和操作规程，服从管理，正确使用劳动防护用品；

(二)接受安全生产教育和培训，掌握本职工作所需要的安全生产知识和技能；

(三)及时发现、报告事故隐患和不安全因素；

(四)法律、法规规定的其他义务。

第二十四条 生产经营单位的决策机构、主要负责人或者投资人应当保证安全生产条件所必需的资金投入，将安全生产资金纳入年度财务计划。

有关生产经营单位应当按照国家规定提取和使用安全生产费用，专门用于改善安全生产条件。安全生产费用在成本中据实列支。

第二十五条 本市鼓励生产经营单位投保安全生产责任保险。

生产经营单位必须依法参加工伤保险，为从业人员缴纳保险费。

第二十六条 从事矿山、道路运输、建筑施工、危险化学品、烟花爆竹、城市轨道交通以及金属冶炼、大型商贸等生产经营活动的单位，应当每三年对自身安全生产条件进行一次安全评价，国家另有规定的除外。

第二十七条 生产经营单位进行爆破、动火、吊装、建筑物拆除、高空悬挂、土方开挖、管线疏浚、有限空间作业以及国家规定的其他危险作业，应当遵守下列规定：

(一)实行危险作业企业内部审批制度，确认现场作业条件、作业人员的上岗资格及配备的劳动防护用品符合安全作业要求；

(二)配备相应的安全设施，采取安全防范措施，确定专人现场统一指挥和监督；

(三)进行危害风险评估，制定控制措施、作业方案、安全操作规程；

(四)制定应急救援预案，发现直接危及人身安全的紧急情况时，采取应急措施；

(五)法律、法规或者国家、本市和相关行业对危险作业的其他规定。

生产经营单位委托其他有专业资质的单位进行前款规定的危险作业的，应当在作业前与受委托方签订安全生产管理协议，明确各自的安全生产职责。

第二十八条 易燃易爆作业场所应当安装符合国家标准、行业标准的通风系统和超限报警、防爆泄压、保险控制以及防静电等安全监控装置，使用防爆型电气设备。

第二十九条　生产经营单位应当对重大危险源采取下列措施：

(一)建立健全重大危险源管理制度,并建立重大危险源管理档案;

(二)对运行情况进行全程动态监测监控,及时消除隐患;

(三)对安全设施、设备进行定期检测;

(四)按照国家有关规定进行安全评估;

(五)配备应急救援器材、设备、物资,制定重大危险源应急预案并定期组织演练;

(六)按规定向所在地安全生产监督管理部门和有关部门报告重大危险源监测监控及有关安全措施、应急管理措施的落实情况。

第三十条　生产经营单位应当建立健全事故隐患排查治理制度,对事故隐患的排查、登记、报告、监控、治理、验收和资金保障等事项作出具体规定。

生产经营单位应当对事故隐患采取技术措施、管理措施,及时消除,并对事故隐患排查治理情况进行分析、如实记录。

第三十一条　物业服务企业应当对其服务区域的人流通道、消防设施及通道、地下车库、化粪池、窨井、电梯、水暖等重点部位进行经常性巡查。发现安全隐患的,应当立即处理;无法处理的,应当及时告知相关专业部门,并发出警示,同时报告所在地街道办事处、乡镇人民政府或者负有安全生产监督管理职责的部门。

同一建筑物内的多个生产经营单位共同委托物业服务企业或者其他管理人进行管理的,由物业服务企业或者其他管理人依照委托协议履行其管理范围内的安全生产管理职责。

第三十二条　生产经营单位不得将生产经营项目、场所、设备发包或者出租给不具备安全生产条件或者相应资质的单位或者个人。

生产经营项目、场所发包或者出租给其他单位的,生产经营单位应当与承包单位、承租单位签订专门的安全生产管理协议,或者在承包合同、租赁合同中约定各自的安全生产管理职责。

第三十三条　生产经营单位对出租的生产经营场所应当履行下列安全生产管理职责:

(一)向承租方书面告知出租场所的基本情况和安全生产要求;

(二)统一协调、管理同一生产经营场所的多个承租方的安全生产工作;

(三)定期检查承租方的安全生产状况,发现安全生产问题及时督促整改,并报告所在地的负有安全生产监督管理职责的部门。

第三十四条　承担安全评价、认证、检测、检验的机构不得有下列行为:

(一)变造、伪造、转让或者租借资质证书;

(二)超出资质证书业务范围从事技术服务活动;

(三)转让、转包技术服务项目;

(四)对本机构设计的建设项目进行安全评价;

(五)擅自更改、简化技术服务程序和相关内容;

(六)出具虚假或者失实报告;

(七)法律、法规规定的其他违法行为。

第三十五条 禁止餐饮服务经营者、单位食堂使用五十公斤以上的罐装液化石油气作为烹饪热源；使用两个以上不足五十公斤罐装液化石油气的，应当分散使用，并采取安全防护措施。

禁止生产经营单位向餐饮服务经营者、单位食堂供应五十公斤以上的罐装液化石油气。

第三章 危险化学品安全管理

第三十六条 新建、改建、扩建危险化学品建设项目应当符合本市危险化学品生产、储存的行业规划和布局。

除运输工具的加油站、加气站外，不得在本市外环线以内以及各区的城区范围内新建危险化学品的生产、储存项目。已经建成的，市和区人民政府应当采取措施，督促限期搬迁或者转产。

第三十七条 新建、改建、扩建危险化学品生产、储存建设项目，与周边项目的安全距离应当执行相应类别的国家规定和标准。

在已有危险化学品建设项目周边新建、改建、扩建项目的，应当符合国家有关安全距离的规定和标准。

第三十八条 从事危险化学品生产、储存、经营的生产经营单位以及使用危险化学品从事生产并且使用量达到规定数量的化工企业，实际生产经营地应当与登记注册地保持一致。

第三十九条 危险化学品应当按规定储存在专用仓库、专用场地或者专用储存室内，实行分类、分区储存，并由专人负责管理。

危险化学品的储存场所应当设置明显标志，载明危险化学品的名称、种类和安全须知、灭火方法等注意事项。

禁止超范围、超量储存危险化学品。禁止互忌危险化学品混存。

第四十条 危险化学品的生产、储存单位应当随时完整记录危险化学品储存的种类、数量、位置等数据，并将数据异地备份。

第四十一条 从事危险化学品生产、储存的生产经营单位以及使用危险化学品从事生产的化工企业，工艺技术、设备设施变更的，应当先进行风险分析，制定风险控制方案。

第四十二条 从事危险化学品生产、储存、运输的企业以及使用危险化学品从事生产的重点化工企业，应当装配安全监测、监控系统和报警系统，实时进行监控，并与负有安全生产监督管理职责的部门的监控系统联网。

第四十三条 对危险化学品生产、储存项目相对集中的化工园区或者工业园区内的化工集中区，园区管理机构应当每三年开展一次整体性安全评价，科学评估区域安全风险，提出消除、降低或者控制安全风险的措施。

第四十四条 根据危险化学品运输安全的特殊需要，公安交通管理部门在具备条件的区域划设危险化学品运输专用车道。

危险化学品专用车辆应当在划设的危险化学品运输专用车道内通行。

第四章　安全生产监督管理

第四十五条　安全生产的监督管理实行区人民政府属地管理为主的原则。中央在津企业、市属企业的安全生产监督管理由市级负有安全生产监督管理职责的部门和区人民政府共同负责。

第四十六条　市和区安全生产监督管理部门依法对本行政区域内的安全生产工作履行下列综合监督管理职责：

（一）拟定安全生产规划、政策和标准，分析预测本行政区域内的安全生产形势，发布安全生产信息；

（二）指导协调、监督检查同级人民政府有关部门和下级人民政府安全生产工作；

（三）对同级人民政府有关部门和下级人民政府落实安全生产监督管理责任制情况实施监督检查；

（四）负责组织本行政区域内安全生产集中检查和专项督查；

（五）组织指挥和协调安全生产相关应急救援工作，依法组织生产安全事故调查处理工作，监督事故查处和责任追究情况；

（六）负责生产安全事故的综合统计分析工作；

（七）安全生产法律、法规规定的其他职责。

第四十七条　安全生产监管、发展改革、工业和信息化、公安、建设、交通运输、市场监管、国土房管、农业等负有安全生产监督管理职责的部门，按照市人民政府规定的部门职责分工，分别对有关安全生产工作实施专项监督管理。

商务、教育、卫生、旅游、水务、国有资产监督管理等政府主管部门和机构，按照市人民政府规定的部门职责分工，在管行业的同时，负责本行业相关安全生产管理督促检查工作。

第四十八条　负有安全生产监督管理职责的部门依法履行下列职责：

（一）指导、监督、检查生产经营单位建立健全和落实安全生产责任制和安全生产规章制度；

（二）监督、检查生产经营单位执行国家标准和行业标准、配置安全生产管理机构及人员、安全生产培训教育等情况；

（三）依法对涉及安全生产的事项实施审查批准、行政处罚；

（四）组织开展行业或者领域安全专项整治，指导、督促有关单位开展隐患排查治理。对监督检查中发现的事故隐患，应当责令立即整改；

（五）指导、督促本行业、本领域有关单位制定应急救援预案，组织本行业、本领域安全生产应急处置和救援，组织、参与或配合做好事故调查处理工作；

（六）法律、法规规定的其他安全生产监督管理职责。

第四十九条　负有安全生产监督管理职责的部门应当建立并落实隐患排查治理制度，对重大事故隐患实行挂牌督办。

第五十条　负有安全生产监督管理职责的部门在履行安全生产监督管理职责中，对涉及的专业技术问题，可以向社会专业组织等第三方购买专业技术服务。

第五十一条　市和区人民政府应当设立安全生产专项资金，用于安全生产信息化建设、安全培训教育、隐患排查治理体系建设、应急救援体系建设、重大危险源监控、重大隐患治理、公共安全基础设施以及执法装备配备等。安全生产专项资金列入同级预算。

第五十二条　市和区人民政府应当将安全生产监督管理责任制考核纳入政府部门绩效考评指标体系，并将考评结果作为各级人民政府、政府部门及其负责人考核评价、奖励惩戒的重要依据。

市和区安全生产监督管理部门会同监察部门对不履行安全生产责任制、存在重大事故隐患不积极整改和在责任制考核中不合格的人民政府及政府有关部门、生产经营单位的主要负责人进行约谈，督促整改，并形成约谈记录。

第五十三条　鼓励单位或者个人对生产安全事故隐患和谎报瞒报事故等安全生产违法行为，向负有安全生产监督管理职责的部门投诉举报，对查证属实的有功人员给予奖励。

第五章　应急救援与事故调查处理

第五十四条　市和区人民政府应当建立健全安全生产应急救援体系和应急指挥机制，制定生产安全事故应急救援预案，确定应急救援队伍，建立应急物资储备库，组织、协调和督促本级人民政府有关部门与下级人民政府做好安全生产应急救援工作。

第五十五条　生产经营单位应当制定本单位生产安全事故应急救援预案，并与所在区人民政府组织制定的生产安全事故应急救援预案相衔接，每年至少组织一次综合应急预案演练或者专项应急预案演练，每半年至少组织一次现场处置方案演练。

生产经营单位应当建立应急救援队伍，配备相应的应急救援器材及装备，安排应急值守人员。规模较小的生产经营单位可以与邻近建有专业救援队伍的企业或者单位签订救援协议，或者联合建立应急救援队伍。

第五十六条　生产经营单位发生生产安全事故后，事故现场有关人员应当立即报告本单位负责人。

单位负责人接到事故报告后，应当立即启动应急预案，并同时报告事故发生地安全生产监督管理部门和其他负有安全生产监督管理职责的有关部门。事故涉及到两个以上单位的，涉及单位均应报告。

安全生产监督管理部门和其他负有安全生产监督管理职责的有关部门接到事故报告后，应当立即按照国家有关规定上报事故情况。

第五十七条　生产安全事故调查按照下列规定分级负责：

（一）重大事故由市人民政府组织事故调查组进行调查。

（二）较大事故由市安全生产监督管理部门组织有关部门进行调查。

（三）一般事故由事故发生地的区安全生产监督管理部门组织有关部门进行调查；其中未造成人员重伤、死亡或者直接经济损失一百万元以下的，由事故发生单位负责调查，并将调查处理结果报告事故发生地的区安全生产监督管理部门。法律、法规另有规定的，从其规定。

市安全生产监督管理部门认为必要时，可以对应当由区安全生产监督管理部门组织调查的事故直接组织调查。

第五十八条　负责事故调查的单位应当组织事故调查组，按照国家有关规定对事故进行调查，形成事故调查报告，由负责事故调查的单位向本级人民政府或者其授权的有关部门提交。

事故调查组成员对事故原因、责任认定、责任者处理建议等有不同意见的，事故调查组组长有权提出结论性意见，但对事故调查组成员的不同意见，应当如实反映。

市和区人民政府或者其授权的有关部门应当在规定的时限内，对事故调查报告予以批复。

第五十九条　事故发生单位及有关部门应当按照市和区人民政府或者其授权的有关部门批复的事故调查报告处理意见，对责任单位和责任人员依法进行处理，落实整改措施。

事故发生单位在接到批复后三十日内，应当将落实情况报送组织事故调查的人民政府或者安全生产监督管理部门。

第六十条　因事故发生单位对事故谎报、瞒报或者破坏事故现场，导致事故经过、原因和责任无法查明的，可以认定为该单位的生产安全责任事故。

第六章　法律责任

第六十一条　生产经营单位未定期对本单位安全生产工作进行自查，或者未实行全员安全生产责任制并定期考核的，责令限期改正，可以处五千元以上三万元以下的罚款；逾期未改正的，处三万元以上十万元以下的罚款。

第六十二条　生产经营单位未按照本条例的规定，设置安全生产管理机构或者配备安全生产管理人员的，责令限期改正，可以处五万元以下的罚款；逾期未改正的，责令停产停业整顿，并处五万元以上十万元以下的罚款，对其直接负责的主管人员和其他直接责任人员处一万元以上二万元以下的罚款。

第六十三条　生产经营单位进行爆破、动火、吊装、建筑物拆除、高空悬挂、土方开挖、管线疏浚、有限空间作业以及国家规定的其他危险作业，违反本条例规定的，责令限期改正，可以处十万元以下的罚款；逾期未改正的，责令停产停业整顿，并处十万元以上二十万元以下的罚款，对其直接负责的主管人员和其他直接责任人员处二万元以上五万元以下的罚款。

第六十四条　生产经营单位未建立事故隐患排查治理制度的，责令限期改正，可以处十万元以下的罚款；逾期未改正的，责令停产停业整顿，并处十万元以上二十万元以下的罚款，对其直接负责的主管人员和其他直接责任人员处二万元以上五万元以下的罚款；构成犯罪的，依法追究刑事责任。

生产经营单位未采取措施消除事故隐患的，责令立即消除或者限期消除；拒不执行的，责令停产停业整顿，并处十万元以上五十万元以下的罚款，对其直接负责的主管人员和其他直接责任人员处二万元以上五万元以下的罚款。

生产经营单位未将事故隐患排查治理情况如实记录的，责令限期改正，可以处五万元以下的罚款；逾期未改正的，责令停产停业整顿，并处五万元以上十万元以下的罚款，对其直接负责的主管人员和其他直接责任人员处一万元以上二万元以下的罚款。

第六十五条 生产经营单位将生产经营项目、场所、设备发包或者出租给不具备安全生产条件或者相应资质的单位或者个人的,责令限期改正,没收违法所得;违法所得十万元以上的,并处违法所得二倍以上五倍以下的罚款;没有违法所得或者违法所得不足十万元的,单处或者并处十万元以上二十万元以下的罚款;对其直接负责的主管人员和其他直接责任人员处一万元以上二万元以下的罚款;导致发生生产安全事故给他人造成损害的,与承包方、承租方承担连带赔偿责任。

生产经营单位未与承包单位、承租单位签订专门的安全生产管理协议或者未在承包合同、租赁合同中明确各自的安全生产管理职责,或者未对承租单位的安全生产统一协调、管理的,责令限期改正,可以处五万元以下的罚款,对其直接负责的主管人员和其他直接责任人员可以处一万元以下的罚款;逾期未改正的,责令停产停业整顿。

第六十六条 生产经营单位违反本条例的规定供应或者使用五十公斤以上的罐装液化石油气的,由燃气管理部门责令限期改正;逾期未改正的,处二千元以上二万元以下的罚款。

第六十七条 危险化学品专用车辆违反本条例规定,未在划设的危险化学品运输专用车道内通行的,由公安交通管理部门对车辆驾驶人处警告或者二十元以上二百元以下的罚款。

第六十八条 发生未造成人员重伤、死亡或者直接经济损失一百万元以下的一般事故,事故发生单位未按照本条例规定报送事故调查报告的,责令限期改正;逾期未改正的,处二万元以上五万元以下的罚款。

第六十九条 生产经营单位不具备法律、法规、规章和标准规定的安全生产条件,经停产停业整顿仍不具备安全生产条件的,由负有安全生产监督管理职责的部门提请本级人民政府依法予以关闭,有关部门应当依法吊销其有关证照。

第七章 附 则

第七十条 本条例自2017年1月1日起施行。

天津市实施《中华人民共和国突发事件应对法》办法（节选）

（施行日期：2015 年 7 月 1 日）

第一章　总　则

第一条　为了实施《中华人民共和国突发事件应对法》，结合本市实际情况，制定本办法。

第二条　本市突发事件的预防与应急准备、监测与预警、应急处置与救援、事后恢复与重建等应对活动，适用本办法。

第三条　本办法所称突发事件，是指突然发生，造成或者可能造成严重社会危害，需要采取应急处置措施予以应对的自然灾害、事故灾难、公共卫生事件和社会安全事件。

突发事件的等级和分级标准，按照国家有关规定执行。

第四条　突发事件应对工作坚持以人为本、预防为主、预防与应急相结合的原则，建立统一领导、综合协调、分类管理、分级负责、属地管理为主的应急管理体制。

第五条　市和区县人民政府对本辖区内突发事件的应对工作负总责。

市和区县人民政府应急办事机构，承担本级人民政府突发事件应急管理工作。

第七条　乡镇人民政府、街道办事处应当明确机构和人员，做好本辖区的突发事件应对工作。

居民委员会、村民委员会应当将应急工作作为居民自治、村民自治的重要内容，协助各级人民政府、街道办事处做好群众的组织、动员工作。

其他有关机关、团体、企业事业单位应当根据本单位突发事件应对工作的需要，明确工作机构或者指定应急管理工作人员，在所在地人民政府的领导下开展突发事件应对工作。

第十二条　市和区县人民政府建立有效的社会动员机制，充分发挥公民、法人和其他组织在突发事件应对中的作用，增强全民的公共安全和社会责任意识，提高全社会避险、自救、互救能力。

工会、共青团、妇联、红十字会等团体和组织，应当结合各自职责和工作特点，协助人民政府做好突发事件应对工作。

公民、法人和其他组织有义务参与突发事件应对工作，并服从指挥和安排，积极配合实施应急处置措施。

第十三条　本市鼓励公民、法人和其他组织为突发事件应对工作提供物资、资金、技术支持和捐赠；鼓励志愿者组织参与突发事件应对工作，组织志愿者根据其自身能力，参加科普宣传、应急演练、秩序维护、心理疏导、医疗救助等活动。

第十四条　市和区县人民政府应当建立突发事件应对工作考核机制,并将突发事件应对工作纳入本级政府目标管理考评体系。

第二章　预防与应急准备

第十九条　下列单位应当结合工作实际制定突发事件单位应急预案:

(一)冶炼、化工、制药企业;

(二)建筑施工单位;

(三)易燃易爆物品、危险化学品、放射性物品、病原微生物等危险物品的生产、经营、储运、使用单位;

(四)供水、排水、发电、供电、供油、供气、供热、公共交通、河海堤防、水库大坝、粮库等经营单位或者管理单位;

(五)通信、广播、电视、互联网运营等单位;

(六)医院、学校、商场、火车站、地铁、机场、码头、旅游景点、影剧院、大型娱乐场所、运动场馆、幼儿园、养老机构等公共场所和其他人员密集场所的经营单位或者管理单位;

(七)大型群众性活动的主办单位或者承办单位;

(八)法律、法规、规章规定的其他单位。

第二十三条　各单位应当建立健全安全管理制度,定期对本单位的危险源和危险区域进行自查,采取安全防范措施,发现异常情况及时处置,并及时报告所在地人民政府或者人民政府有关部门。

第二十五条　市和区县人民政府依托公安消防等专业队伍,建立综合性应急救援队伍。

建设、交通运输、卫生计生、市容园林、环保、水务、农业、林业、安全监管、地震、气象等有关部门,应当根据需要采取多种形式组建相关专业的应急救援队伍。

易燃易爆物品、危险化学品、放射性物品、病原微生物等危险物品的生产、经营、储运、使用单位和冶炼、化工、制药、建筑施工等单位,应当建立由本单位职工组成的应急救援队伍。

市和区县人民政府应当组织各类应急救援队伍联合培训、联合演练,提高其合成应急、协同应急的能力。

第二十八条　各级人民政府及其有关部门、街道办事处、居民委员会、村民委员会、企业事业单位,应当通过多种形式普及突发事件应对知识,提高公众应对突发事件的能力。

新闻媒体应当无偿开展突发事件预防与应急、自救与互救知识的公益宣传。政府投资的防灾减灾教育基地、科学普及基地,应当向公众免费开放。

第二十九条　各级人民政府及其有关部门、街道办事处、有关企业事业单位,应当按照突发事件应急预案的要求定期组织开展有针对性的应急演练。有关居民委员会、村民委员会应当配合应急演练。

第三章　监测与预警

第三十三条　市和区县人民政府应当依托应急平台建立统一的突发事件信息系统和

信息报告制度，通过多种途径收集突发事件信息，形成突发事件信息报送快速反应机制和分析机制。

获悉突发事件信息的公民、法人或者其他组织，应当及时向所在地人民政府、有关主管部门或者指定的专业机构报告，接到报告的单位应当及时核实处理。

第三十四条　各级人民政府及其有关部门、街道办事处、有关单位和人员，应当按照国家和本市的有关规定，及时、客观、真实地报送、报告突发事件信息，并根据事态发展及时续报，不得迟报、谎报、瞒报、漏报。

报送、报告的突发事件信息，应当包括报告人名称、时间、地点、事件类别、伤亡或者经济损失的初步评估、影响范围、事件发展态势及处置情况等。

第三十八条　宣布进入预警期后，市和区县人民政府应当根据《中华人民共和国突发事件应对法》的有关规定和本市应急预案的要求，采取必要措施，避免或者减轻突发事件的损害。

公民、法人和其他组织应当根据市和区县人民政府及其有关部门发布的预警信息，采取防灾避险措施。

第四章　应急处置与救援

第四十二条　受到自然灾害危害或者发生事故灾难、公共卫生事件的单位，应当立即启动本单位的应急预案，组织人员开展自救互救，撤离危险区域，控制危险源，封锁现场或者危险场所，采取措施防止危害扩大，并按照规定立即报告突发事件信息；对因本单位的问题引发的或者主体是本单位人员的社会安全事件，有关单位应当按照规定上报情况，并迅速派出负责人赶赴现场开展劝解、疏导工作。

第四十三条　突发事件发生后，履行统一领导职责的人民政府根据应急预案设立现场指挥部，确定现场总指挥。现场总指挥有权决定现场处置方案，统一调度现场应急救援力量和应急物资，协调有关单位开展现场应急处置工作。

第四十四条　突发事件发生后，履行统一领导职责的人民政府按照《中华人民共和国突发事件应对法》规定采取应急处置措施，同时根据需要可以采取下列措施：

（一）指定有关的场地、场所作为临时应急避难场所；

（二）要求有关企业生产、供应突发事件应对需要的应急救援物资和生活必需品；

（三）组织专业人员对受到突发事件危害的有关人员提供心理干预服务。

第四十五条　处置突发事件期间，市和区县人民政府组织、协调铁路、公路、航空、水路等相关运输单位，优先运送处置突发事件所需物资、设备、工具、应急救援人员和受到突发事件危害的人员。

承担突发事件处置任务的机动车，凭应急通行证不受交通限行措施的限制，在本市免交高速公路通行费。应急通行证由市人民政府应急办事机构负责制作、发放和管理。

第四十七条　履行统一领导职责或者组织处置突发事件的人民政府应当按照国家和本市的有关规定，统一、准确、及时发布有关突发事件事态发展和应急处置工作的信息，并对虚假信息及时予以澄清。

新闻媒体应当客观、真实、准确地报道有关突发事件的信息，正确引导社会舆论。

任何单位和个人不得编造、传播有关突发事件事态发展或者应急处置工作的虚假信息。

第四十八条 根据处置突发事件需要必须征用单位和个人财产时,市和区县人民政府及其有关部门可以作出应急征用决定。应急征用决定应当载明应急征用的依据、事由、被征用财产的名称及数量、被征用人及其联系方式等。

被征用的财产在使用完毕或者应急处置工作结束后,实施征用的单位应当及时将其返还。财产被征用或者征用后毁损、灭失的,应当依法给予补偿。

第五章 事后恢复与重建

第四十九条 突发事件应急处置工作结束后,履行统一领导职责的人民政府应当及时组织有关部门和专业技术人员,对突发事件造成的损失进行统计、核实和评估,按照短期恢复与长远发展并重的原则,因地制宜、科学制定恢复重建计划并组织实施。

第五十四条 市和区县人民政府对在突发事件应对工作中做出突出贡献的单位和个人,应当按照国家和本市的有关规定给予表彰或者奖励,对在应急救援工作中伤亡的人员依法给予抚恤或者评定为烈士。

第五十五条 市和区县人民政府及其有关部门,应当对突发事件应对工作的原始记录等有关资料依法进行收集、整理、立卷,并定期移交归档。

第六章 法律责任

第五十六条 各级人民政府及其有关部门违反本办法规定,有下列情形之一的,由其上级行政机关或者监察机关责令改正;情节严重的,对直接负责的主管人员和其他直接责任人员依法给予处分:

(一)未按照规定制定、修订突发事件应急预案并备案的;

(二)未按照规定对危险源、危险区域进行调查、登记、监控、风险评估、检查和排查的;

(三)未建立健全二十四小时值守应急制度的;

(四)未按照规定组织开展应急演练的;

(五)未按照规定适时调整预警级别,发布、更新预警信息,或者解除警报的;

(六)不服从现场总指挥的指挥、调度,造成后果的;

(七)征用财产不符合有关规定的;

(八)未对受灾人员进行过渡性安置的。

第五十七条 有关单位有下列情形之一的,由所在地区县人民政府责令限期改正;情节严重的,对直接负责的主管人员和其他直接责任人员依法给予处分:

(一)未按照规定制定、修订突发事件应急预案并备案的;

(二)未对应急避难场所进行维护和管理,保证其正常使用的;

(三)未按照规定建立应急救援队伍的;

(四)未按照规定开展应急演练的;

(五)不按照市和区县人民政府的要求,生产、供应突发事件应对需要的生活必需品和应急救援物资的。

第七章　附　则

第五十八条　本办法自 2015 年 7 月 1 日起施行。

天津市安全生产重大行政处罚决定备案办法

（施行日期:2014 年 4 月 21 日）

第一条 为加强安全生产重大行政处罚监督工作，促进安全监管部门依法行政，维护公民、法人和其他组织的合法权益，根据《中华人民共和国行政处罚法》、《安全生产违法行为行政处罚办法》、《天津市政府法制监督规定》的规定，制定本办法。

第二条 本办法所称需要向市安全监管局备案的行政处罚是指区县安全监管部门，依照安全生产有关法律、法规、规章以及具有普遍约束力的决定、命令，对行政管理相对人做出的下列处罚：

（一）5 万元以上罚款；

（二）没收违法所得价值 5 万元以上；

（三）责令停产停业、停止建设、停止施工、停产停业整顿；

（四）撤销有关资格、岗位证书或者吊销有关许可证。

第三条 市安全监管局政策法规处负责本办法规定的重大行政处罚决定备案工作。

第四条 处罚机关应当自做出行政处罚决定之日起 10 日内向市安全监管局政策法规处备案。十日后报送的视为迟报，一个月内不报送的视为不报。

第五条 重大行政处罚备案，纳入《天津市安全生产责任制暨安全生产控制指标考核细则》行政执法考核内容。

第六条 重大行政处罚备案应当根据案件的实际情况报送下列材料：

（一）《天津市安全生产重大行政处罚决定备案报告》；

（二）《行政处罚决定书》（复印件）。

有关的备案文书由市安全监管局统一编制。

第七条 受理备案的法制工作部门对报送备案的重大行政处罚视情况进行审查。

第八条 市安全监管局有权根据需要向实施处罚的区县安全监管部门调阅有关行政处罚的案卷和材料，调阅案卷或材料时，应填发《调阅行政处罚案卷通知书》。

实施处罚的区县安全监管部门应自收到通知书之日起 5 日内将案卷材料报送市安全监管局。

第九条 本办法自颁布之日起施行，有效期 5 年。

天津市建设工程施工安全管理条例

(施行日期:2013 年 4 月 1 日)

第一章 总 则

第一条 为了加强本市建设工程施工安全管理,保障人民群众生命和财产安全,根据《中华人民共和国安全生产法》、国务院《建设工程安全生产管理条例》等有关法律、行政法规,结合本市实际情况,制定本条例。

第二条 在本市行政区域内从事建设工程的新建、扩建、改建等有关活动以及实施建设工程施工安全监督管理,应当遵守本条例。

第三条 市建设行政主管部门负责全市建设工程施工安全的监督管理工作,可以委托市建设工程安全监督管理机构具体组织实施。

区、县建设行政主管部门按照职责分工负责本行政区域内建设工程施工安全的监督管理工作,可以委托区、县建设工程安全监督管理机构具体组织实施。

水行政管理部门负责水利专业建设工程施工安全的监督管理。

市政公路管理部门负责市政道桥、公路养护维修工程施工安全的监督管理。

安全生产监督管理部门依法对建设工程施工安全管理工作实施监督和指导。

第四条 建设工程施工安全管理应当坚持以人为本、安全第一、预防为主、综合治理的方针。

第五条 建设、勘察、设计、施工、工程监理以及其他与建设工程施工安全有关的单位,应当建立健全安全生产责任制度和安全生产教育培训制度,依法承担相应的施工安全责任。

第六条 本市鼓励在建设工程中采用先进施工安全技术,创建施工安全标准化示范工程,推进建设工程施工安全的科学管理,全面提高施工安全管理水平。

第七条 市建设行政主管部门根据本市实际情况,可以制定严于国家要求的工艺、设备、材料等淘汰目录,并向社会发布。

第二章 施工安全责任

第八条 建设单位不得将建设工程的施工发包给不具有建筑施工企业安全生产许可证的单位。

建设单位在编制工程概算时,应当按照有关规定列支建设工程安全作业环境及安全施工措施所需费用,并于开工前存入银行专用账户,专款专用。建设工程安全监督管理机构对其使用实施监督。

第九条 建设单位或者其委托的专业单位,应当在施工前对施工影响范围内建筑物、构筑物、管线、设施的倾斜、沉降、开裂及损坏情况进行现状调查，形成调查报告，并在施工过程中委托工程监测单位进行监测。

第十条 建设单位在申请领取施工许可证时或者自开工报告批准之日起十五日内，应当将保证施工安全的措施资料向建设行政主管部门备案。

报送备案时，应当提供下列施工安全措施资料：

（一）施工单位的建筑施工企业安全生产许可证；

（二）施工单位的现场施工安全方案；

（三）建设项目施工影响范围内建筑物、构筑物、管线和设施的保护方案；

（四）土方处置方案和危险性较大的分部分项工程清单；

（五）建设工程安全作业环境及安全施工措施所需费用存储证明；

（六）施工单位的建筑业劳务人员工伤保险参保证明；

（七）保证施工安全的其他相关资料。

第十一条 建设单位或者其委托的工程监理单位，应当对建设项目施工现场安全生产条件及施工单位履行安全职责情况进行督促检查。

建设单位不得压缩合同约定的合理工期，不得明示或者暗示施工单位使用不符合安全施工要求的安全防护用具、机械设备、建筑材料、施工机具及配件、消防设施和器材等。

第十二条 施工单位应当依照国家和本市有关建设工程施工安全法律、法规和工程建设强制性标准进行施工，对所承建的建设工程施工安全负责。

建设工程实行施工总承包的，施工总承包单位对其所承包的建设工程施工安全负总责；专业承包单位和劳务分包单位对其所承包的建设工程施工安全负直接责任。

第十三条 施工单位应当按照国家规定的标准和范围提取、使用施工安全费用，施工安全费用应当开立专户，专款专用，不得挪作他用。

第十四条 施工单位应当根据工程规模和技术要求，按照国家有关规定配备相应数量的专职安全管理人员。

专职安全管理人员应当取得安全生产考核合格证书。现场的专职安全管理人员不得同时承担两个以上施工现场安全管理工作。

第十五条 施工现场作业的建筑起重机械司机、建筑起重机械安装拆卸工、建筑起重信号司索工、高处作业吊篮安装拆卸工、建筑架子工、盾构机械操作工、建筑焊工、建筑电工等人员，应当具有相应的操作资格。

第十六条 施工单位项目负责人应当在施工期间现场带班，全面掌握项目施工安全状况，做好带班记录并签字存档备查。

施工单位项目负责人需要临时离开现场不能带班的，应当经建设单位项目负责人和本单位负责人同意，并委托施工管理负责人或者技术负责人负责现场带班。

第十七条 施工单位的法定代表人及其他相关负责人应当对其所承包的建设项目实施现场检查，每个项目每月检查不得少于一次。

第十八条 施工单位项目负责人应当在每日施工作业前组织施工安全隐患排查，做好排查记录，及时消除安全隐患。安全隐患未消除的部位及其影响的区域不得施工作业，安全隐患未消除的设备、设施不得使用。

第十九条　施工单位的项目施工安全管理资料应当与建设工程进度同步记录，并保证真实、准确和完整。

第二十条　工程监理单位应当依照国家和本市有关建设工程施工安全法律、法规以及工程建设强制性标准实施监理，对建设工程施工安全承担监理责任。

第二十一条　工程监理单位应当在项目监理工作方案中明确施工安全监理措施，配备与工程规模和技术要求相适应的监理人员。

第二十二条　施工现场不具备施工安全条件或者安全隐患未消除而进行施工的，工程监理单位应当要求施工单位进行整改或者停工整改；拒不整改的，工程监理单位应当及时向建设工程安全监督管理机构报告。

第二十三条　勘察单位应当依照国家和本市有关建设工程施工安全法律、法规以及工程建设强制性标准进行勘察，确保勘察成果的真实性、准确性，并对建设工程施工安全承担勘察责任。

第二十四条　勘察单位应当在项目勘察工作方案中制定勘察施工安全措施，确保勘察施工作业以及地下管线、设施的安全。

第二十五条　设计单位应当依照国家和本市有关建设工程施工安全法律、法规以及工程建设强制性标准进行设计，对建设工程施工安全承担设计责任。

对超限高层、超大跨度、超深基坑以及采用新结构、新材料、新技术和特殊结构的建设工程，设计单位应当在设计文件中提出保障施工安全和预防施工安全事故的措施要求，并向施工现场派驻设计代表，处理与设计有关的安全问题。

第二十六条　从事建设工程监测业务的单位，应当具有相应资质，对建设工程施工安全承担监测责任，及时将监测数据和监测报告报送委托单位，并对其真实性、准确性负责。

第三章　危险性较大的分部分项工程施工安全管理

第二十七条　建设项目开工前，施工单位应当对危险性较大的分部分项工程进行辨识，并向建设单位提供危险性较大的分部分项工程清单。

第二十八条　施工单位应当编制危险性较大的分部分项工程专项施工方案。

国家规定超过一定规模的危险性较大的分部分项工程应当组织专家论证，并由施工单位技术负责人、项目总监理工程师、建设单位项目负责人审核签字后，方可组织实施。

第二十九条　国家规定超过一定规模的危险性较大的分部分项工程，在风险点位施工前，建设单位应当组织施工单位技术负责人、项目总监理工程师、设计单位技术负责人、工程监测单位项目负责人以及有关勘察单位技术负责人，对风险点位的施工条件进行审验，审验合格后方可施工。

第三十条　国家规定超过一定规模的危险性较大的分部分项工程的风险点位施工过程中，建设单位项目负责人、施工单位负责人和工程监理单位项目负责人应当现场带班，工程监理单位应当进行旁站监理。

第三十一条　建设单位应当及时组织勘察、设计、施工、工程监理、工程监测等单位协调解决危险性较大的分部分项工程施工安全问题，并对各方主体履行职责情况进行检查。必要时可以邀请有关专家研究保障施工安全的技术措施。

第三十二条　施工单位可以对危险性较大的分部分项工程施工进行视频监控，监控资料应当保存至工程验收合格。

第三十三条　危险性较大的分部分项工程施工结束后，建设单位应当组织勘察、设计、施工、工程监理和工程监测等单位进行施工安全验收，并将验收结果报告建设工程安全监督管理机构。

第四章　施工机械安全管理

第三十四条　施工单位使用的施工机械应当具有产品合格证，并在使用前对其安全状况进行查验。

施工单位应当安排专人管理施工机械，定期做好检查、维修和保养，并建立相应的资料档案，保证施工机械安全使用。

第三十五条　施工机械操作人员应当遵守施工安全规章制度、强制性标准和操作规程，并有权拒绝违章指挥和强令冒险作业。

第三十六条　施工起重机械、盾构机械和桩工成孔机械在本市初次使用前，其产权单位应当向建设行政主管部门备案。

第三十七条　施工机械有下列情形之一的，建设行政主管部门不予备案：

（一）国家和本市明令淘汰或者禁止使用的；

（二）超过规定的安全使用年限的；

（三）法律、法规、规章规定的其他不得使用的情形。

第三十八条　施工起重机械和整体提升脚手架、模板等自升式架设设施安装单位，应当一并负责其调试、附着、顶升、下降和拆卸。

第三十九条　施工起重机械和整体提升脚手架、模板等自升式架设设施安装单位，应当编制包括施工安全措施在内的安装、拆卸方案，并报施工单位和工程监理单位审核，经审核同意后方可进行安装和拆卸作业。

第四十条　施工起重机械、盾构机械和整体提升脚手架、模板等自升式架设设施安装调试、顶升、附着、下降完毕后，应当经施工单位验收合格后方可使用。工程监理单位应当对验收活动进行监督。

施工起重机械验收前，应当经有相应资质的检验检测机构进行检测。检测合格的，检验检测机构应当出具安全合格证明文件，由检测责任人签字，并对检测结果负责。

第五章　监督管理

第四十一条　建设行政主管部门应当按照有关规定制定本行政区域内建设工程施工安全应急预案，并定期组织演练。

第四十二条　建设工程安全监督管理机构应当履行下列监督管理职责：

（一）按照国家和本市有关建设工程安全法律、法规、规章及标准，监督检查工程建设各方主体相关安全生产责任制、安全生产教育培训制度落实情况；

（二）监督检查建设工程施工过程中各方主体施工安全行为和安全措施落实情况；

（三）参与建设工程施工安全事故调查；

(四)组织建设工程施工安全宣传、教育和培训;

(五)受建设行政主管部门委托,依法查处相关的施工安全违法违规行为。

第四十三条　建设工程安全监督管理机构履行监督管理职责时可以采取以下措施:

(一)进入施工现场进行施工安全检查;

(二)要求被检查单位提供有关施工安全文件和资料;

(三)发现施工安全隐患时,要求被检查单位在危险区域内停止施工,并立即整改;

(四)法律、法规规定建设工程施工安全监督管理的其他措施。

第四十四条　建设工程施工安全事故的调查和处理,按照国家和本市有关规定执行。

第四十五条　任何单位或者个人对施工安全事故隐患或者建设工程施工安全违法行为,均有权向建设行政主管部门、建设工程安全监督管理机构或者其他有关部门举报、投诉。接受举报、投诉的部门应当及时查处,其中应当由其他有关部门予以处理的违法行为,应当在三个工作日内移送。

第四十六条　建设行政主管部门应当对建设工程施工过程中的安全施工情况进行检查、抽查。

第六章　法律责任

第四十七条　建设单位违反本条例有下列行为之一的,由建设行政主管部门予以处罚:

(一)未对施工影响范围内建筑物、构筑物、管线、设施的倾斜、沉降、开裂及损坏情况进行现状调查而施工的,责令停工补充调查,并处十万元以上二十万元以下罚款;造成他人人身财产损失的,依法承担赔偿责任。

(二)国家规定超过一定规模的危险性较大的分部分项工程,对风险点位未组织施工条件审验而施工的,责令停工组织审验,并处十万元以上二十万元以下罚款。

(三)国家规定超过一定规模的危险性较大的分部分项工程的风险点位施工过程中,项目负责人不在现场带班的,责令限期改正;逾期不改正的,责令停工,并处一万元以上五万元以下罚款。

(四)危险性较大的分部分项工程施工结束后,未按规定组织施工安全验收的,责令限期验收;逾期仍不验收的,处以一万元以上五万元以下罚款。

(五)要求施工单位压缩合理工期或者明示、暗示施工单位使用不符合安全施工要求机械设备和材料、器材的,责令限期改正,并处二十万元以上五十万元以下罚款。

第四十八条　施工单位违反本条例有下列行为之一的,由建设行政主管部门予以处罚:

(一)不执行施工安全强制性标准进行施工的,责令限期改正;逾期不改正的,处以五万元以上十万元以下罚款;情节严重的,吊销建筑施工企业安全生产许可证。

(二)项目负责人不在现场带班的,责令改正,并处一万元以上三万元以下罚款。

(三)安全隐患未消除而施工作业或者使用有安全隐患设备、设施的,责令停工消除隐患,并处二万元以上十万元以下罚款;情节严重的,吊销建筑施工企业安全生产许可证。

(四)使用未经验收或者验收不合格的施工起重机械、盾构机械和整体提升脚手架、模板等自升式架设设施的，责令停止使用进行整改；逾期不改正的，处以十万元以上三十万元以下罚款。

第四十九条 施工单位在危险性较大的分部分项工程施工中，违反本条例有下列行为之一的，由建设行政主管部门予以处罚；情节严重的，吊销建筑施工企业安全生产许可证：

（一）施工前对建设项目不进行危险性较大的分部分项工程辨识的，责令限期改正；逾期不改正的，处以二万元以上十万元以下罚款。

（二）不编制危险性较大的分部分项工程专项施工方案或者国家规定超过一定规模的危险性较大的分部分项工程专项施工方案不经专家论证，进行施工的，责令停工整改，并处二十万元以上三十万元以下罚款。

（三）国家规定超过一定规模的危险性较大的分部分项工程的风险点位施工过程中，施工单位负责人不在现场带班的，处以一万元以上五万元以下罚款。

第五十条 施工机械安装单位违反本条例规定，不编制安装、拆卸方案、不制定施工安全措施而安装、拆卸的，由建设行政主管部门责令改正，并处五万元以上十万元以下罚款；情节严重的，吊销建筑施工企业安全生产许可证。

第五十一条 工程监理单位违反本条例有下列行为之一的，由建设行政主管部门责令改正，并处二万元以上五万元以下罚款：

（一）不配备与工程规模和技术要求相适应的安全监理人员；

（二）发现施工现场不具备施工安全条件或者安全隐患未消除进行施工，施工单位拒不整改而不及时报告的；

（三）国家规定超过一定规模的危险性较大的分部分项工程的风险点位施工过程中，不在现场带班或者不进行旁站监理的。

第五十二条 工程监测单位违反本条例规定，出具虚假监测数据和监测报告造成安全事故的，由建设行政主管部门责令改正，并处二十万元以上五十万元以下罚款。

第五十三条 施工起重机械、盾构机械和桩工成孔机械在本市初次使用前，未办理备案的，由建设行政主管部门责令限期改正，并处五千元以上一万元以下罚款。

第五十四条 建设、施工、勘察、设计、工程监理、工程监测单位违反本条例规定，依法受到行政处罚的，将其违法行为和处理结果记入建筑市场信用信息系统。

勘察、设计、施工、工程监理、工程监测单位违反本条例规定，发生施工安全事故造成人员死亡的，市建设行政主管部门可以取消其三个月以上十二个月以下在本市参加投标活动的资格或者不得在本市从事相关业务活动。

第五十五条 施工单位违反本条例规定，发生施工安全事故造成人员死亡，其主要负责人、项目负责人构成犯罪的，依法追究刑事责任。

第五十六条 建设工程安全监督管理人员在工作中索贿受贿、玩忽职守、滥用职权、徇私舞弊，构成犯罪的，依法追究刑事责任；尚不构成犯罪的，依法给予处分。

第五十七条 当事人对行政处罚决定不服的，可以依法申请行政复议或者提起行政诉讼。逾期不申请复议、不起诉又不履行行政处罚决定的，由作出行政处罚决定的部门依法申请人民法院强制执行。

第七章　附　则

第五十八条　本条例所称施工单位包括施工总承包单位、专业承包单位和劳务分包单位。

第五十九条　本条例自 2013 年 4 月 1 日起施行。2001 年 10 月 16 日市人民政府发布、2004 年 6 月 21 日修订的《天津市建设工程施工安全管理规定》同时废止。

天津市安全生产责任保险实施办法

（施行日期:2011 年 6 月 23 日）

第一条 为充分发挥商业保险在安全生产中的经济补偿和社会管理功能，有效分散生产安全事故责任风险，保障企业和从业人员的合法权益，根据《国务院关于保险业改革发展的若干意见》（国发〔2006〕23 号）、《国务院关于进一步加强企业安全生产工作的通知》（国发〔2010〕23 号）、《国家安监总局 中国保监会关于大力推进安全生产领域责任保险健全安全生产保障体系的意见》（安监总政法〔2006〕207 号）、《天津市安全生产条例》、天津市人民政府《关于发展责任保险完善我市灾害事故防范救助体系的意见》等有关规定，结合我市实际，制定本办法。

第二条 本办法所称安全生产责任保险包括公众责任保险和团体意外伤害保险。

鼓励企业根据实际需要投保其他险种，由投保企业与保险公司自主商定，按保险合同执行。

第三条 安全生产责任保险的保险范围主要是被保险人在生产经营过程中因发生生产安全事故造成参保人员伤亡、第三者人员伤亡或财产损失的经济赔偿、事故应急救援和善后处置费用。

第四条 本市行政区域内矿山、交通运输、建筑施工、危险化学品、烟花爆竹等生产经营单位应当投保安全生产责任保险。

有关法律、法规对交通运输、建筑施工企业实施安全生产责任保险另有规定的，从其规定。

投保安全生产责任保险的生产经营单位，依据国家和本市有关规定，可以不再缴存安全生产风险抵押金。

第五条 鼓励民用爆炸物品、冶金、船舶修造和拆解、电力、建材，以及人员密集场所、进入受限空间作业、高处悬吊作业等危险性较大的生产经营单位，根据实际需要投保安全生产责任保险。

第六条 市安全监管局负责投保安全生产责任保险的组织实施与督促检查工作，天津保监局负责指导保险公司加强产品创新和服务创新，引导和监督保险公司、保险经纪公司规范经营。各区县安全监管部门在市安全监管局、天津保监局的指导下做好安全生产责任保险的推动工作。

第七条 企业应当按照企业规模、所属行业、安全管理水平、周边环境等因素合理、足额投保公众责任险。鼓励企业根据自身需要增加保险金额，提高风险保障能力。

企业投保安全生产责任保险中的公众责任险的累计最高赔偿限额不得低于人民币 30 万元。

第八条 企业投保团体意外伤害保险每人死亡、残疾累计赔偿限额不低于人民币 20

万元。采用实名制方式全员投保,保险公司应当根据参保人员的岗位风险确定合理的保费。

残疾程度与保险金给付比例按照有关规定和保险合同约定执行。

第九条　安全生产责任保险按照投保企业风险程度、以往事故记录、赔付率等实行差别费率和浮动费率机制。保险费率根据上年安全生产状况一年浮动一次,在基准费率的基础上累计上浮或下浮均不得超过30%。

第十条　投保企业符合下列情况,按照下列标准下浮费率:

(一)上年度未发生保险责任范围内的生产安全事故的,保险费率在基准费率的基础上下浮10%。

(二)通过三级安全标准化验收的,保险费率在基准费率的基础上下浮5%;通过二级安全标准化验收的,保险费率在基准费率的基础上下浮10%;通过一级安全标准化验收的,保险费率在基准费率的基础上下浮20%。

(三)上年度评为区县级(区县安全监管局或区县安委会办公室)安全生产先进企业的,保险费率在基准费率的基础上下浮10%;评为市级(市安全监管局或市安委会办公室)安全生产先进企业的,保险费率在基准费率的基础上下浮15%;评为国家级(国家安全监管总局或国务院安委会办公室)安全生产先进企业的,保险费率在基准费率的基础上下浮20%。

(四)参保人员超过500人、不足1 000人的,保险费率在基准费率的基础上下浮10%;参保人员超过1 000人、不足2 000人的,保险费率在基准费率的基础上下浮15%;参保人员超过2 000人的,保险费率在基准费率的基础上下浮20%。

投保企业符合上述多个费率下浮标准的,保险费率在基准费率的基础上累计下浮不超过30%。

第十一条　企业投保的具体险种、保险范围及其保费标准、赔付办法,在遵守本办法规定的同时由企业与承保公司自主商定,按保险合同执行。

第十二条　采取委托保险经纪公司统一管理,集中组织招投标,实行区域统保、专业经营、系统管理的运作方式,兼顾效率、公正、公开、公平。

区县安全监管局、投保企业不得自行组织实施或自主投保。

第十三条　市安全监管局委托有资质、有实力、有良好信誉和服务水平的保险经纪公司对全市具备开展安全生产责任保险的保险公司进行资质、条件审核,组织公开招投标,现场宣传推介,选择具有较强的承保与赔偿能力、健全的服务网络、良好的市场信誉、科学合理的理赔程序和服务优质的保险公司签订保险合作协议,确定各行业统一的保险方案。

第十四条　承保公司应当根据市场实际情况,设计好与企业安全生产相适应的保险产品,按市场规则运作,实行保本微利,服务企业和社会。

承保公司应当将安全生产责任保险所包括险种的条款、费率报中国保监会审批或者备案。

第十五条　承保公司应当明确专门业务部门和人员负责安全生产责任保险工作,改进服务方式,提高投保效率,简化投保手续,建立快速理赔通道,并将相关规定和服务承诺送安全监管部门备案。

承保公司应当建立相应的安全生产专家队伍，主动采取各项措施，加强企业安全生产宣传教育，开展安全生产咨询服务，协助投保企业及时发现安全隐患，提出安全生产改进措施，督促企业积极推广应用新技术、新工艺，提升安全生产管理水平。

第十六条　承保公司可以依据有关规定列支安全防预费，专项用于安全生产事故预防、安全生产宣传教育、培训指导等事项。

第十七条　保险经纪公司应当为实施安全生产责任保险提供中介专业服务。

接受委托的保险经纪公司应当建立与政府相关部门、保险公司信息互通、资源共享的安全生产责任保险数据库，及时收集反馈信息，为投保企业提供规范、快捷、优质的专业服务。

第十八条　企业应当积极投保安全生产责任保险，并按照有关规定，建立安全生产责任制，定期开展自查，积极做好安全事故防范和隐患治理工作。对承保公司提出的消除不安全因素和治理隐患的建议，应当认真听取并予以落实。

第十九条　安全监管部门应当结合安全生产日常监管，加强对企业安全生产投入的专项检查，对既未缴纳安全生产风险抵押金又未投保安全生产责任保险的企业，应当按照法律、法规和规章的有关规定予以行政处罚。

安全监管部门开展安全生产标准化等级评定时，企业未按规定缴纳安全生产风险抵押金或者未投保安全生产责任保险的，不得通过标准化等级评定。

第二十条　本办法实施前已自行投保安全生产商业保险的企业，应当在保险期满后，按照本办法规定到中标的承保公司办理投保手续。

第二十一条　本办法自颁布之日起施行。

天津市建设工程机械设备管理规定

(施行日期:2007年1月1日)

第一条 为加强本市建设工程机械设备的监督管理,规范建设工程机械设备使用各相关主体的责任和行为,防止和减少安全事故,依据国家和本市有关法律法规,制定本规定。

第二条 凡在本市行政区域内建设工程施工现场使用的建设工程机械设备应遵守本规定。

第三条 本规定所称建设工程机械设备是指进入施工现场的机械设备及安全防护用具。

第四条 市和区(县)建设工程安全监督机构按照分工,负责施工现场建设工程机械设备的监督检查。

第五条 凡在本市施工现场使用的建设工程机械设备必须严格执行国家和地方标准及相关规范。

1. 有国家标准或行业标准的产品,必须符合其相应标准要求。

2. 尚无国家或行业标准的产品,可以执行本市地方标准。

3. 尚无国家或行业标准及地方标准的本市建设工程机械设备生产企业,可执行在市质量技术监督局备案的企业标准。

4. 执行企业标准的外埠建设工程机械设备生产企业,应提供在当地备案的企业标准和地级以上建设工程机械设备管理部门出具的产品鉴定证书,并需经本市工程机械行业协会组织专家评审,符合本市建设工程需要的方可使用。

5. 国外进口的建设工程机械设备,应执行国家或行业相对应的标准。无国家或行业相对应标准的,应提供其产品执行标准,并需经本市工程机械行业协会组织专家评审,符合本市建设工程需要的方可使用。

第六条 国家和本市禁止生产和使用的建设工程机械设备不得在本市各类建设工程中使用。

第七条 施工单位和租赁单位使用、出租的建设工程机械设备在进入施工现场前,应当组织有关单位进行验收,也可以委托具有相应资质的检验检测机构进行验收,组织验收合格后方可使用。

第八条 施工单位在下列建设工程机械设备验收合格之日起30日内,向市或区(县)建设工程安全监督机构进行登记。登记标志贴置于该设备的显著位置。

1. 塔吊;2. 施工电梯;3. 门式起重机;4. 履带式起重机;5. 吊篮;6. 物料提升机(龙门架)。

第九条 在施工现场安装、拆卸建设工程机械设备,必须由具有相应资质的单位承担。安装完毕后,安装单位应当自检,出具自检合格证明,并向施工单位进行安全使用说明,办理验收手续并签字。

第十条 检验检测机构对检测合格的建设工程机械设备出具安全合格证明文件,并对检验结果负责。

第十一条 建设单位不得明示或暗示施工单位购买、租赁、使用不符合安全施工要求的建设工程机械设备。

第十二条 施工单位不得使用未登记、国家明令禁止淘汰以及未达到使用安全要求的建设工程机械设备。

第十三条 租赁单位不得出租未经过安全性能检测或经检测不合格的建设工程机械设备。

第十四条 天津市工程机械行业协会应加强行业自律,主要做好以下工作:

1. 负责对建设工程机械设备操作人员的上岗培训和考核工作;

2. 定期通过网络公布建设工程机械设备推广、限制使用和淘汰目录;

3. 对检验检测机构检测的不合格建设工程机械设备予以曝光;

4. 建立建设工程机械设备生产企业、施工单位、租赁单位、安装单位、监理单位和检验检测机构信用档案,并通过网站进行公示。

第十五条 市和区(县)建设工程安全监督机构应对施工现场使用的建设工程机械设备进行抽查,发现未登记或不合格的建设工程机械设备,责令停止使用并清出施工现场。

对施工单位、租赁单位、安装单位、监理单位和检验检测单位等在建设工程机械设备使用中的违法违规行为,依据相关法律法规予以处罚。

第十六条 本规定自 2007 年 1 月 1 日起执行。

天津市消防安全责任制规定

（施行日期:2020年4月1日）

第一章　总　则

第一条　为了进一步健全消防安全责任制,提高公共消防安全水平,预防火灾和减少火灾危害,保障人民群众生命财产安全,根据《中华人民共和国消防法》、《中华人民共和国安全生产法》、《天津市消防条例》等有关法律、法规,结合本市实际情况,制定本规定。

第二条　本市行政区域内消防安全责任的落实和监督管理适用本规定。

第三条　本市按照政府统一领导、部门依法监管、单位全面负责、公民积极参与的原则,坚持党政同责、一岗双责、齐抓共管、失职追责,实行消防安全责任制。

第四条　各级人民政府负责本行政区域内的消防工作,政府主要负责人为第一责任人,政府分管消防安全的负责人为主要责任人,政府其他负责人对分管范围内的消防工作负领导责任。

第五条　市应急管理部门对本市消防工作实施监督管理,并由市人民政府消防救援机构负责实施。

区应急管理部门对本行政区域内的消防工作实施监督管理,并由区人民政府消防救援机构负责实施。

市和区人民政府其他有关部门按照管行业必须管安全、管业务必须管安全、管生产经营必须管安全的要求,在各自职责范围内依法依规做好本行业、本系统的消防安全工作。

第六条　机关、团体、企业、事业等单位是消防安全的责任主体,法定代表人、主要负责人或者实际控制人是本单位、本场所消防安全责任人,对本单位、本场所消防安全全面负责。

第七条　任何单位和个人都有维护消防安全、保护消防设施、预防火灾、报告火警的义务。任何单位和成年人都有参加有组织的灭火工作的义务。

第八条　对不履行或者不按照规定履行消防安全职责的单位和个人,依法依规追究责任。

第二章　政府消防工作职责

第九条　市和区人民政府应当落实消防工作责任制,履行下列职责:

（一）执行有关消防法律、法规、规章,以及国家和本市有关消防工作规定。

（二）将消防工作纳入国民经济和社会发展计划,将消防规划纳入国土空间规划,并组织实施。

（三）加大消防投入,保障消防事业发展所需经费。

（四）定期召开政府常务会议、办公会议，研究部署消防工作。每年召开消防工作会议，每年向上级人民政府专题报告本地区消防工作情况。

（五）健全消防工作协调机制，定期召开联席会议，分析研判本地区消防安全形势，协调解决消防工作重大问题。

（六）督促所属部门和下级人民政府落实消防安全责任制，组织开展消防安全检查。

（七）建立常态化火灾隐患排查整治机制，组织实施重大火灾隐患和区域性火灾隐患整治工作。实行重大火灾隐患挂牌督办制度，对报请挂牌督办的重大火灾隐患和停产停业整改报告，在7个工作日内作出同意或者不同意的决定，并组织有关部门督促隐患单位采取措施予以整改。

（八）按照国家规定建立国家综合性消防救援队、政府专职消防队。明确政府专职消防队公益属性，采取招聘、购买服务等方式招录政府专职消防队员，建设营房，配齐装备，按照规定落实工资、保险和相关福利待遇。

（九）组织领导火灾扑救、应急救援和火灾事故调查工作，组织制定灭火救援应急预案，定期组织开展演练。建立灭火救援社会联动和应急反应处置机制，落实人员、装备、经费和灭火药剂等保障，根据需要调集灭火救援所需工程机械和特殊装备。

（十）推动消防科学研究和技术创新，推广使用先进的消防和应急救援技术、设备，推广大数据分析、电气火灾监控等先进技术、设备在消防安全领域的应用，加强消防远程监控等智慧消防建设。

（十一）组织开展经常性的消防宣传工作，发展消防公益事业。采取政府购买服务、社会资金共同参与等方式，推进消防教育培训、技术服务和消防安全防范等工作。

（十二）法律、法规、规章规定的其他消防工作职责。

第十条 区人民政府除履行本规定第九条规定的职责外，还应当履行下列职责：

（一）科学编制和严格落实消防规划，预留消防队站、训练设施等建设用地。加强消防水源建设，按照规定建设市政消防供水设施、天然水源消防取水设施。制定市政消防水源管理办法，明确建设、管理维护部门和单位。

（二）将消防公共服务事项纳入政府民生工程或者为民办实事工程；在社会福利机构、幼儿园、托儿所、居民家庭、小旅馆、群租房以及住宿与生产、储存、经营合用的场所推广安装简易喷淋装置、独立式感烟火灾探测报警器。

（三）组织开展火灾隐患排查整治工作。对重大火灾隐患，组织有关部门制定整改措施，督促限期消除。

（四）加强消防宣传与教育培训，有计划地建设公益性消防科普教育基地，开展消防科普教育活动。

第十一条 乡镇人民政府应当履行下列消防工作职责：

（一）建立消防安全组织，明确专人负责消防工作，制定消防安全制度，落实消防安全措施。

（二）安排必要的资金，用于公共消防设施建设和业务经费支出。

（三）将消防安全内容纳入乡镇国土空间规划，并组织实施。

（四）根据当地经济发展和消防工作需要建立专职消防队、志愿消防队，承担火灾扑救、应急救援等职能,并开展消防宣传、防火巡查、隐患查改。

（五）实行消防安全网格化管理,将消防安全管理工作纳入网格化管理服务平台,开展消防宣传和应急疏散演练。

（六）部署消防安全整治,组织开展消防安全检查,督促整改火灾隐患。

（七）指导村（居）民委员会开展群众性的消防工作,确定消防安全管理人,制定防火安全公约,根据需要建立志愿消防队或者微型消防站。

街道办事处应当履行前款第一项、第四项、第五项、第六项、第七项职责,并保障消防工作经费。

第十二条　各级人民政府主要负责人应当定期组织研究部署消防工作,协调解决本行政区域内重大消防安全问题。

各级人民政府分管消防安全的负责人应当协助主要负责人,综合协调本行政区域内的消防工作,督促检查各有关部门、下级人民政府落实消防工作情况。各级人民政府其他负责人应当定期研究部署分管领域的消防工作,组织工作督查,推动分管领域火灾隐患排查整治。

第三章　政府工作部门消防安全职责

第十三条　市和区人民政府工作部门应当按照谁主管、谁负责的原则,在各自职责范围内履行下列职责:

（一）根据本行业、本系统业务工作特点,在行业安全生产政策规定、规划计划和应急预案中纳入消防安全内容,提高消防安全管理水平。

（二）依法督促本行业、本系统相关单位落实消防安全责任制,建立消防安全管理制度,确定专（兼）职消防安全管理人员,落实消防工作经费;开展针对性消防安全检查治理,消除火灾隐患;加强消防宣传与教育培训,每年组织应急演练,提高行业从业人员消防安全意识。

（三）具有行政审批职能的部门对审批事项中涉及消防安全的法定条件要严格审批,凡不符合法定条件的,不得核发相关许可证照或者批准开办。对已经依法取得批准的单位,不再具备消防安全条件的,应当依法予以处理。

（四）法律、法规、规章规定的其他消防安全职责。

鼓励市和区人民政府工作部门采取政府购买服务等形式开展本行业、本系统消防安全检查。

第十四条　应急管理部门履行下列职责:

（一）加强消防法律、法规、规章的宣传,督促、指导、协助有关单位做好消防宣传教育工作。

（二）严格依法实施有关行政审批,凡不符合法定条件的,不得核发有关安全生产许可。

（三）将消防救援机构确定的本行政区域内消防安全重点单位报本级人民政府备案。

（四）将消防救援机构在消防监督检查中发现的消防安全布局、公共消防设施不符合消防安全要求的情况,或者本地区存在影响公共安全的重大火灾隐患,书面报告本级人民政府。

第十五条　消防救援机构履行下列职责：

（一）指导和督促机关、团体、企业、事业等单位落实消防安全责任制。

（二）开展消防监督检查，按计划开展“双随机”检查，将检查计划和检查结果及时告知被检查单位并向社会公开。

（三）组织消防安全专项治理，实施消防行政处罚。

（四）组织和指挥火灾现场扑救，承担或者参加重大灾害事故和其他以抢救人员生命为主的应急救援工作。

（五）依法组织或者参与火灾事故调查处理工作。

（六）组织开展消防宣传与教育培训和应急疏散演练。

（七）法律、法规、规章规定的其他职责。

第十六条　住房和城乡建设主管部门履行下列职责：

（一）按照国家和本市有关规定实施建设工程消防设计审查、消防验收、备案和抽查，依法开展施工现场消防安全检查。

（二）督促建设工程责任单位加强对房屋建筑和市政基础设施工程建设的安全管理，在组织制定工程建设规范以及推广新技术、新材料、新工艺时，应当充分考虑消防安全因素，满足有关消防安全性能及要求。

（三）督促建设单位在新建、改建、扩建建设工程时按照有关规定设置消防车通道和消防车登高操作场地。

（四）指导、督促物业服务企业按照合同约定做好住宅小区共用消防设施的维护管理工作。

（五）指导业主按照有关规定使用专项维修资金对住宅小区共用消防设施进行维修、更新、改造。

第十七条　市场监督管理部门履行下列职责：

（一）依法督促特种设备生产单位加强特种设备生产过程中的消防安全管理。

（二）按照职责分工对消防产品质量实施监督管理，负责消防相关产品质量认证监督管理工作，依法查处消防产品质量违法行为。

（三）依法做好消防安全相关标准制定修订工作。

第十八条　公安机关按照国家有关规定履行相关消防安全工作职责。

第十九条　教育部门负责学校、幼儿园管理中的行业消防安全。指导学校消防安全教育宣传工作，将消防安全教育纳入学校安全教育活动统筹安排。

第二十条　民政部门负责社会福利、特困人员供养、救助管理、未成年人保护、婚姻、殡葬、养老机构等民政服务机构审批或者管理中的行业消防安全。

第二十一条　人力资源和社会保障部门负责职业培训机构、技工院校管理中的行业消防安全，做好政府专职消防队员、企业专职消防队员依法参加工伤保险工作，将消防法律、法规和消防知识纳入职业培训内容。

第二十二条　规划和自然资源部门依据国土空间规划配合制定消防设施布局专项规划，依据规划预留消防站规划用地，并负责监督实施。

第二十三条　交通运输部门负责在客运车站、港口、码头、内河通航水域及交通工具管理中依法督促有关单位落实消防安全主体责任和有关消防工作制度。

第二十四条　文化和旅游部门履行下列职责：

（一）负责文化娱乐场所审批或者管理中的行业消防安全工作。

（二）指导、监督公共图书馆、文化馆（站）、剧院等文化单位履行消防安全职责。

（三）负责文物保护单位、世界文化遗产和博物馆的行业消防安全管理。

（四）指导广播电视机构消防安全管理，协助监督管理网络视听节目服务机构消防安全。

第二十五条　卫生健康部门负责医疗卫生机构、计划生育技术服务机构审批或者管理中的行业消防安全。

第二十六条　发展和改革部门应当将消防工作纳入国民经济和社会发展中长期规划，将公共消防设施建设列入固定资产投资计划。

第二十七条　科学技术部门负责将消防科技进步纳入科技发展规划和科技计划并组织实施，组织指导消防安全重大科技攻关、基础研究和应用研究，会同有关部门推动消防科研成果转化应用。将消防知识纳入科普教育内容。

第二十八条　工业和信息化部门履行下列职责：

（一）依据职责负责危险化学品生产、储存的行业规划和布局。将消防产业纳入应急产业同规划、同部署、同发展。

（二）依法对电力企业和用户执行电力法律、法规的情况进行监督检查，督促电力企业严格遵守国家消防技术标准，落实企业主体责任。推广采用先进的火灾防范技术设施，引导用户规范用电。

国防科技工业部门负责指导督促民用爆炸物品生产、销售的消防安全管理。

第二十九条　司法行政部门负责指导监督监狱系统、司法行政系统强制隔离戒毒场所的消防安全管理，负责将消防法律、法规、规章纳入普法教育内容。

第三十条　财政部门负责按规定对消防资金进行预算管理。

第三十一条　商务部门负责指导、督促商贸行业的消防安全管理工作。

第三十二条　城市管理部门负责加强燃气安全监督管理工作，会同有关部门制定燃气安全事故应急预案，督促燃气经营者落实企业主体责任，依法查处燃气经营者和燃气用户等各方主体的燃气违法行为。对在建成区私搭乱建违法行为依法进行查处。

第三十三条　人民防空部门负责对人民防空工程的维护管理进行监督检查。

第三十四条　体育、宗教事务、粮食和物资储备等部门负责加强体育类场馆、宗教活动场所和储备粮储存、救灾物资储备环节等消防安全管理，指导开展消防安全标准化管理。

第三十五条　退役军人事务部门依据职责负责烈士纪念、军休军供、优抚医院、光荣院等服务机构的消防安全管理。

第三十六条　邮政管理部门负责指导监督邮政企业、快递企业落实消防安全责任制，督促企业加强内部消防安全管理。

第三十七条　银行、证券、保险等金融监管机构负责督促银行业金融机构、证券业机构、保险机构及服务网点、派出机构落实消防安全管理。保险监管机构负责指导保险公司开展火灾公众责任保险业务，鼓励保险机构发挥火灾风险评估管控和火灾事故预防功能。

第三十八条 农业农村、水务、交通运输等部门应当将消防水源、消防车通道等公共消防设施纳入相关基础设施建设工程。水务部门指导监督管辖范围内市政消火栓维护保养等工作。

第三十九条 互联网信息、通信管理等部门应当指导网站、移动互联网媒体等开展公益性消防安全宣传。

第四十条 国有资产监督管理机构负责指导督促所监管企业落实消防安全主体责任，负责将消防安全工作落实情况纳入企业负责人业绩考核评价内容。

第四十一条 开发区管理机构、工业园区管理机构、海河教育园区管理机构等，按照国家和本市有关规定负责管理区域内的消防工作。

第四章 有关组织和具有公共服务职能单位的消防安全职责

第四十二条 居民委员会、村民委员会履行下列职责：

（一）落实消防安全网格化管理要求，组织制定防火安全公约，开展经常性的消防宣传教育。

（二）定期组织对居民住宅区、村民集中居住区域、沿街门店等进行防火安全检查，督促整改火灾隐患，发现不能立即消除的火灾隐患，及时向乡镇人民政府、街道办事处报告。

（三）协助乡镇人民政府、街道办事处指导无物业管理的居民住宅区加强消防安全管理，对共用消防设施和疏散通道、安全出口、消防车通道、消防车登高操作场地进行维护管理，及时劝阻和制止占用、堵塞、封闭疏散通道、安全出口、消防车通道、消防车登高操作场地等行为。

（四）在有条件的社区、村庄建立微型消防站或者志愿消防队。

第四十三条 电力企业应当严格遵守国家消防技术标准，落实企业主体责任，指导用户规范用电。

第四十四条 燃气经营者应当落实企业主体责任，指导用户安全用气，并对燃气设施定期进行安全检查、排除隐患。

第四十五条 负责公共消防设施维护管理的单位应当保持消防供水、消防通信、消防车通道等公共消防设施的完好有效。

第五章 单位消防安全职责

第四十六条 机关、团体、企业、事业等单位应当落实消防安全主体责任，坚持安全自查、隐患自除、责任自负，履行下列职责：

（一）明确各级、各岗位消防安全责任人及其职责，制定本单位的消防安全制度、消防安全操作规程、灭火和应急疏散预案，定期组织开展灭火和应急疏散演练。

（二）保证防火检查巡查、消防设施器材维护保养、建筑消防设施检测、火灾隐患整改、专职或者志愿消防队和微型消防站建设等消防工作所需资金的投入。生产经营单位安全费用应当保证适当比例用于消防工作。

（三）按照相关标准配备消防设施、器材，设置消防安全标志，定期检验维修，对建筑消防设施每年至少进行一次全面检测，确保完好有效。

（四）保障疏散通道、安全出口、消防车通道畅通，保证防火防烟分区、防火间距符合消防技术标准。人员密集场所的门窗不得设置影响逃生和灭火救援的障碍物。保证建筑构件、建筑材料和室内装修装饰材料等符合消防技术标准。

（五）定期开展防火检查、巡查，及时消除火灾隐患。

（六）按照规定建立单位专职消防队，根据需要建立志愿消防队、微型消防站，定期组织训练演练，加强消防装备配备和灭火药剂储备，建立与国家综合性消防救援队联勤联动机制，提高扑救初起火灾能力。

（七）消防法律、法规、规章以及政策文件规定的其他职责。

第四十七条　大型连锁、集团企业应当对下属企业消防安全责任制落实情况进行检查，督促整改。

第四十八条　机关、团体、企业、事业等单位设有消防控制室的，应当实行 24 小时值班制度，每班值班人员不少于 2 人，并持证上岗。

第四十九条　机关、团体、企业、事业等单位的消防安全责任人应当履行下列职责：

（一）执行消防法律、法规、规章以及政策文件规定，保障单位消防安全符合规定，掌握本单位的消防安全情况。

（二）将消防工作与本单位的生产、科研、经营、管理等活动统筹安排，批准实施年度消防工作计划。

（三）为本单位的消防安全提供必要的经费和组织保障。

（四）确定逐级消防安全责任，批准实施消防安全制度和保障消防安全的操作规程。

（五）组织防火检查，督促落实火灾隐患整改，及时处理涉及消防安全的重大问题。

（六）组织制定本单位灭火和应急疏散预案，并实施演练。

第五十条　消防安全重点单位除履行本规定第四十六条、第四十八条规定的职责外，还应当履行下列职责：

（一）明确承担消防安全管理工作的机构和消防安全管理人，并报知所在地的区人民政府消防救援机构，组织实施本单位的消防安全管理工作。消防安全管理人应当经过消防安全培训。

（二）建立消防档案，确定消防安全重点部位，设置防火标志，实行严格管理。

（三）安装、使用电器产品、燃气用具和敷设电气线路、管线必须符合相关标准和用电、用气安全管理规定，并定期检测、维护保养。

（四）实行每日防火巡查，并建立巡查记录。

（五）组织员工进行岗前消防安全培训，定期组织消防安全培训和消防演练。

（六）根据需要建立微型消防站，积极参与消防安全区域联防联控，提高自防自救能力。

（七）积极应用消防远程监控、电气火灾监测、物联网技术等消防安全防范措施。

第五十一条　容易造成群死群伤火灾的人员密集场所、易燃易爆单位和高层、地下公共建筑等火灾高危单位，除履行本规定第四十六条、第四十八条、第五十条规定的职责外，还应当履行下列职责：

（一）定期召开消防安全工作例会，研究本单位消防工作，处理涉及消防经费投入、消防设施设备购置、火灾隐患整改等重大问题。

（二）鼓励消防安全管理人取得注册消防工程师执业资格。消防安全责任人和特有工种人员应当经过消防安全培训；自动消防设施操作人员应当取得相应资格证书。

（三）专职消防队或者微型消防站应当根据本单位火灾危险特性配备相应的消防装备器材，储备足够的灭火救援药剂和物资，定期组织消防业务学习和灭火技能训练。

（四）按照国家标准配备应急逃生设施设备和疏散引导器材。

（五）对电器产品、线路和导除静电设施每年至少进行一次消防安全技术检测。

（六）按照国家规定每年至少开展一次消防安全评估，评估结果向社会公开。

（七）参加火灾公众责任保险。

火灾高危单位由市人民政府消防救援机构依法确定并向社会公布。

第五十二条 同一建筑物由两个以上单位管理或者使用的，应当明确各方的消防安全责任，并确定责任人对共用的疏散通道、安全出口、建筑消防设施和消防车通道进行统一管理。

第五十三条 物业服务企业应当按照国家和本市有关规定以及物业服务合同约定提供消防安全防范服务，定期开展防火检查巡查和消防宣传教育，对管理区域内的共用消防设施和疏散通道、安全出口、消防车通道、消防车登高操作场地进行维护管理，及时劝阻和制止占用、堵塞、封闭疏散通道、安全出口、消防车通道、消防车登高操作场地等行为，劝阻和制止无效的，立即向街道办事处、乡镇人民政府或者消防救援机构报告。

第五十四条 石化、轻工等行业组织应当加强行业消防安全自律管理，推动本行业消防工作，引导行业单位落实消防安全主体责任。

第五十五条 消防设施检测、维护保养和消防安全评估、咨询、监测等消防技术服务机构和执业人员应当依法提供消防安全技术服务，并对服务质量负责。

第五十六条 建设工程的建设、设计、施工、监理等单位应当遵守消防法律、法规、规章和工程建设消防技术标准，在工程设计使用年限内对建设工程的消防设计、施工质量承担终身责任。

建设单位在新建、改建、扩建建设工程时，应当划设或者设置禁止占用消防车通道、消防车登高操作场地的标线、标识。

第六章 督促机制

第五十七条 各级人民政府及政府有关部门按照下列方式督促落实消防安全责任制：

（一）上级人民政府负责督促下级人民政府。

（二）各级人民政府负责督促本级人民政府各有关部门。

（三）按照隶属关系和职责规定，各有关部门负责督促本系统、本行业的单位。

（四）乡镇人民政府、街道办事处负责督促辖区内无主管部门的单位。

第五十八条 各级人民政府应当建立健全消防工作考核评价体系，明确消防工作目标责任，并纳入日常检查、政务督查的重要内容，组织年度消防工作考核，将消防工作考核结果作为绩效考核及主要负责人、分管负责人和直接责任人履职评定、奖励惩处的重要依据。

第五十九条　各级人民政府应当定期通报辖区火灾事故和消防工作情况，对存在以下情形之一的，由上级人民政府对下级人民政府主要负责人、本级人民政府对所属部门主要负责人进行约谈：

（一）发生较大以上火灾事故或者有重大社会影响的火灾事故的。

（二）未及时组织整改重大火灾隐患的。

（三）年度消防工作考核结果为不合格的。

（四）需要约谈的其他事项。

第六十条　各级人民政府有关部门对本系统、本行业不履行消防安全责任制、存在重大火灾隐患不及时整改的企业、事业、团体等单位的主要负责人进行约谈，督促整改。

第六十一条　各级人民政府有关部门应当建立单位消防安全信用记录，纳入全国信用信息共享平台、天津市市场主体信用信息公示系统，作为信用评价、项目核准、用地审批、金融扶持、财政奖补等方面的参考依据，依法实施联合激励惩戒。

第七章　法律责任

第六十二条　各级人民政府和有关部门不依法履行职责，在涉及消防安全行政审批、公共消防设施建设、重大火灾隐患整改、消防力量发展等方面工作不力、失职渎职的，依法依规追究有关人员的责任，涉嫌犯罪的，移送司法机关处理。

第六十三条　因不履行消防安全责任发生一般及以上火灾事故的，依法依规追究单位直接责任人、法定代表人、主要负责人或者实际控制人的责任，对履行职责不力、失职渎职的政府及有关部门负责人和工作人员实行问责，涉嫌犯罪的，移送司法机关处理。

发生造成人员死亡或者产生社会影响的一般火灾事故以及较大火灾事故的，由事故发生地的区人民政府负责组织调查处理；发生重大火灾事故的，由市人民政府负责组织调查处理；发生特别重大火灾事故的，按照国家有关规定调查处理。

第六十四条　火灾高危单位违反本规定，未对电器产品、线路和导除静电设施进行消防安全技术检测或者未开展消防安全评估的，由消防救援机构责令限期改正；逾期不改正的，处 5 000 元以上 30 000 元以下罚款。

第六十五条　违反本规定，单位聘用未取得相应证书的人员值守消防控制室操作自动消防系统的，由消防救援机构责令限期改正；逾期不改正的，处 5 000 元以下罚款。

违反本规定，单位消防控制室未实行 24 小时值班制度或者每班值班人员少于 2 人的，由消防救援机构责令改正，对单位处 1 000 元以上 10 000 元以下罚款。

第八章　附　则

第六十六条　具有固定生产经营场所的个体工商户，参照本规定履行单位消防安全职责。

第六十七条　本规定自 2020 年 4 月 1 日起施行。天津市人民政府 2007 年 3 月 30 日公布的《天津市消防安全责任制规定》（2007 年天津市人民政府令第 112 号）同时废止。

天津市水利工程建设管理办法

（本办法于 2010 年修订，修订后施行日期：2011 年 1 月 1 日）

第一章　总　则

第一条　为了规范水利工程建设活动，维护水利建设市场秩序，确保水利工程质量与安全，提高投资效益，根据有关法律、法规，结合本市实际情况，制定本办法。

第二条　凡在本市从事水利工程建设活动的单位和个人均应遵守本办法。

第三条　水利工程建设实行分级统一管理。

水行政主管部门是水利工程建设的主管部门。

市水行政主管部门负责全市水利工程建设的监督管理工作，区县水行政主管部门负责其辖区内的水利工程建设监督管理工作。

第四条　市和区县、乡镇人民政府应当加强对水利工程建设的领导，保障水利工程建设顺利进行。

计划、财政、规划、建设、审计、环保、安全生产等各有关部门按照其各自职责做好相关工作。

第五条　水利工程建设应当遵守基本建设程序，并实行项目法人责任制、招标投标制、建设监理制和合同管理制。

第六条　鼓励单位和个人投资兴建水利工程。

水利工程建设提倡采用新技术、新工艺、新设备、新材料，促进科技进步。

第二章　建设程序管理

第七条　水利工程建设基本程序一般分为：项目建议书、可行性研究报告、初步设计、施工准备（含招标设计）、建设实施、生产准备、竣工验收、后评价等阶段。

第八条　水行政主管部门根据国家或者本市有关规定负责水利工程项目建议书、可行性研究报告和初步设计的审查工作。对属于其批准权限内的，应当自收到全部文件资料之日起 20 个工作日内完成审批工作；不属于其批准权限、需要上报审批的，应当将审查意见及全部材料直接报送上一级项目审批部门审批。

市政府投资、融资建设的水利工程项目，由市水行政主管部门根据其权限审查。

区、县政府投资、融资建设的水利工程项目，由区、县水行政主管部门根据其权限审查。

其他投资主体投资建设的水利工程项目，由所在区、县水行政主管部门根据其权限审查。

第九条　编制项目建议书应当遵守国家和本市水利工程造价管理的相关规定。

水行政主管部门应当会同有关部门依法制定水利工程定额和费用标准。

第十条　项目建议书经批准后，项目的投资人应当组建水利工程项目法人；不具备组建条件的，可以委托具备条件的项目法人承担水利工程建设。

国家投资的项目应当由水行政主管部门负责组建或者明确项目法人。

第十一条　项目法人负责管理项目建设的全过程。

水利工程建设资金实行投资包干责任制，项目法人应当与水行政主管部门签订资金包干协议。

水利工程建设资金应当专款专用，任何单位和个人不得拖延支付、截留和挪用。

第十二条　水行政主管部门应当对施工图设计文件中涉及公共利益、公共安全、工程建设强制性标准的内容进行审查，未经审查的施工图设计文件，不得使用。

水行政主管部门应当自收到施工图设计文件之日起7个工作日内审查完毕。

第十三条　水利工程开工前，项目法人应当办理工程报建备案手续。国家另有规定的，从其规定。

第十四条　承揽水利工程建设项目的勘察、设计、施工、监理、咨询等单位应当具备相应资质。

水利工程勘察、设计、施工单位资质由市建设行政主管部门征得市水行政主管部门审查同意后审批。

承揽水利工程应当签订书面合同。合同可以采用工商行政主管部门和水行政主管部门联合制订的示范文本。

第十五条　工程具备验收条件后，项目法人应当及时组织验收，未经验收，不得交付使用。

工程验收应当遵守水利水电建设工程验收规程，并符合下列要求：

（一）分部工程验收应当有监理单位出具的质量评定；

（二）阶段验收和单位工程验收应当有水利工程质量监督机构出具的工程质量评价意见和水利工程质量检测单位出具的检测结果；

（三）竣工验收应有水利工程质量监督机构出具的工程质量评定报告。

第十六条　项目法人应当自建设工程竣工验收合格之日起15日内将建设工程竣工验收报告报水行政主管部门备案。

项目法人应当按照国家规定建立健全项目档案，并于水利工程竣工验收合格之日起30日内向水行政主管部门移交水利建设工程项目档案。

第十七条　水行政主管部门发现项目法人在竣工验收过程中有违反国家建设工程质量管理规定行为的，应当责令停止使用，重新组织竣工验收。

第十八条　水利工程建设项目竣工使用两年后，项目法人应当组织专家进行项目后评价，编制项目后评价报告。

项目后评价报告编制完成后应当报送水行政主管部门备案。

第十九条　水利工程实行质量保修制度，在保修期内出现工程质量问题的，施工单位应当承担保修责任。

保修期限由项目法人与施工单位在合同中约定，但最短不得少于一年。

第三章　招标投标管理

第二十条　水行政主管部门负责水利工程招标投标活动的监督管理。

水利工程建设项目的招标工作由招标人负责，任何单位和个人不得以任何方式非法干涉招标投标活动。

水利有形市场应当遵守有关规定，提高服务质量，为水利工程招标投标活动提供服务。

第二十一条　必须招标的项目，因下列原因，经水利工程项目审批部门批准，可以不招标：

（一）涉及国家安全、国家秘密的；

（二）属于应急度汛、防汛、抗旱、抢险、救灾等项目，时间紧迫无法组织招标的；

（三）法律、法规规定的其他原因。

第二十二条　水利工程建设项目的勘察、设计、施工、监理以及与工程建设有关的重要设备、材料采购依法应当公开招标的，必须公开招标。

必须公开招标的项目，因下列原因，经水利工程项目审批部门批准，属于市人民政府确定的重大建设项目经市人民政府批准，可以邀请招标：

（一）技术复杂、有特殊要求的；

（二）采用新技术、技术规格事先难以确定或者涉及专利权保护的；

（三）受自然资源或环境限制的；

（四）法律、法规、规章规定的其他原因。

第二十三条　符合下列条件的招标人，经水利工程项目审批部门核准，可以自行招标：

（一）具有项目法人资格（或法人资格）；

（二）具有编制招标文件和组织评标的能力；

（三）熟悉和掌握与招标投标有关的法律规定。

不具备自行招标条件的招标人，应当委托具有相应资质的招标代理机构办理招标事宜。招投标代理机构不得在同一项目中同时接受招标人和投标人的委托。

第二十四条　水利工程的招标投标严禁下列行为：

（一）必须招标而未经批准不招标的；

（二）将招标项目化整为零或者以其他任何方式规避招标的；

（三）恶意串标或者弄虚作假骗取中标的；

（四）以不合理条件限制或排斥竞标的；

（五）在中标候选人以外确定中标人的；

（六）评标期间泄漏评标情况或违规评标的；

（七）以不正当手段干扰招标评标工作的；

（八）法律、法规、规章规定的其他违法行为。

第四章　质量安全管理

第二十五条　水行政主管部门应当加强对水利工程质量的监督工作,可以委托水利工程质量监督机构实施质量监督。

第二十六条　项目法人签订水利工程建设合同后,应当向水利工程质量监督机构办理质量监督手续。

经审查符合条件的,水利工程质量监督机构应当自受理之日起10个工作日内签发水利工程建设质量监督书。

办理质量监督手续应当依法交纳水利工程质量监督费。

水利工程质量监督费管理实行收支两条线。

第二十七条　项目法人应当按照批准的设计文件组织实施,涉及水利工程建设规模、设计标准、建设地点、重要仪器设备和主要结构形式调整等重大设计变更的,项目法人必须报原审批部门批准。

第二十八条　水利工程项目法人与勘察、设计、施工、监理等单位签订合同时,应当明确质量责任人及其责任。

项目法人不得有下列行为:

(一)任意压缩工期;

(二)明示或者暗示设计、施工单位违反工程建设强制性标准,降低工程质量;

(三)明示或者暗示设计、施工单位使用不合格的建筑材料、建筑构配件、设备、商品混凝土及其制品。

第二十九条　勘察、设计单位应当在其资质许可范围内承揽业务并对勘察、设计的质量负责。

勘察、设计单位不得有下列行为:

(一)以其他勘察、设计单位的名义承揽工程;

(二)准许其他单位或个人以本单位的名义承揽工程;

(三)指定建筑材料、建筑构配件的生产商和供应商;

(四)未按水利工程规程、规范、标准进行工程设计。

第三十条　施工单位应当在其资质等级许可范围内承揽业务并对施工质量负责。

施工单位不得有下列行为:

(一)未取得资质或者超越资质等级承揽业务;

(二)违法转包或者分包工程;

(三)使用未经检验或者检验不合格的建筑材料、建筑构配件、设备、商品混凝土及其制品;

(四)偷工减料或者不按工程设计图纸、施工技术标准施工;

(五)准许其他单位或者个人以本单位的名义承揽工程。

第三十一条　监理单位应当在其资质等级许可范围内承揽业务并对工程质量承担相应的监理责任。

监理单位不得有下列行为:

(一)与被监理工程的承包单位以及建筑材料、建筑构配件和设备供应单位有隶属关系或者其他利害关系;

(二)转让工程监理业务;

(三)与承包单位串通,为承包单位谋取非法利益;

(四)准许其他单位或者个人以本单位名义承揽工程。

第三十二条 施工安全由施工单位负责,施工单位应当遵守下列要求:

(一)在编制施工组织设计时制定相应的安全技术措施;

(二)在施工现场采取维护安全、防范危险、防火等防护措施;

(三)对毗邻的建筑物、构筑物和特殊作业环境可能造成损害的,应当采取安全防护措施;

(四)采取措施控制和处理施工现场的各种粉尘、废气、废水、固体废物以及噪声、振动对环境的污染和危害。

施工单位严禁下列行为:

(一)违章指挥或者违章作业;

(二)不按照安全生产技术标准施工或者生产;

(三)对伤亡事故抢救不力或者隐瞒不报、拖延不报。

第三十三条 水利工程施工过程中发生质量安全事故的,项目法人和施工单位等应当保护现场,采取有效措施抢救人员和财产,防止事故扩大,进行事故调查、处理,并在24小时内向安全生产监督管理部门和水行政主管部门报告。属于突发性事故或者重大、特大伤亡事故的,应当在2小时内报告。

安全生产监督管理部门和水行政主管部门接到报告后,应当按照事故类别和等级向当地人民政府、上级水行政主管部门报告并立即组织调查、处理。

第五章 法律责任

第三十四条 违反本办法,法律、法规和规章有明确行政处罚规定的,水行政主管部门应当依据其规定予以行政处罚;法律、法规和规章对行政处罚实施主体另有规定的,从其规定。

第三十五条 项目法人和勘察、设计、施工、监理、咨询等单位违反本办法及有关法律、法规、规章的规定,一年内受到3次以上适用简易程序处罚的,水行政主管部门可以予以公示并限制其一年内不得参与本市水利工程建设活动;一年内受到两次以上适用一般程序处罚的,水行政主管部门可以予以公示并限制其两年内不得参与本市水利工程建设活动。

具有工程建设专业执业资格的人员,违反本办法及有关法律、法规、规章的规定,造成水利工程质量安全事故的,水行政主管部门可以限制其一年内不得参与本市水利工程建设活动。

对前两款规定的单位和个人的违法行为,依法应当撤销、吊销其资质、资格许可或者降低其资质等级的,水利行政主管部门应当将其违法事实移送有关资质、资格许可部门,该部门应当依法作出行政处罚。

第三十六条　项目法人及其责任人员违反本办法第十一条第三款规定，截留、挪用建设资金的，水行政主管部门应当责令其改正，予以警告并移送有关部门进行处理；构成犯罪的，依法追究其刑事责任。对政府投资项目，还可以停止资金拨付并调整其资金使用计划。

第三十七条　违反本办法第十条规定，不组建或者未明确项目法人的，水行政主管部门应当责令其改正，予以警告；拒不改正的，停止办理其后续审批程序，对政府投资项目还可以停止资金拨付。

第三十八条　违反本办法第十八条规定，不进行项目后评价的，水行政主管部门应当责令其限期改正；对在项目后评价中发现工程质量问题的，水行政主管应当依法对项目法人及有关责任人员予以处罚。

第三十九条　当事人对水行政主管部门作出的行政处罚不服的，可以依法申请行政复议或者提起行政诉讼，逾期不申请复议、不提起诉讼又不履行行政处罚决定的，水行政主管部门可以申请人民法院强制执行。

第六章　附　则

第四十条　本办法所称水利工程建设活动是指防洪、防潮、除涝、供水、灌溉、排水、节水、凿井、水电、滩涂开发及其配套、附属等各类工程的建造（新建、扩建、改建）和安装活动。

本办法所称不合格的建筑材料、建筑构配件、设备、商品混凝土及其制品，是指未取得国家批准的生产许可证和相应资质厂家生产的建筑材料、建筑构配件、设备、商品混凝土及其制品；或者虽已取得生产许可证和相应资质但不符合工程技术要求的建筑材料、建筑构配件、设备、商品混凝土及其制品。

第四十一条　城市自来水、市政排水工程的建设活动不适用本办法。

第四十二条　本办法自2004年3月1日起施行。

天津市河道管理条例

（施行日期:2011 年 10 月 1 日）

第一章 总 则

第一条 为了加强河道管理,保障防洪、排涝和供水安全,改善城乡水环境和生态,发挥河道的综合效益,根据国家有关法律、法规的规定,结合本市实际情况,制定本条例。

第二条 本条例适用于本市行政区域内河道（包括湖泊、水库、人工水道）的整治、保护、利用和其他相关管理活动。

河道内的航道,同时适用国家和本市有关航道管理的规定。

第三条 本市对河道实行统一规划、综合治理、积极保护、合理利用的原则。

第四条 市和区人民政府应当加强对河道管理工作的领导,并将其纳入国民经济和社会发展规划,所需资金纳入本级财政预算。

河道防汛和清障工作,严格执行各级人民政府行政首长负责制。

第五条 市水行政主管部门是本市河道行政主管部门,对本市河道实施统一监督管理,并负责行洪河道、城市供排水河道和有关水库（以下统称市管河道）的管理。

区水行政主管部门是区河道行政主管部门,在市水行政主管部门的业务指导下,负责本行政区域内市管河道以外河道的管理。

规划和自然资源、生态环境、城市管理、农业农村、文化和旅游、航道等有关管理部门按照各自职责做好相关工作。

第六条 河道的修建、维护、管理实行统一管理、分级负责。

河道的确定和分级管理,由市水行政主管部门提出方案,经市人民政府批准后向社会公布。

第七条 任何单位和个人都有保护河道安全、维护河道水环境和参加防汛抢险的义务;都有劝阻、制止和举报危害河道安全、破坏河道水环境行为的权利。

第二章 河道整治与建设

第八条 河道专业规划由市和区水行政主管部门会同有关部门组织编制,经本级人民政府批准后,纳入本级城乡规划。

其他各类专业规划涉及河道的,应当与河道专业规划相协调。

编制详细规划涉及河道的,应当事先征求水行政主管部门意见。

第九条 河道的整治与建设应当服从流域规划、区域规划和城乡规划,符合国家和本市规定的防洪、排涝、通航、供水标准以及其他有关技术要求。

河道的整治与建设应当满足河道基本功能的要求,实施水环境生态综合整治,以实现河道通畅、水清岸绿的目标。

河道整治与建设应当考虑生态的完整性，注重保护、恢复河道及周边的生态环境和历史人文景观。

河道整治与建设选用的材料应当符合国家标准。

第十条　河道的整治与建设，由水行政主管部门负责组织实施。

水行政主管部门应当根据河道专业规划和河道实际状况，制定河道整治与建设的年度计划；对影响防洪安全、水质和环境景观的河道应当列入当年年度计划，安排整治。

第十一条　水行政主管部门进行河道整治涉及航道的，应当兼顾航运需要，并事先征求航道行政管理部门的意见。

航道行政管理部门进行航道整治，应当符合防洪和供水安全要求，并事先征求水行政主管部门的意见。

第十二条　河道清淤和加固堤防取土等河道整治需要占用的土地，由市和区人民政府按照国家和本市的有关规定调剂解决。

因整治河道增加的土地，属于国家所有，任何单位和个人不得随意占用。

清淤等河道整治的弃土，由水行政主管部门负责管理、使用和处置，主要用于河道整治与建设，免交相关费用。

第三章　河道保护

第十三条　河道管理应当设定管理范围，并根据堤防的重要程度、堤基地质条件等实际情况设定保护范围。

河道管理范围为岸线之间的水域、沙洲、滩地（包括可耕地）、行洪区，堤防护岸、护堤地及河道入海口。

河道保护范围是与河道管理范围相连的堤防安全保护区。

第十四条　水库的管理范围和保护范围，由市和区人民政府另行规定。

第十五条　水库以外其他河道管理范围的护堤地，按照下列规定划定：

（一）海河、永定新河、独流减河、子牙新河、潮白新河为河堤外坡脚以外各三十米；

（二）州河、泃河（含引泃入潮）、还乡河（含故道和分洪道）、蓟运河、青龙湾减河（含引青入潮）、永定河、北运河、金钟河、子牙河、南运河（独流减河以上）、大清河、中亭河（左堤）为河堤外坡脚以外各二十五米；

（三）北京排污河、马厂减河（独流减河以上）、新开河为河堤外坡脚以外各二十米；

（四）市管河道以外的河道为河堤外坡脚以外各十米。

中心城区和滨海新区建成区内的行洪河道不宜设护堤地的，在河道两侧各设不小于十五米宽的防汛抢险通道，视为护堤地。外环河以公路侧、对岸外侧以上河口外缘为准向外延伸十五米，视为护堤地。

第十六条　河道入海口的划定，纵向由挡潮闸起，无挡潮闸的由河道入海口的海岸线起，向海侧延伸至拦门沙的外缘；横向由河道入海口的中心线起，向两侧各延伸一千五百米至四千米。

第十七条　在河道管理范围内禁止下列行为：

(一)损毁堤防、护岸、闸坝、截渗沟等水工程建筑物和防汛设施,损毁测量设施、警示标志、安全监控等附属设施;

(二)占用、封堵防汛抢险通道;

(三)在堤防和护堤地内采砂、采石、取土、挖筑池塘;

(四)设置阻水渔具或者其他障碍物;

(五)倾倒、弃置矿渣、石渣、煤灰、泥土、垃圾等废弃物;

(六)载重量三吨以上的非防汛抢险车辆在未铺设路面的堤顶通行;

(七)非水库管理船只在水库大坝坝前五百米范围内滞留;

(八)水闸、橡胶坝引排水期间,船只和人员在其管理范围内滞留;

(九)在河道内直接利用水体进行实验;

(十)法律、法规禁止的其他行为。

第十八条　在市管河道以外的区界河或者跨区河道管理范围内,修建排水、阻水、引水、蓄水工程以及河道整治工程,应当经有关各方达成一致。

第十九条　水库以外其他河道的保护范围按照下列规定划定:

(一)本条例第十五条第一款第一项规定的河道,为护堤地以外三十米;

(二)本条例第十五条第一款第二项规定的河道,为护堤地以外二十米;

(三)本条例第十五条第一款第三项规定的河道,为护堤地以外十五米。

市管河道以外的河道、中心城区和滨海新区建成区内的行洪河道、外环河不设保护范围。

第二十条　在河道保护范围内,禁止打井、钻探、爆破、挖筑池塘、采石、取土等危害堤防安全的活动。

第二十一条　山区河道易于发生山体滑坡、崩岸、泥石流等灾害的河段,水行政主管部门应当会同地质等管理部门加强监测。

禁止在前款规定河段从事开山、采石、采矿、开荒等危及山体稳定的活动。

第二十二条　禁止擅自填堵河道。

确因建设需要填堵河道的,建设单位应当委托具有相应资质的水利规划设计单位进行论证,并按照下列权限审批:

(一)市管河道经市水行政主管部门审核同意后,报市人民政府批准;

(二)市管河道以外的河道经所在区水行政主管部门审核同意后,报所在区人民政府批准。

填堵河道需要实施水系调整的,所需费用由建设单位承担。

第二十三条　涉河建设工程、河道整治、提升改造河道景观等建设项目,应当严格按照国家规定的标准设计和施工,不得降低堤防高度和防洪标准。

第二十四条　河道管理范围内已修建的涵闸、泵站、码头和埋设的管道、缆线等设施,设施管理单位应当定期检查和维护,并服从水行政主管部门的安全管理;不符合堤防安全要求的,设施管理单位应当改建或者采取补救措施。

第二十五条　单位和个人对河道的水体、堤防、护岸和其他水工程设施等造成损害或者造成河道淤积的,应当负责修复、清淤或者承担修复、清淤费用。

第二十六条　水行政主管部门应当加强河流的故道、旧堤、原有工程设施的管理。河流的故道、旧堤、原有工程设施，不得填堵、占用或者拆毁；确需填堵、占用、拆除的，应当报市水行政主管部门批准。

第二十七条　护堤护岸林木由河道管理单位组织营造和管理，其他任何单位和个人不得擅自营造和砍伐，不得破坏。

护堤护岸林木抚育和更新性质的采伐，由市水行政主管部门按照市林业行政管理部门的委托审核发放采伐许可证。

城市建成区内行洪河道护堤护岸林木的营造和管理，按照城市园林绿化管理的规定执行。

第二十八条　壅水、阻水严重的桥梁、引道、码头和其他跨河工程设施须依法改建或者拆除的，产权单位或者设施管理单位应当在规定的期限内改建或者拆除。

第二十九条　水行政主管部门应当严格控制在河道上新建、改建、扩建排水口门或者设置临时排水泵点的审批。

向河道排水应当服从防汛统一调度和水行政主管部门的监督管理。排水口门的产权单位或者管理单位应当加强对排水口门的管理，按照国家和本市有关规定排水，不得污染河道水体。

第四章　河道利用

第三十条　河道管理范围内新建、改建、扩建建设项目，建设单位应当按照河道管理权限，将工程建设方案报水行政主管部门审查同意后，按照规定程序履行其他审批手续。

建设项目涉及防洪安全的，报审时应附具洪水影响评价报告。

建设项目性质、规模、地点需要变更的，建设单位应当事先向原审查同意的水行政主管部门重新办理审查手续。

第三十一条　建设项目经批准后，建设单位应当将施工安排告知水行政主管部门，并与水行政主管部门签订确保河道功能正常发挥和保障防洪、供水安全的责任书。

建设单位安排施工时，应当按照规定的位置和界限进行。

建设项目施工期间，水行政主管部门应当派员到现场监督检查，建设单位应予配合。

第三十二条　工程施工影响堤防安全和河道行洪、排灌等功能正常发挥的，建设单位应当采取补救措施或者停止施工。

工程竣工后，建设单位应当将工程竣工报告、质检报告、竣工图报送水行政主管部门；工程施工现场应当按照责任书的要求进行清理，未按照责任书要求清理的，交纳清理费用。

第三十三条　城市、村镇建设和发展不得占用河道管理范围内土地。城市、村镇建设规划的临河界限为河道管理范围的外缘线。城市、村镇建设规划涉及河道管理范围的，应当事先征求水行政主管部门的意见。

本条例施行前占用河道堤防的建筑物，应当逐步迁出。

第三十四条　河道岸线的利用和建设，应当服从河道专业规划和航道整治规划。规划行政管理部门审批涉及河道岸线开发利用规划，立项审批行政管理部门审批利用河道岸线的建设项目,应当事先征求水行政主管部门的意见。

河道岸线的界限为:有河堤的,以河堤外坡脚为准;无河堤的,以护岸为准;既无河堤又无护岸的,以天然河岸为准。

第三十五条 在河道管理范围内进行下列活动,应当经水行政主管部门同意;依照法律、法规规定还需经其他行政管理部门审批的,应当依法办理有关手续:

(一)在滩地内钻探、开采地下资源、进行考古发掘;

(二)在河道内固定船只、修建水上设施。

从事前款规定的行为,应当按照准许的范围和作业方式进行,并接受水行政主管部门的检查监督。

第三十六条 在河道管理范围内兴建建设项目临时占用或者利用河道、堤防、滩地、闸桥的,应当与水行政主管部门协商一致,并给予适当补偿。

第五章 法律责任

第三十七条 有下列行为之一的,由水行政主管部门责令停止违法行为,采取补救措施,可以处一万元以上三万元以下罚款,有违法所得的,没收违法所得;情节严重的,处三万元以上五万元以下罚款:

(一)占用、封堵防汛抢险通道;

(二)载重量三吨以上的非防汛抢险车辆在未铺设路面的堤顶通行;

(三)在河道内直接利用水体进行实验。

第三十八条 有下列行为之一的,由水行政主管部门责令停止违法行为,采取补救措施,可以处五千元以上五万元以下罚款;造成损坏的,依法承担民事责任;应当给予治安管理处罚的,依照治安管理处罚法的规定处罚;构成犯罪的,依法追究刑事责任。

(一)损毁堤防、护岸、闸坝、截渗沟等水工程建筑物、水工程设施;

(二)在堤防和护堤地内采砂、采石、取土、挖筑池塘;

(三)损毁防汛设施、测量设施、警示标志、安全监控等附属设施;

(四)在河道保护范围内从事打井、钻探、爆破、挖筑池塘、采石、取土等危害堤防安全的活动。

第三十九条 在易于发生山体滑坡、崩岸、泥石流等灾害的山区河道从事开山、采石、采矿、开荒等危及山体稳定活动的,由水行政主管部门责令停止违法行为,没收违法所得,对个人处一千元以上一万元以下罚款,对单位处二万元以上二十万元以下罚款。

第四十条 在河道管理范围内有下列行为之一的,由水行政主管部门责令改正,给予警告,并对个人处二百元以上五百元以下罚款,对单位处一万元以上三万元以下罚款:

(一)设置阻水渔具或者其他障碍物;

(二)非水库管理船只在水库大坝坝前五百米范围内滞留;

(三)水闸、橡胶坝引排水期间,船只和有关人员在其管理范围内滞留。

第四十一条 有下列行为之一的,由水行政主管部门责令限期改正、采取补救措施外,可以并处警告、一万元以上五万元以下罚款、没收违法所得;对有关责任人员,由其所在单位或者上级主管机关给予行政处分;构成犯罪的,依法追究刑事责任:

（一）涉河建设工程、河道整治、提升改造河道景观等建设项目擅自降低堤防高度或者防洪标准；

（二）河道管理范围内已建的涵闸、泵站、码头和埋设的管道、缆线等设施不符合堤防安全要求，拒不改建或者拒不采取补救措施；

（三）未经批准填堵、占用、拆毁河流故道、旧堤、原有工程设施；

（四）未经批准在河道内固定船只、修建水上设施；

（五）未经批准或者未按照水行政主管部门的规定在滩地内钻探、开采地下资源、进行考古发掘。

第四十二条　壅水、阻水严重的桥梁、引道、码头和其他跨河工程设施的产权单位或者管理单位未在规定期限内改建或拆除的，由水行政主管部门责令限期改建或者拆除，逾期不拆除的强行拆除，所需费用由违法单位或者个人承担，并处一万元以上十万元以下罚款。

第四十三条　擅自营造、砍伐或者破坏护堤护岸林木的，由水行政主管部门责令停止违法行为、采取补救措施，可以并处警告、没收违法所得；处一千元以上五千元以下罚款；情节严重的，处五千元以上二万元以下罚款；对有关责任人员，由其所在单位或者上级主管机关给予行政处分；构成犯罪的，依法追究刑事责任。

第四十四条　建设项目性质、规模、地点变更，建设单位未重新办理手续的，由水行政主管部门责令停止违法行为，限期补办有关手续，处一万元以上十万元以下罚款。

建设项目经批准后，建设单位拒绝与水行政主管部门签订安全保障责任书或者未按照责任书要求清理施工现场的，或者工程竣工后，建设单位未将工程竣工报告、质检报告、竣工图报送水行政主管部门的，由水行政主管部门责令限期改正，处一万元以上三万元以下罚款。

第四十五条　未经批准在河道管理范围内修建围堤、阻水渠道、阻水道路的，由水行政主管部门责令停止违法行为、采取补救措施外，可以并处警告、没收非法所得；并处一万元以上三万元以下罚款；情节严重的，处三万元以上十万元以下罚款；对有关责任人员，由其所在单位或者上级主管机关给予行政处分；构成犯罪的，依法追究刑事责任。

第四十六条　在防汛抢险期间，除防汛抢险车辆以外的其他车辆在堤顶通行的，由水行政主管部门责令限期改正，处一千元以上一万元以下罚款；情节严重的，处一万元以上五万元以下罚款。

第四十七条　非管理人员操作河道上的涵闸闸门的，水行政主管部门除责令纠正违法行为、赔偿损失、采取补救措施外，可以并处警告、一千元以上一万元以下罚款；应当给予治安管理处罚的，依照治安管理处罚法的规定处罚；构成犯罪的，依法追究刑事责任。

第四十八条　有下列行为之一的，水行政主管部门除责令其纠正违法行为、采取补救措施外，可以并处警告、没收非法所得；并处一千元以上一万元以下罚款；情节严重的，处一万元以上五万元以下罚款；对有关责任人员，由其所在单位或者上级主管机关给予行政处分；构成犯罪的，依法追究刑事责任：

（一）在堤防、护堤地建房、放牧、开渠、打井、挖窖、葬坟、晒粮、存放物料、开采地下资源、进行考古发掘以及开展集市贸易活动的；

(二)汛期违反防汛指挥部防汛抢险指令的。

第四十九条　水行政主管部门的管理人员滥用职权、玩忽职守、徇私舞弊的,由其所在单位或者上级主管部门给予处分;构成犯罪的,依法追究刑事责任。

第六章　附　则

第五十条　法律、行政法规对海河流域管理另有规定的,从其规定。

第五十一条　本条例自2011年10月1日起施行。1998年1月7日天津市第十二届人民代表大会常务委员会第三十次会议通过、2005年3月24日天津市第十四届人民代表大会常务委员会第十九次会议修正的《天津市河道管理条例》同时废止。

天津市安全生产责任制规定

（施行日期:2010年1月10日）

第一条　为了落实安全生产责任,预防安全生产事故,根据《中华人民共和国安全生产法》和《天津市安全生产管理规定》等有关法律、法规,结合本市实际情况,制定本规定。

第二条　本市行政区域内各级人民政府及政府有关部门、生产经营单位,应当按照安全生产法律、法规和本规定,履行安全生产责任,做好本地区、本系统、本行业、本单位的安全生产工作。

法律、法规和规章另有规定的,从其规定。

第三条　本规定所称安全生产责任制是指通过安全生产工作会议、逐级监督、安全生产责任书、隐患排查、检查告知、责任制考核、奖励与处罚等制度,监督各级人民政府及政府有关部门、生产经营单位落实安全生产责任的制度。

第四条　安全生产监督管理坚持安全第一、预防为主、综合治理,实行属地管理与分级管理相结合和谁主管谁负责、谁审批谁负责、谁监管谁负责的原则。

第五条　市和区、县安全生产监督管理部门在本级人民政府领导下,负责安全生产责任制的监督管理工作,并履行下列职责:

（一）对安全生产工作会议决定事项落实情况进行监督检查;

（二）组织推动各级监督责任的落实;

（三）组织实施安全生产责任书的签订,并对执行情况进行考核;

（四）组织推动隐患排查,对隐患整改情况进行督查,并对重大事故隐患挂牌督办;

（五）提出表彰和处理意见。

第六条　各级人民政府及政府有关部门的安全生产责任,按照国家和本市确定的相关职责执行。

第七条　各级人民政府及政府有关部门主要负责人是本地区、本系统、本行业安全生产责任制的第一责任人,对安全生产责任全面负责。

生产经营单位法定代表人是本单位安全生产责任制的第一责任人,对安全生产责任全面负责。

各级人民政府及政府有关部门、生产经营单位分管安全生产工作的负责人和分管其他业务的负责人按照职责分工对安全生产工作负直接管理责任。

第八条　市和区、县人民政府应当每季度至少召开一次安全生产工作会议。会议主要研究下列内容:

（一）通报、分析安全生产形势和现状;

（二）协调解决安全生产中的重大问题;

（三）督促检查本行政区域重大事故隐患治理和事故防范工作;

（四）布置阶段性重点工作；

（五）通报安全生产事故指标控制情况。

会议应当作出决定或者形成会议纪要，明确落实措施和部门。会议决定事项的落实情况，有关部门应当在 10 日内向同级人民政府报告。

第九条　各级人民政府及政府有关部门按照下列方式落实安全生产责任制：

（一）上级人民政府负责监督下级人民政府；

（二）各级人民政府负责监督本级人民政府各有关部门；

（三）按照隶属关系和职责规定，各有关部门负责监督本系统、本行业生产经营单位；

（四）乡镇人民政府和街道办事处负责监督辖区内无主管部门的生产经营单位。

第十条　负有监督责任的人民政府及政府有关部门，应当履行下列职责：

（一）指导被监督单位建立健全安全生产责任制；

（二）监督被监督单位排查和治理事故隐患；

（三）协调解决被监督单位安全生产的重大和共性问题；

（四）掌握被监督单位安全生产责任落实情况；

（五）每年对被监督单位进行综合考核并组织实施奖惩；

（六）建立监督工作专门档案。

第十一条　被监督单位应当按照有关规定履行安全生产责任，对负有监督责任的人民政府及政府有关部门的检查指导工作应当予以配合，并报告安全生产责任落实情况和其他重大安全生产事项。

第十二条　生产经营单位应当按照下列方式落实安全生产责任制：

（一）建立健全安全生产责任制度，明确岗位安全生产责任，确定责任人；

（二）逐级签订安全生产责任书，制定奖惩措施，并由责任人签字；

（三）在承包、发包、分包、出租等生产经营活动中，应当按照有关规定，签订安全协议，明确各相关方安全生产责任；

（四）建立安全生产责任制专门档案。

第十三条　每年 3 月 31 日前，各级人民政府及政府有关部门按照本规定，与被监督单位签订安全生产责任书。

安全生产责任书应当包括下列主要内容：

（一）安全生产事故控制指标；

（二）安全生产资金投入；

（三）安全生产措施；

（四）安全生产监督检查、考核；

（五）奖励与惩罚。

第十四条　各级人民政府有关部门应当监督本系统、本行业生产经营单位根据国家和本市有关规定进行事故隐患排查。生产经营单位应当逐级建立隐患排查治理责任制，对查出的事故隐患逐一登记建档，分类分级进行整改，并将整改落实情况向监督单位和安全生产监督管理部门报告。

第十五条　市安全生产监督管理部门会同有关部门组织安全生产责任制考核。

安全生产责任制考核采取自查自评与组织考核相结合、年度考核与平时考核相结合的方法。

每年3月31日前,被监督单位应当向监督单位书面报告安全生产责任制自查自评结果。监督单位应当结合被监督单位自查自评结果进行综合考核。考核结果应当书面通知被考核单位,并向同级人民政府报告。

第十六条　安全生产监督管理部门发现存在涉及安全生产的重大或者普遍存在的问题,应当书面告知负有监督责任的单位。

有关部门在监督检查中发现安全生产的重大或者普遍存在的问题,应当及时告知同级安全生产监督管理部门,安全生产监督管理部门应当依法处理。

第十七条　市人民政府对履行安全生产责任制和安全生产责任成绩突出的单位和个人应当予以表彰。评为安全生产先进单位和个人的,由市人民政府授予奖牌或荣誉证书,并给予奖励。

第十八条　安全生产监督管理部门会同监察部门对不履行安全生产责任制、存在重大事故隐患不积极整改和在责任制考核中不合格的人民政府及政府有关部门、生产经营单位的主要负责人进行约见谈话,听取约谈对象有关安全生产管理情况、存在问题及采取措施情况的汇报。约谈情况应当形成记录。

第十九条　市人民政府有关部门、区县人民政府及其所属部门、乡镇人民政府、街道办事处、国有企业的主要负责人不履行安全生产责任制、存在重大事故隐患不积极整改,经安全生产监督管理部门会同监察部门约见谈话后,仍不履行监督责任,导致发生安全生产事故的,由监察部门依法予以处分。

构成犯罪的,由司法机关依法追究刑事责任。

第二十条　行政问责包括下列方式:

(一)责令作出书面检查;

(二)责令公开道歉;

(三)调离现工作岗位;

(四)引咎辞职;

(五)责令辞职;

(六)免职。

前款规定的责任追究方式,可以单独或者合并适用。

第二十一条　有下列情形之一的,由安全生产监督管理部门对负有监督责任的单位处2 000元罚款,并对有关责任人员处1 000元罚款:

(一)经安全生产监督管理部门告知,未履行监督责任的;

(二)未建立监督工作专门档案的;

(三)不按规定签订安全生产责任书的;

(四)不按规定进行事故隐患排查或重大事故隐患未及时发现的;

(五)被监督单位发生较大以上安全生产责任事故的;

(六)年度死亡事故超过控制指标的。

有前款规定行为之一,对市人民政府有关部门、区县人民政府及其所属部门、乡镇人民政府和街道办事处相关责任人员应当追究行政责任的，由监察部门依法予以行政问责。

第二十二条　生产经营单位未按本规定履行安全生产责任制的，由安全生产监督管理部门处 2 000 元罚款，并对主要负责人处 1 000 元罚款。法律、法规、规章另有规定的，从其规定。

第二十三条　天津经济技术开发区、天津港保税区、天津滨海高新技术产业开发区、天津东疆港区、中新天津生态城等区域的安全生产责任制按照本规定执行。

第二十四条　本规定自 2010 年 1 月 10 日起施行。1987 年 2 月 11 日市人民政府《关于颁布〈天津市安全生产责任制实施办法〉的通知》（津政发〔1987〕15 号）同时废止。

天津市党政领导干部安全生产责任制实施细则

（施行日期：2019 年 5 月 10 日）

第一章　总　则

第一条　为进一步加强党委和政府对安全生产工作的领导，健全落实安全生产责任制，树立安全发展理念，根据《中华人民共和国安全生产法》、《中华人民共和国公务员法》和《地方党政领导干部安全生产责任制规定》等法律法规，以及《天津市安全生产条例》、《中共天津市委、天津市人民政府关于推进安全生产领域改革发展的实施意见》等有关规定，制定本实施细则。

第二条　本实施细则适用于市、区两级党委和政府领导班子成员。

市、区两级党委工作机关、政府工作部门及相关机构领导干部，乡镇（街道）党政领导干部，各类开发区、经济功能区管理机构党政领导干部，参照本实施细则执行。

第三条　落实党政领导干部安全生产责任制，必须以习近平新时代中国特色社会主义思想为指导，以习近平总书记对天津工作提出的“三个着力”重要要求为元为纲，贯彻落实习近平总书记视察天津重要指示，树牢“四个意识”，坚定“四个自信”，坚决做到“两个维护”，坚持以人民为中心，牢固树立发展决不能以牺牲安全为代价的红线意识，强化“隐患就是事故，事故就要处理”的理念，按照高质量发展要求，坚持安全发展、依法治理，综合运用督查巡查、考核考察、激励惩戒等措施，加强组织领导，强化属地管理，完善体制机制，有效防范安全生产风险，坚决遏制重特大生产安全事故，促使各级党政领导干部切实承担起“促一方发展、保一方平安”的政治责任，为加快推进“五个现代化天津”建设营造良好稳定的安全生产环境。

第四条　落实党政领导干部安全生产责任制，应当坚持党政同责、一岗双责、齐抓共管、失职追责，坚持管行业必须管安全、管业务必须管安全、管生产经营必须管安全，坚持谁主管谁负责、谁审批谁负责、谁监管谁负责。

市、区两级党委和政府主要负责人是本地区安全生产第一责任人，班子其他成员对分管范围内的安全生产工作负领导责任。

第二章　职　责

第五条　市、区两级党委主要负责人安全生产职责主要包括：

（一）认真贯彻执行党中央和市委关于安全生产的决策部署、指示精神及安全生产方针政策、法律法规，落实安全发展战略；

（二）把安全生产纳入党委议事日程和党委全会工作报告内容，每半年至少听取一次安全生产工作汇报，及时组织研究协调解决安全生产重大问题；

（三）把安全生产纳入党委常委会及其成员职责清单，督促落实安全生产"一岗双责"制度；

（四）加强安全生产监管部门领导班子建设、干部队伍建设和机构建设，支持人大、政协监督安全生产工作，统筹协调各方面重视支持安全生产工作；

（五）推动将安全生产纳入经济社会发展全局，纳入国民经济和社会发展考核评价体系，作为衡量经济发展、社会治安综合治理、党风廉政建设、精神文明建设成效的重要指标和领导干部政绩考核的重要内容；

（六）大力弘扬生命至上、安全第一的思想，强化安全生产宣传教育和舆论引导，将安全生产方针政策和法律法规纳入党委理论学习中心组学习内容和干部培训内容。

第六条 市、区两级政府主要负责人安全生产职责主要包括：

（一）认真贯彻落实党中央、国务院和市委、市政府及本级党委关于安全生产的决策部署、指示精神，以及安全生产方针政策、法律法规，落实安全发展战略；

（二）把安全生产纳入政府重点工作和政府工作报告的重要内容，组织制定实施安全生产专项规划并纳入国民经济和社会发展规划，每季度至少听取一次安全生产工作汇报，主持召开或者委托分管负责人主持召开安全生产工作会议，研究部署安全投入、专项整治、隐患排查治理等重点工作，及时组织研究解决安全生产突出问题；

（三）建立健全政府领导干部安全生产责任制及安全生产"一岗双责"制度并督促落实，组织制定政府领导干部年度安全生产重点工作责任清单并定期检查考核，在政府有关工作部门"三定"规定中明确安全生产职责并督促落实，督促本级政府工作部门及下级政府逐级签订安全生产责任书、层层落实安全生产责任；

（四）组织设立安全生产专项资金并列入本级财政预算、与财政收入保持同步增长，加强安全生产基础建设和监管能力建设，保障监管执法必需的人员、经费和车辆等装备；

（五）严格安全准入标准，推动构建安全风险分级管控和隐患排查治理预防工作机制，按照分级属地管理原则明确本地区各类生产经营单位的安全生产监管部门，依法领导和组织生产安全事故应急救援、调查处理及信息公开工作；

（六）领导本地区安全生产委员会工作，统筹协调安全生产工作，推动构建安全生产责任体系，组织开展安全生产巡查、考核等工作，督促安全生产委员会办公室落实工作职责，推动加强高素质专业化安全监管执法队伍建设。

第七条 市、区两级党委常委会其他成员按照职责分工，协调指导纪检监察机关对安全生产责任制落实情况依纪依法实施监督，严肃责任追究；督促指导组织、机构编制部门配齐配强安全生产监管部门领导班子，充实干部队伍力量，把安全生产工作纳入领导干部考核监督重要内容，作为干部选拔任用的重要依据；督促指导宣传部门及新闻媒体加强安全生产宣传教育，强化舆论引导监督，增强全民安全意识，营造关爱生命、关注安全的良好氛围；协调政法部门打击安全生产违法犯罪行为，积极参与安全生产专项整治活动，将安全生产纳入社会治安综合治理网格化管理体系；督促指导工会、共青团、妇联等群团组织按照各自职责分工，动员社会各界力量积极参与、支持、监督安全生产工作。抓好分管行业（领域）、部门（单位）的安全生产工作。

第八条 市、区两级政府原则上由担任本级党委常委的政府领导干部分管安全生产工作，其安全生产职责主要包括：

（一）组织制定贯彻落实党中央、国务院和市委、市政府关于安全生产决策部署及安全生产方针政策、法律法规的具体措施；

（二）协助本级党委主要负责人落实党委对安全生产的领导职责，督促落实本级党委关于安全生产的决策部署；

（三）协助本级政府主要负责人统筹推进本地区安全生产工作，负责领导本地区安全生产委员会日常工作，安排部署安全生产综合性重点工作，组织实施安全生产监督检查、巡查、考核等工作，协调解决重点难点问题；

（四）组织实施安全风险分级管控和隐患排查治理预防工作机制建设，指导安全生产专项整治和联合执法行动，组织查处各类违法违规行为；

（五）加强安全生产应急救援体系建设，组织完善本级政府生产安全事故应急预案，依法组织或者参与生产安全事故抢险救援和调查处理，组织开展生产安全事故责任追究和整改措施落实情况评估；

（六）统筹推进安全生产社会化服务体系建设、信息化建设、诚信体系建设和教育培训、科技支撑等工作。

第九条　市、区两级政府其他领导干部安全生产职责主要包括：

（一）组织分管行业（领域）、部门（单位）贯彻执行党中央、国务院以及市委、市政府关于安全生产的决策部署，安全生产方针政策、法律法规；

（二）认真落实上级主管部门和本地区安全生产委员会有关安全生产工作部署，组织分管行业（领域）、部门（单位）健全和落实安全生产责任制，将安全生产工作与业务工作同时安排部署、同时组织实施、同时监督检查，对安全生产突出问题及时提请本级政府研究解决；

（三）指导分管行业（领域）、部门（单位）把安全生产工作纳入相关发展规划和年度工作计划，从行业规划、科技创新、产业政策、法规标准、行政许可、资产管理等方面加强和支持安全生产工作，加强分管行业（领域）、部门（单位）安全生产工作队伍建设；

（四）统筹推进分管行业（领域）、部门（单位）安全生产工作，每季度至少组织一次安全生产形势分析，及时研究解决安全生产问题，推动分管行业（领域）、部门（单位）对重大隐患实施挂牌督办，支持有关部门依法履行安全生产工作职责；

（五）组织开展分管行业（领域）、部门（单位）安全生产专项整治、目标管理、应急管理、查处违法违规生产经营行为等工作，推动构建安全风险分级管控和隐患排查治理预防工作机制；

（六）按照有关规定及时对分管行业（领域）、部门（单位）发生的生产安全事故组织应急救援、善后处理和信息上报，督促相关部门（单位）积极支持配合事故调查处理、认真落实挂牌督办和调查处理意见。

第三章　督查巡查

第十条　把党政领导干部落实安全生产责任情况纳入党委和政府督查督办重要内容，安全生产监管部门会同同级党委和政府督查部门按照有关规定定期对下级党委和政府及本级党委工作机关和政府工作部门安全生产责任落实情况进行督促检查。

第十一条　督促检查主要内容包括：

（一）落实党中央、国务院以及市委、市政府关于安全生产工作决策部署情况；

（二）党政主要负责人履行安全生产职责情况；

（三）组织开展本地区、本行业（领域）和部门（单位）安全生产重点工作情况；

（四）支持负有安全生产监管职责的部门依法履职情况；

（五）防范处置生产安全事故情况；

（六）其他需要督查的事项。

第十二条　建立健全党委和政府安全生产巡查工作制度，推动安全生产责任措施落实。市委、市政府每年对各区党委和政府开展一轮次安全生产巡查，对市委工作机关和市政府工作部门开展安全生产机动巡查。

第十三条　安全生产巡查工作由市安全生产委员会组织开展，市安全生产委员会办公室负责巡查具体工作。根据巡查工作需要成立安全生产巡查组（以下简称巡查组）。

巡查组实行组长负责制，每组配备组长和副组长各1名，组长由市安全生产委员会成员单位熟悉安全生产工作的现职局级干部担任，副组长由从事安全生产监管工作的现职处级干部担任。

巡查组成员根据巡查工作需要抽调，由市安全生产委员会成员单位从事安全生产监管工作的人员、各区安全生产委员会办公室工作人员和相关专家组成，一般每组8至10人。

第十四条　巡查的重点内容包括：

（一）贯彻落实中央领导同志关于安全生产工作重要指示批示精神情况，贯彻落实党中央、国务院以及市委、市政府关于安全生产工作决策部署情况；

（二）安全生产专项规划制定和实施情况，加强安全基础建设、坚持标本兼治和综合治理、落实安全投入、实施"科技强安"、强化安全培训、安全风险辨识、重大危险源管控、提高安全风险预防控制能力等情况；

（三）按照党政同责、一岗双责、齐抓共管、失职追责的要求，落实党委和政府领导责任、企业主体责任、部门监管责任，强化安全生产目标管理考核，落实市安全生产委员会年度工作要点和重点工作任务等情况；

（四）依法依规组织开展打非治违、重点行业（领域）专项整治、重点隐患排查治理及处罚问责等情况；

（五）完善安全生产监管体制，加强监管能力建设和应急管理工作，强化安全生产执法力量，落实监管执法保障措施，加强安全生产执法工作等情况；

（六）全面推进安全生产领域信用体系建设，开展安全生产标准化建设，建立隐患排查治理体系等情况；

（七）依法依规调查处理各类生产安全事故，落实责任追究和整改措施，开展安全生产统计，及时如实报送事故信息等情况；

（八）生产安全事故信息和查处信息公开情况，有关安全生产举报信息的核查处理情况；

（九）其他安全生产工作落实情况。

第十五条　巡查工作按照以下程序进行：

（一）市安全生产委员会办公室制定巡查工作方案，报经市委、市政府批准，通知被巡查对象，成立巡查组并组织巡查组全体成员集中培训；

（二）各巡查组按照要求拟定巡查计划，与被巡查对象沟通巡查准备事宜；

（三）巡查组进驻后，向被巡查对象通报巡查工作任务并向社会公告，鼓励群众举报被巡查对象在安全生产工作中存在的问题、安全隐患和非法违法生产经营行为；

（四）各巡查组在巡查工作结束后15日内向市安全生产委员会办公室报送巡查工作报告，对安全生产工作中存在的普遍性、倾向性问题分析原因、提出建议；

（五）经市安全生产委员会同意后，巡查组及时向被巡查对象反馈相关巡查情况，有针对性地提出工作建议；

（六）被巡查对象收到巡查组反馈意见后，应当对发现的问题和隐患进行整改，提出对有关单位及人员的处理意见，并于2个月内将整改和查处情况报送市安全生产委员会办公室，市安全生产委员会办公室视情组织巡查组对整改情况进行实地验收；

（七）市安全生产委员会将巡查结果纳入被巡查对象安全生产工作绩效考评内容，并向市委组织部、市纪委监委通报。

第十六条　巡查组可结合巡查的重点内容和被巡查对象实际，采取以下方式开展工作：

（一）听取被巡查对象的工作汇报；

（二）列席被巡查对象的有关会议；

（三）调阅、复制有关文件、档案、会议记录等资料；

（四）受理反映被巡查对象问题的来信、来电等，召开座谈会，向有关人员个别谈话询问情况；

（五）以暗查暗访、随机抽查等方式进行专项检查；

（六）市安全生产委员会要求的其他方式。

第十七条　市安全生产委员会各成员单位和各区安全生产委员会办公室应当为安全生产巡查工作提供必要的人力和专家、技术支持保障，巡查人员在参加巡查工作期间应与原单位工作脱钩。

巡查组要严格遵守国家有关法律法规规章和党风廉政规定，严守工作纪律，严格按照市安全生产委员会赋予的权限、职责，公正、廉洁开展工作。

相关部门应当将巡查结果作为领导班子和领导干部考核、奖惩和任用的重要参考。

第四章　考核考察

第十八条　建立完善市、区两级党委和政府安全生产责任考核制度，将安全生产工作纳入全市绩效考评指标体系，对下级党委和政府安全生产工作情况进行全面评价，将考核结果与党政领导干部履职评定挂钩。

安全生产工作考核可与绩效考评一并进行。市安全生产监管部门牵头组织对各区党委和政府及市级有关部门的考核评估，考核结果报市委、市政府审定，并作为党政领导干部能力评价、选拔任用和奖励惩戒的重要参考。

第十九条 在对各区党委和政府领导班子及其成员的年度考核、目标责任考核以及其他考核中，应当考核其落实安全生产责任情况，并作为确定考核结果的重要参考。

市、区两级党委和政府领导班子及其成员在年度考核中，应当按照“党政同责、一岗双责”要求，将履行安全生产工作责任情况列入述职内容。

第二十条 党委组织部门在考察党政领导干部拟任人选时，应当考察其履行安全生产工作职责情况。

有关部门在推荐、评选党政领导干部作为奖励人选时，应当考察其履行安全生产工作职责情况。

党政领导干部作为人大代表和政协委员候选人推荐人选时，应当考察其履行安全生产工作职责情况。

第二十一条 实行安全生产责任考核情况公开制度。定期采取适当方式公布或者通报党政领导干部安全生产工作考核结果。

第五章 表彰奖励

第二十二条 对在加强安全生产工作、承担安全生产专项重要工作、参加抢险救护等方面作出显著成绩和重要贡献的党政领导干部，上级党委和政府应当按照有关规定给予表彰奖励。

第二十三条 对在安全生产工作考核中成绩优秀的党政领导干部，上级党委和政府按照有关规定给予记功或者嘉奖。

第六章 责任追究

第二十四条 实施安全生产责任追究，应当依法依规、实事求是、客观公正，根据岗位职责、履职情况、履职条件等因素合理确定相应责任。

第二十五条 党政领导干部在落实安全生产工作责任中存在下列情形之一，情节较轻的，予以通报或者诫勉：

（一）履行本实施细则第二章所规定职责不到位的；

（二）未按要求落实上级部署的安全生产专项工作的；

（三）全面排查安全隐患不力和整改不到位的；

（四）对迟报、漏报生产安全事故负有领导责任的；

（五）年度安全生产责任考核不合格的；

（六）有其他应当通报或者诫勉情形的。

第二十六条 党政领导干部在落实安全生产工作责任中存在下列情形之一的，根据情况采取停职检查、调整职务、责令辞职、降职、免职或者纪律处分等方式进行问责；涉嫌职务违法犯罪的，由监察机关依法调查处置，构成犯罪的，依法追究刑事责任：

（一）履行本实施细则第二章所规定职责不到位，造成严重后果的；

（二）不执行或者不正确执行国家安全生产法律法规规章、方针政策、国家和行业标准，造成严重后果的；

（三）排查治理重大安全隐患不力，导致发生较大及以上生产安全事故的；

（四）阻挠、干涉安全生产监管执法或者生产安全事故调查处理工作的，对造成生产安全事故的责任人未及时问责追责的；

（五）对瞒报、谎报生产安全事故负有领导责任的；

（六）有其他应当采取停职检查、调整职务、责令辞职、降职、免职或者纪律处分等方式问责情形的。

第二十七条　严格落实安全生产“一票否决”制度，因发生生产安全事故被追究领导责任的党政领导干部的任职、考核、奖惩、待遇等事项，按照《天津市受问责干部管理办法（试行）》执行。

第二十八条　对工作不力导致生产安全事故人员伤亡和经济损失扩大，或者造成严重社会影响负有主要领导责任的党政领导干部，应当从重追究责任。

第二十九条　对主动采取补救措施，减少生产安全事故损失或者挽回社会不良影响的党政领导干部，可以从轻、减轻追究责任。

第三十条　党政领导干部对发生生产安全事故负有领导责任且失职失责性质恶劣、后果严重的，不论是否已调离转岗、提拔或者退休，都应当严格追究其责任。

第三十一条　存在本实施细则第二十五条、第二十六条情形应当问责的，由纪检监察机关、组织人事部门和安全生产监管部门按照权限和职责分别负责。

第七章　附　则

第三十二条　本实施细则自印发之日起施行。2014 年 8 月 21 日中共天津市委办公厅、天津市人民政府办公厅印发的《天津市党政领导干部安全生产“党政同责、一岗双责”暂行规定》同时废止。

天津市人民政府关于进一步明确和规范安全生产工作职责的意见

（施行日期:2016 年 3 月 30 日）

各区、县人民政府,各委、局,各直属单位:

为切实加强安全生产工作,有效预防和减少各类安全生产事故发生,保障人民群众生命和财产安全,根据《中华人民共和国安全生产法》、《天津市安全生产条例》、《天津市安全生产责任制规定》(2009 年市人民政府令第 24 号)等有关法律、法规、规章规定,参照《国务院安全生产委员会成员单位安全生产工作职责分工》(安委〔2015〕5 号),现就进一步明确和规范本市各级人民政府和市人民政府有关部门、机构及相关单位的安全生产工作职责,提出如下意见:

一、本市各级人民政府安全生产工作职责

(一)市人民政府

1. 加强对全市安全生产工作的领导,发挥市安委会综合协调管理职能,按照"党政同责,一岗双责"的原则,支持、督促市有关部门依法履行安全生产监督管理职责,及时协调、解决安全生产监督管理中存在的重大问题。

2. 根据国民经济和社会发展规划,制定安全生产规划,并组织实施。保障安全生产投入,建立健全安全生产责任制,加强安全生产社会宣传,定期分析、部署、督促、检查全市范围内安全生产事故的防范工作。

3. 健全安全生产应急救援体系,建立应急救援指挥机构,领导和组织指挥事故应急救援,负责或授权、委托有关部门组织事故调查,对调查报告作出批复。

市安委会

1. 贯彻落实党中央、国务院和市委、市政府关于安全生产工作的重要指示、决定,有关安全生产的方针政策、法律法规和制度规定等。

2. 研究提出全市安全生产工作的重大方针政策、工作措施。

3. 研究拟定市安委会成员单位安全生产工作职责,报市人民政府批准后执行。

4. 研究拟定全市安全生产工作中长期规划、年度计划。

5. 部署全市安全生产重点工作任务和阶段性工作。

6. 分析全市安全生产形势,研究解决安全生产工作中的重大问题。

7. 审定安全生产工作目标责任制考核结果。

8. 完成市委、市政府交办的其他安全生产工作。

(二)区县人民政府

1. 加强对本区县安全生产工作的领导,负责区县和街道(乡镇)两级安全生产责任体系建设,建立健全两级安全生产监督管理机构,发挥区县安委会综合协调管理职能,支持、

督促本级政府有关部门依法履行安全生产监督管理职责。

2. 根据国民经济和社会发展规划，制定本区县安全生产规划，并组织实施。

3. 贯彻落实安全生产法律、法规、规章和相关政策，指导监督行政区域内生产经营单位安全生产主体责任的落实。

4. 督促和检查行政区域内的安全生产事故防范工作，负责行政区域内重大危险源的监督管理，组织开展安全检查，督促整改事故隐患，对本区域内安全生产重大隐患实施挂牌督办。

5. 加大公共安全设施、重大事故隐患治理和事故处置等安全生产投入，协调解决行政区域内安全生产工作中的重大问题。

6. 建立应急救援响应机制，制定和完善突发事件(安全生产)应急预案，组织和响应事故应急救援，负责或者配合做好事故调查处理工作。

7. 依法关闭不符合安全生产条件的生产经营单位。

(三)乡镇人民政府和街道办事处

1. 贯彻落实安全生产法律、法规、规章和相关政策，贯彻落实安全生产责任制，执行上一级人民政府交办的事项。

2. 建立健全行政区域内安全生产监督管理机构，指导督促村民委员会、社区居民委员会做好安全生产工作。

3. 加强对本行政区域内生产经营单位安全生产状况的监督检查，负责重大危险源的监督管理，组织开展安全检查，督促整改事故隐患，发现重大事故隐患、安全生产非法违法行为和可能导致安全生产事故发生的紧急情况时，按规定及时上报，并依法对有关安全生产非法违法行为进行处罚。

4. 协助上级人民政府有关部门依法履行安全生产监督管理职责。

5. 开展安全生产宣传教育活动，指导村民委员会、社区居民委员会普及安全生产知识。

二、市人民政府有关部门、机构及相关单位安全生产工作职责

(一)市发展改革委

1. 把安全生产和职业病防治工作纳入国民经济和社会发展规划。研究安排市级安全生产监管监察基础设施、执法装备、执法和应急救援用车、信息化建设、技术支撑体系、应急救援体系建设和隐患治理等所需市级预算内投资，并会同市安全监管局对投资计划执行情况进行监督检查。

2. 及时贯彻落实各项产业政策，调整优化产业结构，利用宏观调控手段支持工艺技术先进、危险和有害因素较小的建设项目。

3. 负责本市行政区域内石油天然气管道(不含城镇燃气管道)保护工作，依法查处危害管道安全的违法行为。负责石油天然气管理保护安全生产统计分析，依法组织或参加有关事故的调查处理，按照职责分工对事故发生单位落实防范和整改措施情况进行监督检查。

(二)市工业和信息化委(市国防科工办)

1. 指导工业加强安全生产管理。在制定工业发展规划、政策法规、标准规范和技术改

造等方面统筹考虑安全生产，指导重点行业排查治理隐患，促进产业结构升级和布局调整，严格行业规范和准入管理，实施传统产业技术改造，淘汰落后工艺和产能，促进工业化和信息化深度融合，从源头治理上指导相关行业提高企业本质安全水平。

2. 会同市有关部门安排专项资金，支持工业重大安全生产技术改造项目、安全生产领域重大信息化项目，促进先进、成熟的工艺技术和设备推广应用，促进企业本质安全水平不断提高。

3. 指导规模以上工业生产经营单位加强安全生产管理，建立健全安全生产责任制，参与或组织开展安全生产检查和隐患整改，协调解决工业经济运行中的重大安全生产问题。

4. 按照职责分工，依法负责危险化学品生产、储存的行业规划和布局。

5. 负责民用飞机、民用船舶制造业安全生产监督管理及民用船舶建造质量安全监管。

6. 负责相关行业安全生产统计分析，依法参与有关事故的调查处理，按照职责分工对事故发生单位落实防范和整改措施情况进行监督检查。

7. 负责民用爆炸物品生产、销售的安全生产监督管理，组织开展安全检查、督促事故隐患整改落实；参与处理相关民用爆炸物品企业安全生产重大事故；按照职责分工组织查处非法生产、销售（含储存）民用爆炸物品的行为；协调解决民用爆炸物品生产经营活动中的重大安全生产问题，参与处理相关单位出现的安全生产重大事故。

（三）市商务委

1. 配合市有关部门做好规模以上商贸企业安全生产监督管理工作。按照有关法律、法规、规章和政策规定，对拍卖、典当、租赁、汽车流通、旧货流通行业等和成品油流通进行监督管理，指导再生资源回收工作。配合市有关部门推动各突发事件（安全生产）应急预案的落实，参与安全生产检查督查。

2. 会同有关部门指导督促对外投资合作企业境内主体加强境外投资合作项目安全生产工作。

3. 配合市有关部门对商贸企业违反安全生产法律、法规行为进行查处。

（四）市教委

1. 按照职责分工，依法负责全市教育系统的安全监督管理，指导各类学校（含幼儿园，下同）的安全管理工作，督促各类学校制定安全管理制度和突发事件（安全生产）应急预案，落实防范安全事故的措施。

2. 将安全教育纳入学校教育内容，指导学校开展安全教育活动，普及安全知识，依法加强实训实习期间和校外社会实践活动的安全管理。

3. 加强安全科学与工程及职业卫生相关学科建设，发展安全生产普通高等教育和职业教育，加快培养安全生产和职业卫生相关专业人才。

4. 根据有关规定，依法履行校车安全管理方面的相关职责。

5. 负责直属院校、单位和教育设施的安全监督管理。

6. 负责组织实施全市中小学、幼儿园校舍安全工程监督检查。

7. 负责教育系统安全管理统计分析，依法组织或参与有关事故的调查处理，按照职责分工对事故发生单位落实防范和整改措施的情况进行监督检查。

（五）市科委

1. 将安全生产科技领域纳入本市中长期科学和技术发展规划纲要及我市科技发展计划，并组织实施。

2. 负责安全生产重大科技攻关、基础研究和应用研究的组织指导工作，推动安全生产基础研究和应用研究，以及安全生产科研成果的转化应用。

3. 加大对安全生产科研项目的投入，引导项目承担单位增加安全生产研发资金投入，促使企业逐步成为安全生产科技投入和技术保障的主体，引导社会力量参与安全生产科技工作。

（六）市公安局

1. 负责对全市消防工作实施监督管理，开展消防监督检查，指导火灾预防工作，承担火灾扑救和应急救援工作。

2. 负责全市道路交通安全监督管理，预防道路交通事故，维护道路交通秩序，加强机动车辆、驾驶人管理，开展道路交通安全宣传教育。

3. 负责民用爆炸物品和烟花爆竹的公共安全管理，对民用爆炸物品购买、运输、爆破作业及烟花爆竹运输、燃放环节实施安全监管，监控民用爆炸物品流向，按照职责分工组织查处非法购买、运输、使用（含储存）民用爆炸物品的行为和非法运输、燃放烟花爆竹的行为。

4. 依法对剧毒化学品购买、运输环节实行监管，并负责危险化学品运输车辆的道路交通安全管理。

5. 对大型群众性活动实施安全管理。

6. 承担全市道路交通安全部门联席会议、全市油气田及运输管道安全保护工作联席会议的日常工作。

7. 依法参加有关事故的调查处理；负责调查处理道路交通事故和火灾事故，开展统计分析，按照职责分工对事故发生单位落实防范和整改措施的情况进行监督检查；依法查处涉及安全生产的刑事案件。

（七）市监察局

1. 加强对行政监察对象依法履行安全生产监督管理职责的监督。

2. 依法参加重大和造成严重后果的较大生产安全事故调查处理，查处事故涉及的失职渎职、以权谋私、权钱交易等违法违纪行为。

3. 督促对事故责任人员责任追究决定或意见的落实。

（八）市司法局

1. 将安全生产法律、法规、规章和相关政策纳入公民普法的重要内容，会同有关部门广泛宣传普及安全生产法律法规知识，指导普法责任单位在执法和服务过程中切实履行社会普法责任；指导律师、公证、基层法律服务工作，为生产经营单位提供安全生产法律服务，在执法和服务过程中向社会公众开展法治宣传教育。

2. 指导监狱、强制隔离戒毒和教育矫治单位贯彻执行安全生产法律、法规和标准，落实安全生产责任制，完善安全生产条件，消除事故隐患，在执法过程中搞好法制宣传教育。

3. 负责司法行政系统安全生产统计分析。

（九）市财政局

1. 健全安全生产投入保障机制，落实市级安全生产相关资金投入，加强对安全生产预防、重大安全隐患治理和监管监察能力建设的支持。

2. 研究落实或完善有利于安全生产的财政、税收、信贷等经济政策，配合市有关部门对安全生产经济政策落实情况进行监督检查。

3. 指导区县健全安全生产监管执法经费保障机制，将安全生产监管执法经费纳入同级财政保障范围。

（十）市人力社保局

1. 将安全生产法律、法规、规章和相关政策及安全生产知识纳入行政机关、企事业单位工作人员职业教育、继续教育和培训学习计划并组织实施，将安全生产履职情况作为行政机关、事业单位工作人员奖惩、考核的重要内容；依职权组织开展农民工培训教育工作。

2. 制定工伤保险政策、规划和标准并组织实施，完善工伤保险参保政策，指导和监督落实企业参加工伤保险有关政策措施，加大工伤预防的投入。依据职业病诊断结果，做好职业病人的社会保障工作。

3. 负责劳动合同及工伤保险法律法规实施情况监督检查工作，督促用人单位依法签订劳动合同和参加工伤保险，规范企业用工行为。

4. 负责患职业病的职工和跨省市流动作业用人单位职工的工伤认定、鉴定工作，做好参加工伤保险的因工伤亡人员的工伤保险待遇支付工作。监督发生伤亡事故的非参保单位或非法用工单位按有关规定对伤亡人员进行赔偿。

5. 负责监督检查国家和我市关于企业职工工作时间、休息休假制度及女工、未成年工特殊劳动保护政策的执行情况。

6. 指导技工学校、职业培训机构的安全管理工作。指导技工学校、职业培训机构开展安全知识和技能教育培训，制定突发事件（安全生产）应急预案，落实防范安全事故的措施。

7. 会同有关部门制定安全生产领域职业资格相关政策。

（十一）市国土房管局

1. 负责矿产资源开发的管理，地质勘查行业及资质管理，查处无证开采、以采代探等违法违规行为，组织开展矿产资源勘查开采秩序专项整治，维护良好的矿产资源开发秩序。

2. 依法负责对物业服务企业安全生产的监督管理，依法督促物业服务企业按照物业服务合同的约定对生产经营性房屋共用部位、共用设施设备进行日常维修养护。

3. 依法负责已建成交付使用房屋使用、修缮、拆除的安全监督管理，按照法定职责打击查处相关违法行为。

4. 负责本系统安全生产统计分析，依法组织或参与有关事故的调查处理，按照职责分工对事故发生单位落实防范和整改措施的情况进行监督检查。

（十二）市建委

1. 依法对建设工程（按照职责分工由其他部门负责的水利、交通等建设工程除外）安全生产实施监督管理，对施工现场进行日常监督检查。负责拟定我市房屋建筑和市政基础设施工程安全生产政策、制度、技术标准和应急预案并监督执行。

2. 负责建筑施工、建筑安装、建筑装饰装修、勘察设计、建设监理等建筑业安全生产监督管理,负责建筑施工企业安全生产许可管理,监督落实安全生产责任,开展事故隐患排查和治理,落实安全防范措施。指导建筑施工企业开展从业人员安全生产教育培训工作。

3. 负责房屋建筑工地和市政工程工地用起重机械、专用机动车辆的安全监督管理。

4. 负责建设工程中施工质量、安全生产和文明施工的管理。

5. 依法查处建筑安全生产违法违规行为,负责本系统安全生产统计分析,依法组织或参与有关事故的调查处理。

6. 依法负责城市燃气、供热等安全监督管理,指导城市燃气、供热等市政公用设施建设、安全和应急管理。

7. 指导农村住房建设和自建住房结构安全,组织推动农村危房改造。

(十三)市环保局

1. 负责核安全和辐射安全的监督管理。监督管理核设施安全、放射源安全,监督管理核设施、核技术应用、电磁辐射、伴有放射性矿产资源开发利用中的污染防治。对核材料的管制和民用核安全设备的设计、制造、安装和无损检验活动实施监督管理。负责放射性废物安全监管,对放射性物品运输的核与辐射安全实施监督管理。按照职责分工,对有关放射性同位素、射线装置的安全和防护工作实施监督管理。

2. 依法对危险废物和废弃危险化学品的收集、贮存、利用和处理处置等进行监督管理。调查相关危险化学品环境污染事故和生态破坏事件,负责危险化学品事故现场的应急环境监测,依法对新化学物质生产、加工、使用活动进行监督。

3. 拟定相关政策、规划、标准,参与核事故应急处理,负责辐射环境事故应急处理工作。按照职责分工,参与突发环境事件现场处置。

4. 按照职责分工,牵头协调相关重大环境污染事故和生态破坏事件的调查处理,指导协调区县人民政府开展相关重大突发环境事件的应急、预警工作。

(十四)市市容园林委

1. 负责市容环境基础设施建设项目安全生产行业管理,对街道整修、夜景灯光建设、户外广告设置、建筑外檐装饰等市容环境基础设施建设项目的安全生产情况进行监督检查。

2. 负责城市园林绿化安全生产行业管理,指导、监督园林绿化生产经营单位的安全生产工作。

3. 负责生活废弃物的收集、运输、处置的安全生产行业管理。

(十五)市农委

1. 负责农业各产业安全生产行业管理,指导监督农村基层组织和农业劳动者做好农业生产事故防范工作,拟定农业安全生产政策、规划和应急预案并组织实施。

2. 负责农用机械安全生产监督管理,对农机驾驶人员和农用机械实施监督检查。

3. 负责渔船渔港安全生产监督管理,组织制定渔业生产作业安全规范,依法负责渔船、渔机、网具的监督管理,依法对渔业船舶水上交通安全实施监督检查。配合有关部门打击不符合运输条件、未经批准擅自从事客货运输的渔船。

4. 负责农药、鼠药、兽药(渔药)监督管理工作。承担农药、鼠药、兽药(渔药)使用环节安全指导工作。

5. 对农村可再生能源利用工程实施安全管理,组织制定农村可再生能源安全管理规范,指导宣传可再生能源安全使用。

6. 负责林业安全生产监督管理工作,监督检查林木凭证采伐、运输。指导监督林业系统单位的安全管理工作。

7. 负责农业各产业安全生产统计分析工作,依法组织或参加有关事故的调查处理,按照职责分工对事故发生单位落实防范和整改措施的情况进行监督检查。

(十六)市水务局

1. 负责组织和指导对水库、水闸、泵站、河道、水电站的安全监督管理,负责河道险工险段、病险水闸、水库除险加固工作。

2. 组织实施水利工程建设安全生产监督管理工作,按规定制定水利水电工程建设有关政策、制度、技术标准和重大事故应急预案并监督实施。

3. 负责对本市河道实施统一监督管理,依法查处在河道内采砂、取土等影响防洪安全、河势稳定、堤防安全的违法行为。

4. 负责城市供水、排水工程日常运行的安全监督管理,组织开展事故隐患排查治理,对排水清淤作业中硫化氢中毒事故进行安全防范。

5. 指导、监督水务系统从业人员的安全生产教育培训考核工作。

6. 负责本系统安全生产统计分析,依法组织或参与水利建设工程安全生产事故的调查处理,按照职责分工对事故发生单位落实防范和整改措施的情况进行监督检查。

(十七)市文化广播影视局

1. 在职责范围内依法对文化市场安全生产工作实施监督管理,组织制定文化市场突发事件应急预案,加强应急管理。在职责范围内依法对互联网上网服务经营场所、娱乐场所和营业性演出、文化艺术经营活动执行有关安全生产法律法规的情况进行监督检查。

2. 负责本系统所属单位的安全监督管理,指导图书馆、博物馆、文化馆(站)、文物保护单位等文化单位和重大文化活动、基层群众文化活动加强安全管理,落实安全防范措施。

3. 组织指导广播、电影、电视等单位开展安全生产宣传教育,对违反安全生产法律、法规、规章和相关政策的行为进行舆论监督。

4. 组织协调广播电台、电视台等新闻媒体,配合有关部门共同开展安全生产宣传活动。

(十八)市卫生计生委

1. 按照职责分工,负责职业卫生、放射卫生、环境卫生和学校卫生的监督管理工作。

2. 负责对用人单位职业健康监护情况进行监督检查,规范职业病的预防、保健,并查处相关违法行为。

3. 负责组织对重大突发事件、职业中毒、群体性伤害等安全事故的医疗抢救与卫生防疫,组织协调有关部门制定卫生应急对策。负责危险化学品的毒性鉴定和危险化学品事故伤亡人员的现场医疗救治、转运、院内救治和现场卫生防疫等工作。参与职业中毒安全事故的调查处理。

4. 负责卫生计生系统安全管理工作,指导督促市卫生计生委直属单位落实安全生产主体责任,组织开展安全生产检查,督促落实各项安全措施。指导医疗卫生计生机构做好机构内医疗废弃物、放射性物品安全处置管理工作。

（十九）市交通运输委

1. 负责公路、水路行业安全生产和应急管理工作。拟定并监督实施公路、水路行业安全生产政策、规划和应急预案，指导有关安全生产和应急处置体系建设，承担公路、水路重大突发事件处置的组织协调工作，承担有关公路、水路运输企业安全生产监督管理工作。

2. 负责道路客货运输安全生产监督管理，对运输经营者安全生产条件、营运车辆技术状况、营运驾驶员从业资格和客运、货运站（场）进行监管，监督运输经营单位落实安全生产主体责任。负责机动车驾驶员培训机构和驾驶员培训管理工作。

3. 负责所辖水域水路客货运输及航道建设与养护的安全生产监督管理，对客货运输船舶设施进行安全监督检查，监督管理内河通航水域水上交通安全，负责港口生产经营的安全监督管理。

4. 负责危险品道路运输安全监督管理，依法对危险化学品道路运输单位、运输车辆、营业性驾驶员、装卸管理人员、押运人员从业资格进行监督检查，督促危险品道路运输单位落实安全生产主体责任，依法查处危险品运输违法行为。

5. 负责组织开展职责内道路、水运交通安全专项整治及隐患排查治理工作，配合有关部门查处车船超载和无证经营、使用报废车船运营的违法行为。

6. 负责公共汽车、出租车、轨道交通、汽车租赁等城市客运的安全监督管理，组织开展城市客运安全监督检查，组织制定城市客运安全运营标准和规范。负责汽车维修行业和汽车运输车辆安全技术性能检测的管理工作。

7. 协调铁路涉及地方管理工作，组织检查铁路道口安全情况，督促及时消除事故隐患。

8. 负责公路（不含高速公路）、水路建设工程安全监督管理，指导督促相关企业建立健全安全生产责任制，开展事故隐患排查和治理，落实安全防范措施。

9. 负责公路工程从业单位（公路工程建设、勘察、设计、施工、监理等）安全生产条件的监督管理和日常监督检查，组织制定行业安全生产规范，监督落实安全生产主体责任。

10. 组织协调有关部门开展超限超载车辆专项治理，查处打击超限超载等违法行为。

11. 指导有关交通运输企业安全评估、从业人员的安全生产教育培训工作，组织推进交通运输企业安全生产标准化建设。

12. 负责交通运输系统安全生产统计分析，依法组织或参与有关事故的调查处理，按照职责分工对事故发生单位落实防范和整改措施的情况进行监督检查。

（二十）市市场监管委

1. 严格依法办理涉及安全生产前置审批事项的工商登记，未取得前置审批的，不予登记。

2. 依法核发危险化学品及其包装物、容器生产企业的工业产品生产许可证，并依法对其产品质量实施监督；依法查处危险化学品经营企业违法采购危险化学品的行为。按照职责分工，依法组织查处非法生产、经营烟花爆竹的行为。

3. 配合有关部门开展安全生产专项整治，按照职责分工依法查处无照经营等非法违法行为；对有关许可审批部门依法吊销、撤销许可证或其他批准文件，或者许可证、其他批准文件有效期届满的生产经营单位，根据有关部门的通知，依法责令其办理变更登记或注销登记,对于擅自从事相关经营活动情节严重的,依法撤销注册登记或吊销营业执照;配合有关部门依法查处取缔未经安全生产(经营)许可的生产经营单位。

4. 配合有关部门加强对商品交易市场的安全检查,促进市场主办单位依法加强安全管理。

5. 负责锅炉、压力容器、压力管道、电梯、起重机械、客运索道、大型游乐设施、场(厂)内专用机动车辆等特种设备的安全监察、监督工作。负责气瓶、移动式压力容器充装单位充装安全的监督管理,监督生产经营单位落实安全生产主体责任。

6. 监督管理特种设备的设计、制造、安装、改造、维修、使用、检验检测和进出口。

7. 负责组织取缔非法特种设备的生产活动,查处非法使用特种设备的行为。

8. 负责特种设备安全生产统计分析,依法组织或参加有关事故的调查处理,按照职责分工对事故发生单位落实防范和整改措施的情况进行监督检查。

9. 监督管理特种设备检验检测机构和检验检测人员、作业人员的资质资格。

10. 依法负责保障劳动安全的产品、影响生产安全的产品质量安全监督管理。负责危险化学品及其包装物、容器生产许可证的核发管理和生产环节的质量监督。

(二十一)市国资委

1. 按照国有资产出资人的职责,负责检查督促其履行出资人职责的企业履行安全生产主体责任,贯彻落实安全生产法律、法规、规章和相关政策等。

2. 督促其履行出资人职责的企业主要负责人落实安全生产第一责任人的责任和企业安全生产责任制,开展企业负责人安全生产考核。

3. 依照有关规定,参与或组织开展其履行出资人职责的企业安全生产检查、督查,督促企业落实各项安全防范和隐患治理措施。

4. 参与其履行出资人职责的企业较大以上生产安全事故的调查,督促落实事故责任追究的有关规定。

5. 督促其履行出资人职责的企业做好统筹规划,把安全生产纳入中长期发展规划,保障职工健康与安全。

(二十二)市旅游局

1. 负责旅游安全监督管理工作,组织排查事故隐患,组织制定旅游突发事件应急预案,建立旅游突发事件的信息报告和备案制度,建立旅游安全信息披露、旅游安全预警发布制度。会同市有关部门对旅游安全实行综合治理。

2. 组织协调相关部门检查"黄金周"、"小长假"等节假日旅游安全工作,督促落实相关预案和安全措施。

3. 依法指导、督促、检查旅游经营者落实安全管理责任和防范措施,依法指导景区建立具备开放的安全条件,负责旅游行业安全生产统计分析工作。

4. 负责全市旅游安全管理的宣传、教育、培训工作。

5. 依法参加旅游安全事故的调查处理,按照职责分工对事故发生单位落实防范和整改措施情况进行监督检查。

(二十三)市体育局

1. 指导公共体育设施建设,负责对公共体育设施安全运行的监督管理。

2. 按照有关规定，负责监督指导高危险性体育项目、重要体育赛事和活动、体育彩票发行的安全管理工作。

3. 负责本系统所属单位的安全管理工作，监督检查系统内单位贯彻安全生产法律、法规、规章和相关政策的情况，落实安全防范措施。

（二十四）市海洋局

1. 负责规范管辖海域使用秩序。依法进行海域使用、无居民海岛开发利用的监督管理。负责海域使用权的审核工作，调处合同纠纷。参与海上应急救援，依法参加调查处理相关海上生产安全事故，按规定权限调查处理相关海洋环境污染事故等，按照职责分工对事故发生单位落实防范和整改措施情况进行监督检查。

2. 负责管辖海域内海洋环境的监督管理。组织开展海洋环境的调查、监测、监视和评价，发布海洋专项环境信息。

3. 负责海洋观测预报、海域海岛监视监测和海洋灾害警报并监督实施，组织实施专项海洋环境安全保障体系建设和日常运行管理。发布海洋灾害和海平面公报。按照职责分工，参与海洋灾害应急处置。

（二十五）市安全监管局

1. 组织起草安全生产综合性地方法规、规章草案，拟定安全生产政策和规划，指导协调安全生产工作，负责全市安全生产统计工作，分析和预测本市安全生产形势，发布安全生产信息，协调解决安全生产工作中的重大问题。

2. 承担安全生产综合监督管理责任，依法行使综合监督管理职权，指导协调、监督检查市有关部门和区县人民政府安全生产工作，监督考核并通报安全生产控制指标执行情况，监督事故查处和责任追究落实情况。

3. 承担工矿商贸行业安全生产监督管理责任，按照分级、属地管理原则，依法监督检查工矿商贸生产经营单位贯彻执行安全生产法律、法规、规章和相关政策情况及其安全生产条件和有关设备（特种设备除外）、材料、劳动防护用品的安全生产管理工作，负责监督管理市级管理的工矿商贸企业安全生产工作。

4. 负责危险化学品安全监督管理综合工作，对新建、改建、扩建生产、储存危险化学品的建设项目进行安全条件审查，核发危险化学品安全生产许可证、危险化学品安全使用许可证和危险化学品经营许可证，并负责危险化学品登记工作。负责危险化学品管道安全生产的监督检查。

承担非煤矿矿山企业、烟花爆竹生产经营企业安全生产准入管理责任，依法组织并指导监督实施安全生产准入制度；负责烟花爆竹安全生产监督管理工作。

5. 负责起草职业卫生监管有关法规，草拟用人单位职业卫生监管相关规章。负责用人单位职业卫生监督检查工作，依法监督用人单位贯彻执行国家有关职业病防治法律法规和标准情况。组织查处职业病危害事故和违法违规行为。负责监督管理用人单位职业病危害项目申报工作。负责职业卫生检测、评价技术服务机构的监督管理工作。

6. 指导、监督工矿商贸行业执行和落实安全生产规章、标准和规程，监督检查安全生产标准化建设、重大危险源监控和重大事故隐患排查治理工作，依法查处不具备安全生产条件的工矿商贸生产经营单位。

7. 负责组织全市安全生产大检查和专项督查，根据市人民政府授权，依法组织重大、较大生产安全事故调查处理和办理结案工作，监督事故查处和责任追究落实情况。按照职责分工对工矿商贸行业事故发生单位落实防范和整改措施的情况进行监督检查。

8. 负责安全生产应急管理的综合监管，组织指挥和协调安全生产应急救援工作，会同有关部门加强生产安全事故应急能力建设，健全完善全市安全生产应急救援体系，综合管理全市生产安全事故统计分析工作。

9. 负责监督检查职责范围内新建、改建、扩建工程项目的安全设施与主体工程同时设计、同时施工、同时投产使用情况。

10. 组织指导并监督特种作业人员(特种设备作业人员除外)的考核工作和非煤矿山、危险化学品、烟花爆竹、金属冶炼等生产经营单位主要负责人、安全生产管理人员的安全生产知识和管理能力考核工作，监督检查工矿商贸生产经营单位安全生产培训和用人单位职业卫生培训工作。

11. 指导协调本市安全评价、安全生产检测检验工作，监督管理安全评价、安全生产检测检验、安全标志等安全生产专业服务机构。

12. 指导协调和监督本市安全生产行政执法工作，负责安全生产行政执法统计分析工作。

13. 组织拟定安全生产科技规划，指导协调安全生产科学技术研究推广和安全生产信息化工作。

14. 组织开展安全生产方面的国际交流与合作。

15. 承担市安委会的日常工作和市安委会办公室的主要职责。

(二十六)市法制办

1. 负责审查市有关部门报送市人民政府的有关安全生产的地方法规草案、政府规章草案和行政规范性文件草案，起草或组织起草有关安全生产重要地方法规草案、政府规章草案。

2. 负责市有关部门和区县人民政府制定的有关安全生产行政规范性文件的备案审查。

3. 负责有关安全生产政府规章解释的具体承办工作，承办申请市人民政府裁决的有关安全生产行政复议案件，指导、监督全市安全生产行政复议工作。

(二十七)市中小企业局

1. 督促、指导区县人民政府加强对规模以下工业生产经营单位的安全生产监督管理，建立健全和落实安全生产责任制，制定安全管理规范，组织或参与安全生产检查督查，督促生产经营单位落实各项安全防范和隐患治理措施。

2. 督促、指导区县人民政府落实乡镇工业园区、示范工业园区的安全生产主体责任，依据相关安全标准、规范，统筹规划乡镇工业园区、示范工业园区的产业布局，指导督促建立安全管理机构，组织或参与安全生产检查督查。

3. 督促、指导区县人民政府做好规模以下工业安全生产统计分析，参与中小企业较大生产安全事故调查处理。

（二十八）市政府新闻办

负责指导有关安全生产方面的新闻发布和对外宣传报道工作，及时组织发布安全生产的重要政策和重大、较大生产安全事故信息。

（二十九）北京铁路局天津办事处

1. 承担铁路安全生产监督管理责任。拟定铁路安全监督管理规章制度，组织制定铁路运输突发性事件（安全生产）应急预案并监督实施。

2. 监督管理铁路运输安全、劳动安全、特种设备安全和劳动保护工作。

3. 承担铁路工程建设安全生产的监督管理工作，按规定制定铁路工程建设有关制度并组织实施，组织管理大中型铁路项目建设有关工作。

4. 负责危险品和危险化学品铁路运输单位及其运输工具的安全管理及监督检查。

5. 负责管辖区域内铁路系统安全生产统计分析，依法组织或参与铁路交通事故的调查处理工作，管理铁路运输安全监察和行政执法有关工作。

（三十）中国民用航空天津安全监督管理局

1. 承担辖区内民航应急工作和重大事项的组织协调；承担辖区内民航网络和信息安全监管工作。

2. 按授权，参与辖区内民航飞行事故、航空地面事故的调查，组织事故征候和不安全事件的调查工作；负责辖区内民用航空安全信息管理工作。

3. 按授权，负责对辖区内民用航空客货运输安全以及危险品航空运输实施监督管理，协调完成重大航空运输、通用航空任务；负责辖区内民用航空国防动员的有关工作。

4. 按授权，承办辖区内民用航空运营人运行合格审定、飞行训练机构合格审定的有关事宜并实施监督管理；负责辖区内民用航空飞行人员、乘务人员的资格管理；监督管理辖区内的民用航空卫生工作。

5. 按授权，监督检查辖区内民用航空飞行程序及各类应急程序的执行情况；负责辖区内飞行签派人员的资格管理。

6. 按授权，承办辖区内民用航空器维修单位合格审定的有关事宜并实施监督管理；负责辖区内民用航空器持续适航及维修管理；负责辖区内航空器维修人员资格管理。

7. 按授权，负责对辖区内民用机场（含军民合用机场民用部分）的安全运行、总体规划、净空保护以及民航专业工程建设项目和航油企业安全运行等实施监督管理。

8. 按授权，监督检查辖区内民航空管系统运行和安全状况；组织协调辖区内专机、重要飞行保障和民用航空器搜寻救援工作；承办辖区内民航无线电管理等事宜。

9. 按授权，负责对辖区内民航企事业单位执行民用航空安全保卫法律、法规和规章情况实施监督检查；监督检查辖区内民用机场公安、安检、消防工作。

（三十一）天津海事局

1. 负责天津海域水上交通安全监管，查处水上交通违法案件，组织参与相关事故调查处理。

2. 承担天津市海上搜救中心办公室职责，开展海上突发事件应急处置工作，组织、协调辖区内船舶防台、水上搜救工作。

3. 负责辖区内船舶安全监督检查，审核监督航运公司安全管理体系及安全管理情况。

负责所在地为天津的各中央企业分公司、子公司及其所属单位的水上交通安全与防污染活动的监督管理。

4. 负责辖区内船舶载运危险货物的安全监管。

5. 负责规定区域内国际航行船舶和国内航行船舶的船舶登记;负责国际航行船舶进出口岸查验、国内航行船舶进出港签证的监督管理;负责辖区内外国籍船舶管理工作和审理外国籍船舶(包括港澳地区船舶)进入本辖区未开放水域或港口的申请。

6. 依法核准大型设施和移动式平台的海上拖带、水上水下施工,对水上、水下施工作业通航安全实施监督管理。

(三十二)市邮政局

1. 负责邮政行业安全生产监督管理,负责邮政行业运行安全的监测、预警和应急管理,保障邮政通信与信息安全。

2. 依法监管邮政市场,负责快递等邮政业务的市场准入,监督检查寄递企业执行有关法律法规和落实安全保障制度情况,依法查处寄递危险化学品、易燃易爆物品等违法违规行为。

3. 负责邮政行业安全生产统计分析,依法参加有关事故的调查处理,按照职责分工对事故发生单位落实防范和整改措施的情况进行监督检查。

(三十三)市气象局

1. 建立健全气象灾害监测、预报、预警联动机制,根据天气气候变化情况及防灾减灾工作需要,及时向有关地区和部门提供气象灾害监测、预报、预警及气象灾害风险评估等信息。负责为安全生产预防控制和事故应急救援提供气象服务保障。

2. 负责雷电灾害安全防御工作,加强防雷工程设计、施工、检测单位资质管理,组织做好防雷装置图纸审核和工程竣工验收、防雷设施的安全检查及雷电防护装置的安全检测。

3. 负责无人驾驶自由气球和系留气球、人工影响天气作业期间的安全检查和事故防范。

4. 负责为安全生产事故应急救援提供气象服务保障。

(三十四)市总工会

1. 依法对安全生产和职业病防治工作进行监督,反映劳动者的诉求,提出意见和建议,维护劳动者的合法权益,对我市企业和个体工商户遵守劳动保障法律法规的情况进行监督。

2. 调查研究安全生产工作中涉及职工合法权益的重大问题,参与涉及职工切身利益的有关安全生产政策、措施、制度和法规、规章草案的拟定工作。

3. 指导下级工会参与职工劳动安全卫生的培训和教育工作,指导下级工会开展群众性劳动安全卫生活动,动员广大职工开展群众性安全生产监督和隐患排查,落实职工岗位安全责任,推进群防群治。

4. 依法参加生产安全事故和严重职业病危害事故的调查处理,代表职工监督事故发生单位防范和整改措施的落实。

本意见中未明确安全生产工作职责的市人民政府有关部门和机构,依照法律、法规、规章和“三定”方案,在各自职责范围内履行安全生产工作职责。本意见中市人民政府有关部门、机构及相关单位安全生产工作职责未尽事宜,依照安全生产法律、法规、规章和相关政策执行。

涉及港口安全生产监督管理职责见附件。

三、监督管理职责和行业管理职责

（一）安全生产监督管理共性职责

1. 履行行政许可职责。法律、法规规定涉及安全生产的事项需要许可（包括批准、核准、登记等）或者验收的，严格依照有关法律、法规和国家标准或行业标准、地方标准规定的安全生产条件和程序进行审查，不符合规定的，不得许可或者验收通过；对未依法取得许可或未验收合格的单位擅自从事有关活动的，发现或接到举报后应当立即予以取缔或制止，并依法予以处理；对已经依法取得许可的单位，发现其不再具备安全生产条件的，注销原批准。

2. 履行行政执法监察职责。依法对生产经营单位进行监督检查，监督生产经营单位自觉落实国家安全生产方针政策及有关法律、法规、规章、标准等，纠正安全生产违法行为，消除事故隐患；发现安全生产违法行为，依法给予行政处罚或交由有处罚权的单位进行处理；按照“谁主管、谁负责”、“谁审批、谁负责”的原则，依法查处无证无照经营等非法违法行为。

3. 履行宣传教育职责。开展安全生产宣传工作，提高公众的安全生产意识；依法组织和监督生产经营单位开展安全生产教育培训，提高从业人员的安全素质；组织开展安全文化建设，营造良好的安全生产氛围。

4. 履行应急救援、事故报告和调查处理职责。制定本部门突发事件（安全生产）应急预案，并定期组织演练；组织或参与事故应急救援；依照有关规定报告和统计、分析生产安全事故；根据授权或委托，依法组织或参与生产安全事故的调查处理；建立安全生产值班制度和生产安全事故举报制度。

5. 法律、法规、规章规定的其他职责。

（二）安全生产行业管理共性职责

1. 负责指导督促生产经营单位贯彻落实国家安全生产方针政策及有关法律、法规、规章、标准等。

2. 组织或者参与安全生产检查督查，督促生产经营单位落实各项安全防范和隐患治理措施，发现违法行为，按照职责权限依法处理，超出职责权限的及时报告同级人民政府或告知有关部门处理，并承担相应的管理责任。

3. 督促、指导生产经营单位建立健全和落实安全生产责任制，并对实施情况进行考核。

4. 定期分析安全生产形势，组织制定行业安全生产标准和规范，按有关规定统计和报送相关信息。

5. 参与安全生产事故应急救援和调查处理，监督事故整改措施和责任追究的落实。

四、条块边界划分和主管单位认定

（一）条块边界划分原则

市人民政府有关部门和机构应当按照“属地管理和分级管理相结合”的原则，明确划分本部门、本系统安全生产监督管理和行业管理的条块边界。条块边界划分应当遵循下列基本原则：

1. 中央企业的分公司、子公司及其所属单位、市级（集团公司）生产经营单位在市人民政府的统一领导下，由市负有安全生产监督管理职责的部门和相关行业主管部门按照各自的职责，负责安全生产监督管理和行业管理。

2. 除上款以外的生产经营单位，在区县人民政府的统一领导下，由坐落地区县负有安全生产监督管理职责的部门和相关行业主管部门按照各自的职责，负责安全生产监督管理和行业管理。

3. 乡镇人民政府和街道办事处重点负责本行政区域内无主管部门生产经营单位的安全生产监督管理。

（二）主管单位认定原则

生产经营单位的主管单位对生产经营单位的安全生产负主管职责，应当对生产经营单位的安全生产统一协调、管理。主管单位是指与该生产经营单位有人、财、物隶属关系或有全资、控股及实际控股关系的上级管理机构，以及我市各级人民政府指定的对安全生产负有主管职责的单位。

1. 企业集团公司和控股公司是其所控股的公司、下属单位（包括子公司、分公司、分厂、派出单位、二级及以下单位）安全生产的主管单位。

2. 学校、科研机构、社团组织、民办非企业单位等是其投资设立和控股生产经营单位安全生产的主管单位。

3. 政府有关部门是直属企事业单位的主管单位。

4. 发包或者出租单位是其承包、承租单位安全生产的主管单位。

生产经营单位因改制、破产等原因，与原所属的主管单位脱离隶属关系的，按照“属地管理”原则，确定安全生产监督管理主体。

（三）逐级确认安全生产工作职责

1. 市人民政府有关部门、机构及相关单位应当依据本意见明确划分本部门条块监管边界，并编制监管名录，报市安委会办公室备案。市安委会办公室应当依照本意见予以确认，经确认后的监管名录作为安全生产责任制年度考核和确定职责归属的工作依据。

2. 各主管单位应当主动明确和认定其所主管的生产经营单位。主管单位应当与其所管理的单位签订安全生产协议或制定专项制度，明确各方安全生产工作职责，切实履行统一协调管理职责，其所管理的单位应当服从协调管理。其所管理的单位发生生产安全事故，查明主管单位未履行主管职责的，主管单位应承担相应责任。

3. 各区县人民政府应当根据本意见，以及部门设置和乡镇（街道）安全监管的实际情况，进一步明确各部门和机构的安全生产工作职责，细化乡镇人民政府、街道办事处的安全生产监督管理职责和监管边界，报市安委会备案，作为安全生产责任制年度考核和确定职责归属的工作依据。

本意见自印发之日起施行。市人民政府《关于进一步明确和规范安全生产工作职责的意见》（津政发〔2010〕56 号）同时废止。

（附件略）